W0268139

HANDBUCH DER MIKROCHEMISCHEN METHODEN

HERAUSGEGEBEN VON

FRIEDRICH HECHT UND MICHAEL K. ZACHERL
WIEN WIEN

BAND IV

ELEKTRONENSTRAHL-MIKROANALYSE

1966

SPRINGER-VERLAG

WIEN · NEW YORK

ELEKTRONENSTRAHL-MIKROANALYSE

VON

HANNS MALISSA
WIEN

MIT 79 TEXTABBILDUNGEN

1966

SPRINGER-VERLAG
WIEN · NEW YORK

ISBN-13: 978-3-7091-7938-3 e-ISBN-13: 978-3-7091-7937-6
DOI: 10.1007/978-3-7091-7937-6

Softcover reprint of the hardcover 1st edition 1966
Library of Congress Catalog Card Number: 66-26594

Titel-Nr. 8313

Vorwort.

Kein Zweig der analytischen Chemie hat eine so stürmische Entwicklung genommen wie die Elektronenstrahl-Mikroanalyse. Es ist das große und bleibende Verdienst von R. Castaing und A. Guinier, uns durch Schaffung eines geeigneten Gerätes den Elektronenstrahl als brauchbares „Reagens" auch zur quantitativen Analyse in die Hand gegeben zu haben. Selbstverständlich waren die Erfahrungen, die bei der Erzeugung von Elektronenmikroskopen gemacht wurden, eine wesentliche Voraussetzung zum Bau eines Elektronenstrahl-Mikroanalysators oder einer „Mikrosonde", wie ein derartiges Gerät auch oft genannt wird (Microprobe-analyzer, microsonde éléctronique), doch mußte auch die moderne Röntgenspektroskopie in geeigneter Form herangezogen werden, um ein „Analysengerät" zu schaffen, das heute bereits weitgehend programmierte Arbeitsschritte selbsttätig tun kann.

Das Anwendungsgebiet der Elektronenstrahl-Mikroanalyse reicht jetzt schon von der qualitativen Untersuchung einer Elementverteilung bis zu quantitativen Punktanalysen im Mikrometerbereich. Bei geeigneter Präparationstechnik kann außer der hervorragend geeigneten metallischen Untersuchungsprobe auch nichtmetallisches, biologisches, medizinisches und mineralogisches Probegut untersucht werden.

Das vorliegende Buch soll eine Einführung in diese faszinierende Arbeitstechnik sein und zeigen, daß zwar der Elektronenstrahl die maßgebende Rolle spielt, daß aber auch andere Faktoren, wie z. B. Probenhomogenität und Probenoberfläche, ähnlich große Bedeutung haben, da das Meßsignal ein Ergebnis aus den Wechselbeziehungen zwischen Probe und Elektronenstrahl ist. Weiters soll dargelegt werden, daß nicht nur die erzeugten Röntgenstrahlen zur analytischen Aussage herangezogen werden können, sondern auch andere Erscheinungen, wie Elektronen- und Röntgenstrahlenabsorption.

Meinen Assistenten, Herrn Dipl.-Ing. Dr. techn. H. H. Arlt und Frau Dipl.-Ing. G. Schaden, möchte ich an dieser Stelle für ihre wertvolle Mitarbeit herzlich danken.

Wien, im Mai 1966. Hanns Malissa

Inhaltsverzeichnis.

I. Einleitung ... 1
Literatur ... 4

II. Grundlagen der Elektronenstrahl-Mikroanalyse ... 4
1. Definition und Klarstellung ... 4
2. Konzeptionen der Elektronenstrahl-Mikroanalyse ... 4
3. Mechanismus der Emission von Röntgenstrahlung ... 5
4. Methoden der Anregung von Röntgenstrahlen ... 16
5. Zerlegung der Röntgenstrahlung ... 20
6. Messung der zerlegten Röntgenstrahlung ... 22
a) Detektoren ... 22
b) Impulshöhenanalyse ... 24
7. Rolle der Probe (Antikathode) ... 25
a) Homogenitätsfragen ... 26
b) Probenoberfläche ... 32
α) Ebenheit (Rauhigkeit) der Probenoberfläche ... 33
β) Mikrotomproben, Dünnschicht- und Abdruckverfahren ... 35
γ) Präparation nichtmetallischer Proben ... 38
c) Proben aus Biologie und Medizin ... 39
d) Elektrische Leitfähigkeit ... 42
Literatur ... 43

III. Geräte und Untersuchungsmöglichkeiten der Elektronenstrahl-Mikroanalyse 44
1. Die Entwicklung der Elektronenstrahl-Mikroanalyse ... 44
2. Der Elektronenstrahl-Mikroanalysator ... 46
a) Analysenwertgeber ... 48
b) Meßeinrichtungen ... 57
c) Vergleich einiger Geräte ... 63
3. Bedingungen zur Bestimmung der Elemente mit Ordnungszahlen unter 12 63
4. Mikrodiffraktion (Beugungserscheinungen) ... 69
a) Kossellinien ... 70
5. Mikro-Röntgenabsorptionsmessungen ... 72
6. Kathodenlumineszenz ... 74
7. Röntgenmikroskopie ... 74
Literatur ... 76

IV. Meß- und Auswerteverfahren ... 77
1. Grundlagen ... 77
a) Konstanz der Meßbedingungen ... 77
α) Konstanz des Strahlstroms ... 77
β) Methoden zur Messung des Strahldurchmessers ... 77
γ) Einfluß der Defokussierung des Strahls ... 82
b) Begriff und Bedeutung der Erfassungsgrenze ... 82
α) Messung des Zählerrauschens ... 86
β) Die Bestimmung der Erfassungsgrenzen durch Absolutmessung 86
Probenbereitung ... 88
γ) Zusammenfassender Vergleich von Erfassungsgrenzen ... 89
c) Signal-Hintergrundverhältnisse und „Gütezahlen" ... 90

2. Analysendurchführung ... 95
a) Qualitative Analyse ... 95
b) Quantitative Analyse ... 95
α) Punktanalyse ... 95
β) Linienanalyse ... 95
γ) Flächenanalyse ... 96
δ) Dreidimensionale Analyse ... 102
3. Quantitative Analyse und ihre Probleme ... 103
a) Einführung ... 104
b) Rechenoperationen zur Konzentrationsermittlung ... 106
α) Rechenbeispiele ... 111
Literatur ... 115

V. Untersuchungsbeispiele ... 116
1. Qualitative Analyse ... 116
a) Qualitative Punktanalyse ... 117
b) Qualitative Linienanalyse ... 119
α) Mechanischer Probenvorschub ... 119
β) Elektronisches Abtasten entlang einer Geraden (Elektronisches Linescanning) ... 120
c) Qualitative Flächenanalyse ... 122
2. Quantitative Analyse ... 124
Literatur ... 141
3. Literaturanhang ... 142
a) Allgemeines ... 142
b) Metallurgie ... 143
c) Mineralogische Probleme ... 148
d) Biologische Probleme ... 149
e) Nichtmetallische Produkte ... 150

Namenverzeichnis ... 151

Sachverzeichnis ... 153

Motto: *Antwort auf Liebhafskys Ausspruch: "Like it or not, the chemistry is going out of analytical chemistry." — "Happy enough more and more physics is going in in analytical chemistry without knocking out chemistry."*

I. Einleitung.

Die Anwendung des Elektronenstrahls in Wissenschaft und Technik ergibt, wie das Schema zeigt, bereits ein mächtiges Spektrum, kann aber insbesondere für analytische Zwecke noch mehr ausgebaut werden.

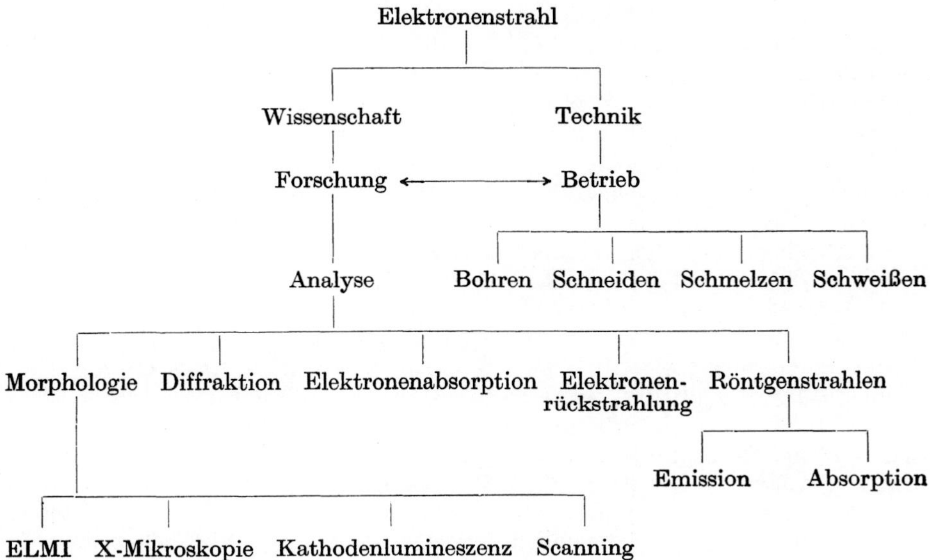

Ohne also auf die vielen Einzelmöglichkeiten, die der Elektronenstrahl bietet, einzugehen, und um den Umfang dieses Buches etwas zu umreißen, sollen einleitend nur einige allgemeine Gesichtspunkte zur Elektronenstrahl-Mikroanalyse angeführt werden.

Der Elektronenstrahl ist nichts anderes als ein analytisches Reagens, das relativ sehr teuer, aber von vielen Vorteilen begleitet ist. Die Konzentration dieses Reagens heißt hier Beschleunigungsspannung und Stromstärke. Die Reinheit des Reagens muß hier mit den Fokussierungsmöglichkeiten und Monochromasie umschrieben werden. Das Reaktionsbild oder Reaktionssignal heißt hier Impuls, Atommasse und Auflösungsvermögen sowie Braggsches Gesetz, Detektor und Zähleinrichtung.

Damit scheint dieses Arbeitsgebiet, ohne auf die bereits bekannten Tatsachen der sicherlich im Vordergrund stehenden Röntgenfluoreszenzanalyse einzugehen, doch klar umrissen. Ohne Zweifel müssen wir aber ebenso wie einer potentiometrischen oder anderen physikalisch-chemischen Meßeinrichtung dem Gerät genügend Aufmerksamkeit schenken, wenn auch in naher Zukunft nicht mehr als einer automatischen Waage oder Bürette.

Vor etwa 15 Jahren wurden die ersten Mikrosonden gebaut. In der Zwischenzeit haben beträchtliche Änderungen Platz gegriffen, und nun verfügen wir über fast ein Dutzend verschiedener kommerzieller Geräte. Allen gemeinsam sind folgende wesentliche Bestandteile: Die Elektronenquelle, um den Strahl zu erzeugen, das elektronenoptische System, um den Strahl zu fokussieren, die Röntgenspektrometer mit den dazugehörigen Einrichtungen, um die sekundären Strahlen zu zerlegen und zu messen, und eine Probenhalterung, die es gestattet, das zu untersuchende Material in die entsprechende Position zu bringen. Die Unterschiede an den Geräten werden vorwiegend diktiert von dem Wunsche, die notwendigen Korrekturen auf ein Minimum herabzudrücken. So z. B. verfolgen die Geräte mit einem großen Austrittswinkel für die Röntgenstrahlen den Zweck, die Absorption zu vermindern; dem steht aber die Notwendigkeit einer kurzen Fokallänge der letzten Linse gegenüber, um die Aberrationen nicht zu groß werden zu lassen. Es wird also immer auf einen Kompromiß hinauslaufen. Auch die allerneueste Entwicklung, die aus Japan kommt, wo ein Austrittswinkel von 90° gewählt wurde, wird nicht die Ideallösung sein, da hier die Frage der Anbringung mehrerer Kristalle und Detektoren noch gelöst werden muß. Unabhängig davon dient zur Zeit als Hauptcharakteristikum eines derartigen Gerätes die Angabe der Ordnungszahl der noch bestimmbaren Elemente sowie das Auflösungsvermögen. Ein wesentlicher Fortschritt zeichnet sich ab in der Kombination der Elektronenstrahl-Mikroanalyse mit der Elektronenmikroskopie und Mikroröntgendiffraktion.

Rückblickend kann gesagt werden, daß die Elektronenstrahl-Mikroanalyse zum guten Teil eine direkte Entwicklung der schon seit langer Zeit bekannten Röntgenstrahlspektrometrie ist, die sich die in den letzten Jahrzehnten erworbenen Kenntnisse der Elektronenmikroskopie zunutze macht.

In seinem Buch „Electron Probe Microanalysis" stellt Birks (1) fest, daß bereits 1947 James Hillier auf eine Kombination eines fein fokussierten Elektronenstrahles und der Probe ein Patent erteilt erhielt. 1949 bis 1951 haben Castaing und Guinier (3) ein Prototypgerät geschaffen und unabhängig davon auch Borovskij (2), der sein Gerät 1953 bekannt gab. Seit dieser Zeit hat diese anfänglich mehr akademisches Interesse als praktischen Nutzen bietende Untersuchungstechnik einen rapiden Aufschwung erfahren, viele neue Möglichkeiten eröffnet und in den letzten Jahren auch beträchtliches kommerzielles Interesse hervorgerufen. In dem Maße, wie ein Elektronenstrahl-Mikroanalysator als analytisches Werkzeug in der modernen Untersuchungstechnik einen ausschlaggebenden Platz einnimmt, ist die Notwendigkeit einer zusammenfassenden Darstellung gegeben.

Die analytischen Möglichkeiten stellt die Abb. 1 (7, 8) dar. Sie zeigt deutlich, daß die Elektronenstrahl-Mikroanalyse — wenn auch noch vorwiegend, so doch nicht ausschließlich — mit der Messung der sekundär erzeugten Röntgenstrahlen in Zusammenhang steht. Da der Elektronenstrahl als nicht zerstörendes Reagens angewendet werden kann, ist er eines der wertvollsten analytischen Reagenzien in der Erforschung der Metalle, Legierungen, Mineralien, Halbleiter, aber auch in der Biologie und Medizin. Überall dort, wo die Kenntnis der räumlichen Verteilung von Elementen in einer Probe von Bedeutung ist, kann heute die

Elektronenstrahl-Mikroanalyse mit Erfolg eingesetzt werden, besonders dann, wenn die interessierende Oberfläche nur einige Mikrometer groß ist. Bei großer Genauigkeit ist es möglich — in situ —, mit extremer Empfindlichkeit kleinste Volumina sichtbar zu machen und zu analysieren, ohne die Matrix zerstören zu müssen. Lag bis etwa 1962 die Grenze der mit der Elektronenstrahl-Mikroanalyse routinemäßig erfaßbaren Elemente bei Atomnummer 11, so ist heute, 1965, durch Verwendung relativ geringer Beschleunigungsspannungen, bessere Ausnützung des für die Spektrometrie zur Verfügung stehenden Raumes und vor allen Dingen durch Heranziehung von Kristallmaterialien wie Germanium, ADP

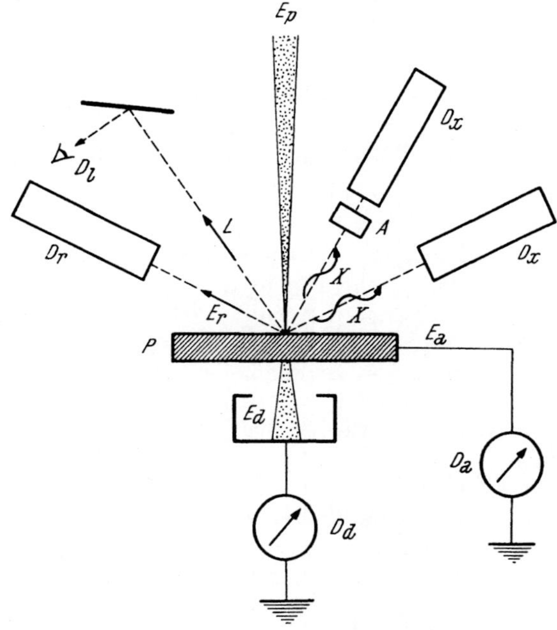

Abb. 1. Informationsmöglichkeiten aus den Wechselwirkungen zwischen Elektronenstrahl-Probe. *A* Absorption, *P* Probe, E_p primärer Elektronenstrahl, E_r rückgestreute Elektronen, E_a absorbierte Elektronen, E_d durchgelassene Elektronen, *X* Röntgenstrahlung, *L* Lichtoptik und Kathodenlumineszenz, *D* Detektoren, D_r Scintillationszähler, D_a Amperometer, D_d Amperometer, D_x Proportionalzähler, D_l Photonendetektor.

(Ammoniumdihydrogenphosphat), Bariumstearat und anderen, auch die Region der weichen Röntgenstrahlen gut erfaßbar, so daß auch die Elemente Fluor, Sauerstoff, Stickstoff, Kohlenstoff und Bor direkt bestimmt werden können (5).

In diesem Buch werden nicht nur die zur Durchführung quantitativer Analysen notwendigen theoretischen Grundlagen gebracht, sondern auch an Hand praktischer Beispiele deren Anwendung. Nicht ausführlich beschrieben werden hingegen die Geräte, die lediglich Bildinformationen liefern (wiewohl ein Elektronenstrahl-Mikroanalysator leicht als Röntgen-Projektionsmikroskop verwendet werden kann), oder bei denen an Stelle des Elektronenstrahles ein anderer „Reagensstrahl" (z. B. Ionenstrahl) angewendet wird. Es werden also die Mikroradiographie und die Röntgenstrahlmikroskopie gegenüber der sogenannten Röntgenstrahl-Emissions-Mikroanalyse in den Hintergrund treten. Über die zwei ersten Arbeitsgebiete geben die Bücher „X-Ray Microscopy and Microradiography" von Duncumb und Cosslett (6) sowie „X-Ray Microscopy" von Cosslett und Nixon (4) genügend Aufschluß.

Literatur.

(1) Birks, L. S., Electron Probe Microanalysis. New York—London: Interscience. 1963. — (2) Borovskij, I. B., Collections of Problems in Metallurgy. Moskau: 1953. S. 135.

(3) Castaing, R., u. A. Guinier, Proc. 1st Intern. Conf. Electron Microscopy, Delft 1949. Delft: Martinus Nijhoff. 1950. S. 60. — (4) Cosslett, V. E., u. W. C. Nixon, X-Ray Microscopy. Cambridge: University Press. 1960.

(5) Davidson, E., W. E. Fowler, N. Neuhaus u. W. G. Shequen, Progress in the Design of Equipment for EPA, Pittsburgh Conference, 1964. — (6) Duncumb, P., u. V. E. Cosslett, X-Ray Microscopy and Microradiography. New York—London: Academic Press. 1957.

(7) Malissa, H., Radex-Rundschau, **1964**, 203. — (8) Malissa, H., Mikrochim. Acta [Wien] **1965**, 389.

II. Grundlagen der Elektronenstrahl-Mikroanalyse.

1. Definition und Klarstellung.

Unter „Elektronenstrahl-Mikroanalyse" versteht man die Auswertung der aus den Wechselbeziehungen eines hochenergetischen, gebündelten Elektronenstrahles mit der als Antikathode dienenden Probe resultierenden, analytisch verwertbaren Signale, sowohl nach chemischen als auch nach physikalischen Gesichtspunkten, sowie die Kunde der unmittelbar dazu gehörigen Geräte und Präparationsmethoden.

Zur Elektronenstrahl-Mikroanalyse gehört selbstverständlich die bereits seit langer Zeit in Forschung und Technik mit bestem Erfolg eingesetzte Elektronenmikroskopie in allen ihren Ausführungsformen, wird aber hier, da sie sich bereits zu einem selbständigen und abgerundeten, über eigene Fachbücher verfügenden Arbeitsgebiet entwickelt hat, nicht abgehandelt. Wohl aber können z. B. Elektronenabsorptions- und -rückstrahlbilder ähnlich den Durchstrahlungsbildern der Elektronenmikroskopie behandelt und ausgewertet werden, dies besonders dann, wenn es sich um sogenannte Abdruckverfahren handelt.

2. Konzeptionen der Elektronenstrahl-Mikroanalyse.

Da im Prinzip die Elektronenstrahl-Mikroanalyse ein Gebiet darstellt, wo die Arbeitstechnik der Elektronenmikroskopie mit den Gesetzen und grundsätzlichen Arbeitsweisen der Röntgenanalyse sowie mit dem chemischen und strukturellen Aufbau des zu untersuchenden Materials zusammenfließt, muß hier auch diesen Gebieten Raum gegeben werden.

Die Probe (im angelsächsischen Sprachgebrauch oft als „target" bezeichnet) dient hier als echte Antikathode und wird der Einfachheit wegen als ideal homogener Festkörper betrachtet, obwohl dies nicht der Fall ist. Auf die Homogenität wird auf S. 26 noch eingegangen. Wenn ein feingebündelter, durch Hochspannung beschleunigter Elektronenstrahl auf die Oberfläche der Probe auftrifft, so treten folgende Wechselbeziehungen ein:

Der größte Teil der Strahlenenergie wird in Wärme umgewandelt, die aber wegen der meist günstigen Volumverhältnisse und der guten Wärmeleitfähigkeit metallischer Proben wirkungslos ist. Bei nichtmetallischem, vor allem oxidischem Material kann es aber, wenn die Oberfläche nicht metallisiert wird, durch die momentane Erhitzung auf einige Hundert Grad zu kräftigen Spannungsrissen kommen, wie dies in Abb. 21 dargestellt ist, die zu Fehlanalysen Anlaß geben können. Ein weiterer Teil wird als analytisch ausgezeichnet erfaßbare Röntgenstrahlung zur Wirkung kommen.

Andere Teile geben als analytisch ebenfalls auswertbare Elektronenrückstreuung (backscattering) sowie als Elektronenstrahl-Stromabsorption (specimen current) wertvolle Informationen. Ein gewisser Energiebetrag kommt noch als kontinuierliche Bremsstrahlung zur Wirkung. Bei hinreichend dünnen Proben tritt überdies auch Durchstrahlung mit allen Folgerungen (siehe Abb. 1 auf S. 3) auf. Weiters kann der Elektronenstrahl mitunter einzelne Komponenten in der Probe zur sichtbaren Fluoreszenz (Kathodenlumineszenz) anregen, die, wie aus Abb. 49 hervorgeht, als charakteristische Farberscheinung morphologisch ausgewertet werden kann.

Abb. 1 zeigt die verschiedenen analytisch auswertbaren Signale aus den Wechselbeziehungen zwischen Elektronenstrahl und Probe; dazu kann etwa folgende Gliederung gegeben werden:

1. Röntgenemission,
2. Röntgenabsorption,
3. Elektronenabsorption,
4. Elektronenrückstreuung,
5. Elektronendurchstrahlung,
6. Kathodenlumineszenz,
7. Röntgen- und Elektronendiffraktion.

Schon dieses unvollständige Konzept zeigt, daß zur Zeit wohl kein anderes analytisches „Reagens" dem Elektronenstrahl an gewinnbaren Analysendaten gleichkommt. Dazu treten noch die Möglichkeiten der lichtoptischen Beobachtung der Probe während der Analyse, sowie die beim „Scanning" (Abtasten, Abrastern) der Probenoberfläche sich bietenden Informationen.

3. Mechanismus der Emission von Röntgenstrahlung.

Für die Spektralanalyse interessiert der gesamte Wellenlängenbereich, dessen Strahlung von Atomen oder Molekülen absorbiert oder emittiert werden kann. Dieses Gebiet erstreckt sich von 10^{-10} cm bis zu vielen Metern. Mit zunehmender Wellenlänge teilt man dieses Gebiet in die Bereiche der Röntgenstrahlung, der UV-Strahlung, des sichtbaren Lichts, der Infrarotstrahlung sowie der Mikro- und Radiowellen ein (Abb. 2).

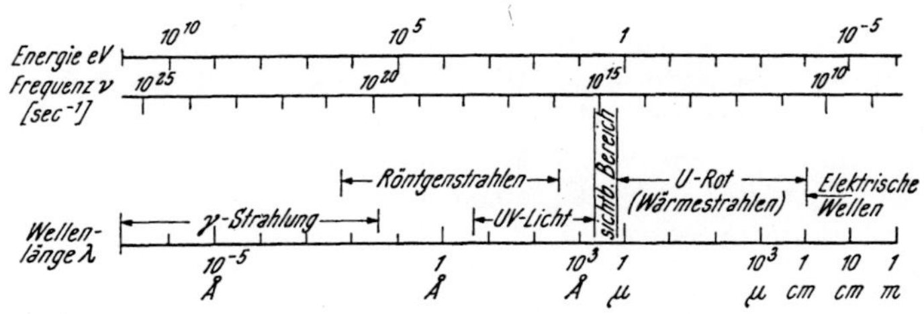

Abb. 2. Elektromagnetisches Spektrum (22).

Jedes dieser einzelnen Gebiete erfordert eine spezielle und oft sehr unterschiedliche Experimentier- und Meßtechnik. Am leichtesten zugänglich sind das sichtbare und das UV-Spektrum. Im Wellenlängengebiet unter 1800 Å beginnt die Luft bereits merklich zu absorbieren, daher muß mitunter die ganze Apparatur im Vakuum angeordnet werden. 1885 erkannte Balmer, daß zwischen den einzelnen Wellenlängen der Linien eines Elements ein gesetzmäßiger Zusammenhang besteht. Eine solche gesetzmäßige Folge von Linien wird als „Serie" bezeichnet. BALMER stellte aus dem vorhandenen experimentellen Material für die vier ersten Linien des am einfachsten gebauten Spektrums des Wasserstoffs sein Seriengesetz auf. Später führten RUNGE und KAYSER statt der von BALMER verwendeten Größe der Wellenlänge die sogenannte „Wellenzahl“ ein. Diese Wellenzahl $\bar{\nu}$ wurde dabei als die Anzahl der Schwingungen/cm definiert. RYDBERG stellte schließlich die Wellenzahlen der Spektrallinien als Differenz zweier Größen dar, die er als „Terme“ bezeichnete. Ihre Dimension ist dieselbe wie die der Wellenzahlen: [cm^{-1}]. Nach RYDBERG lautet somit die Balmer-Formel für die sichtbare Wasserstoffserie

$$\bar{\nu} = \frac{R}{2^2} - \frac{R}{n^2} \quad \text{mit } n = 3, 4 \ldots$$

R ist eine Konstante der Dimension [cm^{-1}], die „Rydberg-Konstante“. Die allgemeine Formel irgend einer Linienserie ist nach RYDBERG

$$\bar{\nu} = \frac{R}{(m+a)^2} - \frac{R}{(n+b)^2} = T_m - T_n \quad \text{mit } m < n. \tag{2.1}$$

T = Term, a und b sind für die Serie kennzeichnende Konstanten, m eine für die verschiedenen Serien des Atoms verschieden kleine Zahl und n die Laufzahl. Die Bedeutung dieser Konstanten hat später erst die Quantentheorie gebracht.

1908 stellte RITZ das Kombinationsprinzip auf, nach dem die subtraktive oder additive Kombination der Frequenzen von Spektrallinien bzw. der dazugehörigen Terme wieder zu neuen Spektrallinien oder Termen führt. Dadurch wurden eine große Anzahl neuer Atomlinien gefunden und die spektroskopischen Kenntnisse vervollständigt. Ausnahmen von dieser Regel erklärte wiederum erst die Quantentheorie.

Die Entstehung der Spektren ist nach der Bohrschen Atomtheorie wie folgt zu erklären: Die Elektronen umkreisen, durch die Coulombschen Kräfte der positiven Ladungen im Kern gebunden, diesen Atomkern in diskreten Schalen oder Energieniveaus. Dabei halten sich die Zentrifugalkraft und die Coulombsche Anziehungskraft zwischen Elektron und Kern das Gleichgewicht.

Da der Atomkern und das ihn umkreisende Elektron nach der damaligen Ansicht einen elektrischen Dipol bilden und daher strahlen sollten, war die Existenz stabiler Atome nicht zu erklären: denn Strahlung bedeutet Energieverlust. N. BOHR beseitigte 1930 diese Schwierigkeit der Vorstellung, indem er seine Postulate aufstellte, welche die Gültigkeit der Gesetze der klassischen Physik im Bereich der Atome stark einschränkten. Diese Postulate fanden schon wenig später durch HEISENBERG und SCHRÖDINGER in der Quantenmechanik ihre Bestätigung.

Aus der Tatsache des Vorhandenseins stabiler Atome schloß BOHR, daß es Elektronenbahnen geben müsse, auf denen die Elektronen strahlungslos umlaufen, im Gegensatz zur klassischen Elektrodynamik, nach der ein solcher strahlungsloser Umlauf unmöglich ist. Jeder dieser „Quantenbahnen“, wie sie BOHR nannte, entspricht ein bestimmter Energiezustand E. Durch Zufuhr von Energie in irgend einer Form können nun diese Elektronen in ein höheres Energieniveau angehoben werden und fallen dann innerhalb von zirka 10^{-8} Sekunden unter Abgabe dieser Anregungsenergie *nur* in Form elektromagnetischer Strahlung wieder auf ihr ursprüngliches Energieniveau zurück. Schematisch lassen sich diese Atomvorgänge nach Abb. 3 in einem Term- oder Energieniveauschema darstellen.

Die Differenz der Energien der Anfangs- und Endbahn E_a und E_e (wobei $E_a > E_e$) wird somit als Spektrallinie der Frequenz nach der Bohrschen Frequenzbedingung $E_a - E_e = h \cdot \nu$ ausgestrahlt. Beim Ersetzen der Frequenz durch die Wellenzahl nach $\bar{\nu} = \nu/c$ erhält man weiter

$$\bar{\nu} = \frac{E_a}{h \cdot c} - \frac{E_e}{h \cdot c}. \tag{2.2}$$

c = Lichtgeschwindigkeit $2{,}99 \cdot 10^{10}$ [cm · sec^{-1}].
h = Plancksches Wirkungsquantum = $6{,}6252 \cdot 10^{-27}$ [erg · sec].

Bei Vergleich dieser Formel mit der empirischen Serienformel von RYDBERG (Gl. 2.1) $\bar{\nu} = T_2 - T_1$ erklärt sich nun die Bedeutung der Bezeichnung „Term“: die Terme sind nichts anderes als die durch $h \cdot c$ dividierten Energiezustände des Atoms, die zu den betreffenden Elektronenbahnen gehören. Soll nunmehr ein Elektron auf ein höheres Energieniveau angehoben werden, muß man gegen die Coulombsche Anziehungskraft Arbeit leisten. Durch die Zufuhr dieser äußeren Energie verringert sich die negative Bindungsenergie. Das Atom kann jedoch nicht beliebige Energiebeträge aufnehmen, sondern nach der Bohrschen Quantenbedingung nur die Differenzen zwischen zwei Energiezuständen des Atoms. Bei weiterer Anregung des Elektrons auf immer kernfernere Bahnen nimmt die zu leistende Arbeit immer mehr ab. Wie aus Abb. 3 ersichtlich, nehmen die Abstände der Energieniveaus auch ab und konvergieren gegen eine Grenze des Energiewerts 0. Das Elektron ist dabei nicht mehr an den Kern gebunden, es befindet sich im Unendlichen. Dem Term- bzw. Energiewert 0 entspricht der Zustand des ionisierten, vom Kern losgelösten Elektrons. Die Term- bzw. Energiewerte stellen physikalisch also die Bindungsenergien des Elektrons an den Kern dar. Auf der innersten Quantenbahn ist das Elektron am festesten an den Kern gebunden und, um es von diesem Zustand bis an die Ionisationsgrenze zu heben, ist die größte Energiemenge, die Ionisationsenergie, zuzuführen.

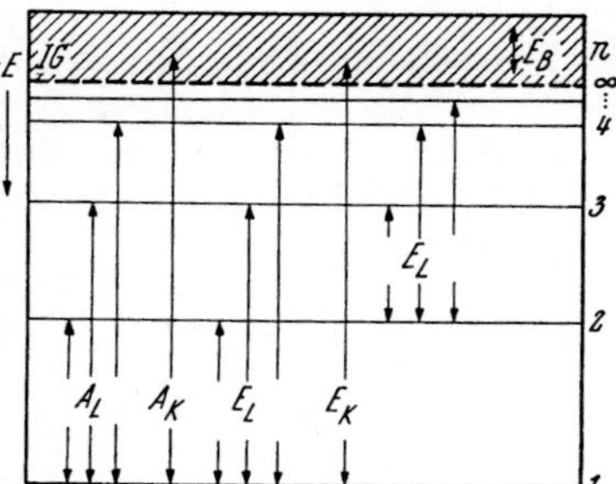

Abb. 3. Schematische Darstellung der Atomvorgänge bei Linienabsorption und Emission nach FINKELNBURG (20). A_L Linienabsorption, A_K Absorption des Seriengrenzkontinuums, E_L Linienemission, E_K Emission des Seriengrenzkontinuums, E_B Elektronenbremsstrahlung, IG Ionisationsgrenze, $-E$ negative Bindungsenergie, n Termlaufzahl (= Hauptquantenzahl).

Die Anwendung der Bohrschen Atomtheorie auf die empirisch gefundenen Tatsachen bringt Erkenntnisse, die mit den empirisch gewonnenen in völliger Übereinstimmung stehen.

Das Wasserstoffatom steht im Perioden-System der Elemente an der ersten Stelle, es besteht also aus einem Proton im Kern und einem Elektron in der Hülle. Während der Umkreisung des Kerns durch das Elektron halten einander die Zentrifugalkraft $m\, r\, \omega^2$ und die Coulombkraft e^2/r^2 das Gleichgewicht:

$$m \cdot r \cdot \omega^2 = \frac{e^2}{r^2}. \tag{2.3}$$

m = Masse des Elektrons.
e = Ladung des Elektrons.
r = Bahnradius.
ω = Winkelgeschwindigkeit.

Die zweite grundlegende Beziehung ist die Quantenbedingung von BOHR, nach der das Phasenintegral über einen vollen Umlauf des Elektrons gleich einem ganzzahligen Vielfachen des Wirkungsquantums sein muß:

$$\oint p \cdot d\,q = n \cdot h. \tag{2.4}$$

p = Impuls des Elektrons.
dq = Ortsveränderung.
n = 1, 2, 3 ...
h = Plancksches Wirkungsquantum.

Die gesamte Energie des den Kern umkreisenden Elektrons setzt sich aus der Summe der kinetischen und potentiellen Energie zusammen:

$$E_{\text{ges}} = E_{\text{kin}} + E_{\text{pot}} = \frac{m \cdot v^2}{2} - \frac{e^2}{r}. \tag{2.5}$$

v = Geschwindigkeit des Elektrons.

Aus diesen Gleichungen erhält man durch Einsetzen der Werte für r und v die Energien, deren das Wasserstoffatom fähig ist:

$$E_n = \frac{2 \cdot \pi^2 \cdot m \cdot e^4}{h^2 \cdot n^2}. \qquad n = 1, 2, 3 \ldots \tag{2.6}$$

Bei Übergängen zwischen diesen stationären Zuständen werden Spektrallinien emittiert (n_a für Anfangs-, n_e für Endzustand):

$$\bar{\nu} = \frac{1}{h \cdot c} \cdot (E_a - E_e) = \underbrace{\frac{2 \cdot \pi^2 \cdot m \cdot e^4}{h^3 \cdot c}}_{R} \cdot \left(\frac{1}{n_e^2} - \frac{1}{n_a^2}\right). \quad n_a > n_e. \tag{2.7}$$

Bei Vergleich dieser Formel mit der Balmer-Formel (Gl. 2.1) sieht man, daß die Laufzahl mit der Bohrschen Quantenzahl identisch ist. Für den Fall der Balmer-Serie ist $n_e = 2$ und $n_a = 3, 4 \ldots$, die beiden Gleichungen sind wiederum identisch.

Für die Rydberg-Konstante ergibt sich nach der Bohrschen Theorie der Wert

$$R = \frac{2 \cdot \pi^2 \cdot m \cdot e^4}{h^3 \cdot c} = 109\,737{,}312 \pm 0{,}008 \ [\text{cm}^{-1}]. \tag{2.8}$$

Dieser Wert steht in sehr guter Übereinstimmung mit dem spektroskopisch gefundenen Wert für Wasserstoff $R_H = 109\,677{,}567$ [cm^{-1}]. Der oben berechnete Wert von R gilt aber nur für den Fall unendlich großer Kernmasse, in dem sich das Elektron um den ruhenden Kern bewegt. In Wirklichkeit bewegen sich jedoch Kern und Elektron um den gemeinsamen Schwerpunkt. Für diesen Fall gilt

$$R = \frac{R}{1 + m/M}. \tag{2.9}$$

m = Masse des Elektrons.
M = Masse des Kerns.

Die Spektren der Elemente mit nur einem den Kern umkreisenden Elektron kommen dem Wasserstoffspektrum bezüglich Einfachheit des Aufbaues am nächsten, man bezeichnet sie daher als „wasserstoffähnliche" Spektren. Es sind das z. B. die Spektren von He^+, Li^{++}, ... Die von einem Ca^{+19} ausgesandte Strahlung liegt ungefähr bei 3 Å, also bereits im Röntgengebiet. Die Wellenzahlen berechnen sich wieder nach

$$\bar{\nu} = R_Z \cdot Z^2 \cdot \left(\frac{1}{n_e^2} - \frac{1}{n_a^2}\right). \quad n_a > n_e. \tag{2.10}$$

R_Z = Rydberg-Konstante für das betreffende Element.
Z = Ordnungszahl.

Von einer Wasserstoffähnlichkeit im weiteren Sinne spricht man auch bei Atomen, die außer ihren abgeschlossenen Elektronenschalen noch 1 Elektron besitzen (wie die Alkalielemente).

Für die Entstehung von Röntgenstrahlen können also hochionisierte Atome verantwortlich sein. Die Erzeugung der zu diesen vielfachen Ionisierungen nötigen Energie ist aber laboratoriumsmäßig sehr schwer oder überhaupt nicht durchführbar. Die experimentell festgestellte Röntgenstrahlung muß demnach

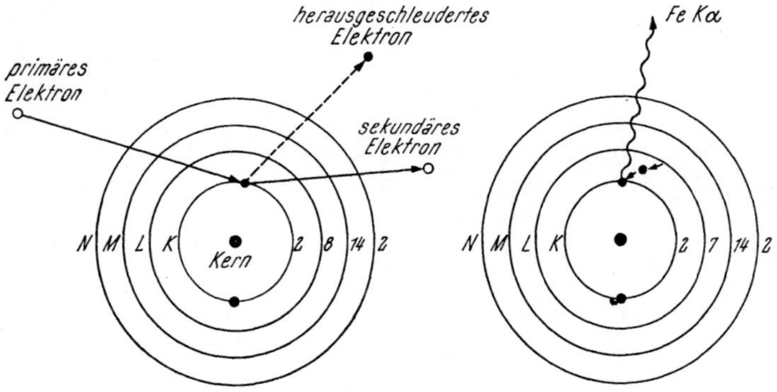

Abb. 4. Erzeugung von Röntgenstrahlung durch Elektronenbeschuß des Eisenatoms.

von Atomen stammen, die im wesentlichen ihre volle Elektronenschale besitzen. Im Unterschied zu den lichtoptischen Spektren, deren Ursache in den Quantensprüngen der Elektronen im Bereiche der äußeren Elektronenschalen liegt, ist der Ursprung der Röntgenspektren in den Quantensprüngen im Bereich der inneren, kernnahen Elektronenbahnen gegeben.

Ist die dem Atom zugeführte Energie groß genug, so wird nicht ein Elektron der äußeren Schale angeregt, sondern ein Elektron der innersten Schale wird angehoben. Dabei muß aber keine völlige Ionisierung eintreten. Es genügt, wenn das Elektron in ein freies optisches Niveau gehoben wird, dessen Abstand von der Ionisierungsgrenze im Verhältnis zum Abstand von der K- oder L-Schale sehr klein ist. Die Lücke in der Schale, aus der das Elektron durch Energiezufuhr entfernt wurde, wird nun sofort durch ein Elektron aus der nächsten oder einer höheren Schale aufgefüllt. Die Energiedifferenz zwischen diesen beiden Zuständen wird als Röntgenquant ausgestrahlt.

Wenn also ein kernnahes Elektron durch einen Stoß aus dem Atomverband herausgeschleudert wird, so befindet sich das Atom durch diesen Verlust in einem „angeregten" Zustand. Das Atom kehrt in seinen Ruhezustand zurück, wenn die Lücke in der inneren Schale wieder aufgefüllt ist. Die Energie, die benötigt wird, um ein von einer äußeren Schale gewonnenes Elektron festzuhalten, ist, wie gesagt, geringer als die Energie, die nötig ist, um ein inneres Elektron zu entfernen. Die Energiedifferenz wird also als charakteristische Röntgenstrahlung emittiert. Dieser Vorgang ist in Abb. 4 am Eisenatom schematisch wiedergegeben.

Das primäre Elektron schlägt aus der K-Schale ein Elektron heraus und versetzt das Atom in den „angeregten“ Zustand, der durch Übertritt eines Elektrons aus der M-Schale wieder aufgehoben wird unter gleichzeitiger Emittierung der Energiedifferenz als Röntgenquant.

Welche äußere Elektronenschale ein Elektron nach innen abgibt, hängt vom PAULIschen Auswahlprinzip ab. Für die Röntgenphysik genügt es nicht mehr, die Atomstruktur durch Kern und einfache Schale zu beschreiben, sondern die aufeinanderfolgenden Schalen müssen in Teilschalen (orbitals), auf denen sich die Elektronen bewegen können, zerlegt werden. Die Teilschalen tragen die Bezeichnung s, p, d, f (g, h). Einfachheitshalber gehen wir zurück zu den Vorstellungen, daß jeder Atomkern von Elektronenschalen umgeben ist, die von innen nach außen gezählt mit den Buchstaben K, L, M, N, O, P oder durch die Hauptquantenzahlen 1, 2, 3 usw. belegt sind. Eine Röntgenlinie der K-Serie wird also erzeugt, wenn der leere Platz auf der K-Schale von einem Elektron der L-, M- usw. Schale oder Teilschale (orbital) eingenommen wird. Dies macht auch sofort klar, warum es keine Linien der K-Serie beim H und He geben kann. Das Termschema (energy levels) für Eisen zeigt Abb. 5.

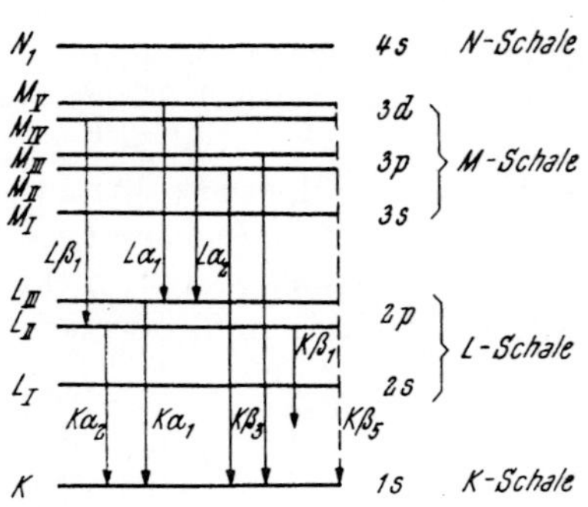

Abb. 5. Termschema des Eisens.

In der L-Schale sind 3 Energieniveaus, in der M-Schale 5 und in der N-Schale 1 (in diesem Falle). Auf Grund der Auswahlregel ist ein Elektronenübergang nur möglich, wenn die zweite Quantennummer, $s = 1$, $p = 2$ oder $d = 3$, (zumindest) um Eins verschieden ist. Das heißt: Übergänge sind erlaubt: vom p-Niveau der L- oder M-Schale zum s-Niveau der K-Schale oder vom d-Niveau der M-Schale zum p-Niveau der L-Schale.

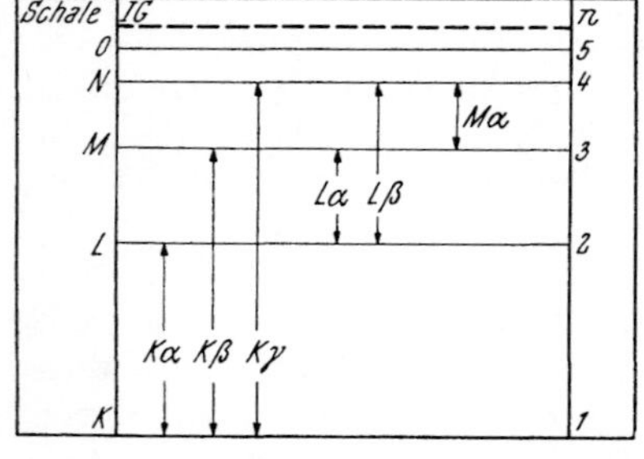

Abb. 6. Entstehung des Röntgenspektrums (schematisch).

Wenn daher die Leerstelle der K-Schale durch ein Elektron aus dem Lp-Niveau (L-Schale) aufgefüllt wird, erscheinen die FeK_{α_1}- und FeK_{α_2}-Linien. Bei der Auffüllung aus dem $3p$-Niveau (M-Schale) können die FeK_β-Linien entstehen.

Im allgemeinen erscheinen die K-Linien häufiger als alle anderen und ihre Intensität ist am stärksten. Beispielsweise verhalten sich beim Eisenspektrum die relativen Intensitäten der Linien $K_{\alpha_1} : K_{\alpha_2} : K_{\beta_1} : K_{\beta_5} = 100 : 49 : 18 : 0{,}3$.

Von Element zu Element bestehen Intensitätsunterschiede in den Linien, aber im allgemeinen sind die K_α-Linien stärker als die K_β und die L_α stärker als die L_β. Das K-Spektrum eines Elementes ist immer das einfachste, da ja alle erlaubten Energieübergänge zum einzigen K-Niveau stattfinden. Das L-Spektrum ist schon komplizierter, da 3 L-Niveaus möglich sind, und die M-Elektronenschale zeigt 5 erlaubte Energieniveaus und kann daher ein noch linienreicheres Spektrum hervorrufen. Mit der Zunahme der Linien nimmt aber auch die Möglichkeit der Überlappung zu und das Spektrum zeigt dann eine gewisse Ähnlichkeit mit den optischen Spektren. Daher wird den K- und gegebenenfalls L-Spektren bei der

Analyse der Vorzug gegeben. Bei den Elementen höherer Atomnummer (etwa über 40) verursacht die größere Anzahl der Protonen im Kern eine größere Bindungsenergie, die die K-Elektronen festhält. Man muß zu sehr hohen Anregungsspannungen greifen oder aber — wie dies praktisch der Fall ist — die L-Spektren trotz größerer Linienanzahl zur Auswertung heranziehen.

Abb. 6 zeigt schematisch die Entstehung eines Röntgenspektrums. Alle Linien, die den Endzustand K besitzen ($n = 1$), gehören also zur K-Serie (K_α, K_β, K_γ, wobei $\lambda_\alpha > \lambda_\beta > \lambda_\gamma$), alle Linien mit dem Endzustand in der L-Schale gehören zur L-Serie usw. Es ist natürlich möglich, durch Zufuhr einer geringeren Energiemenge nur die L-Serie anzuregen und nicht die K-Serie, doch treten stets alle höheren Serien (M, N, ...) mit auf.

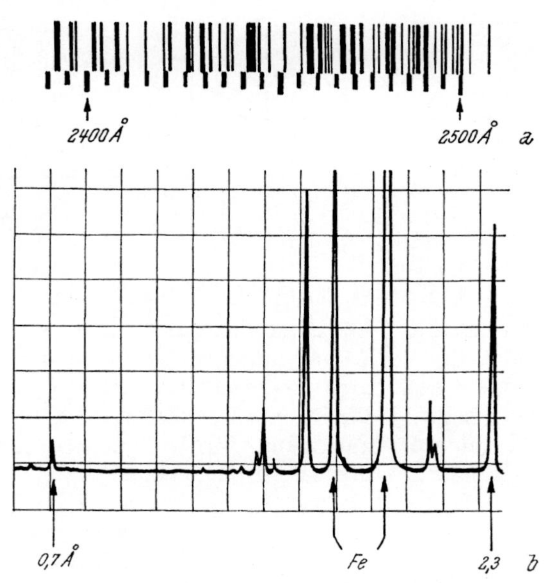

Abb. 7. *a* optisches Spektrum von Fe im Bereich von 2400 bis 2500 Å, *b* Röntgenspektrum einer Fe-Cr-Ni-Mn-Mo-Legierung im Bereich 0,7 bis 2,3 Å (50).

Ähnlich der Serienformel des Wasserstoffs lassen sich die kennzeichnenden Serien der Röntgenspektren durch folgende allgemeine Formel beschreiben:

$$\bar{\nu} = (Z - k)^2 \cdot R \cdot \left(\frac{1}{n_e^2} - \frac{1}{n_a^2}\right). \qquad n_a > n_e. \tag{2.11}$$

k ist eine Konstante, die für die verschiedenen Serien verschiedene Werte annimmt. Für die energiereichste Serie, die K-Serie, ist $k = 1$.

Die Röntgenspektren sind Einelektronenspektren. Nach HEISENBERG ist ein Zustand mit einem einer vollen Schale fehlenden Elektron (z. B. wenn eines der beiden Elektronen der K-Schale durch Ionisation entfernt wurde) weitgehend äquivalent einem Zustand mit nur einem Elektron in einer sonst leeren Schale (wie im Wasserstoffatom). Die Röntgenspektren sind daher als wasserstoffähnliche Spektren einfach und linienarm. Einen Eindruck des großen Vorteils der Röntgenspektren gegenüber den optischen Spektren kann Abb. 7 geben.

In Abb. 6 wurde der Vorgang der Röntgenlinienemission sehr vereinfacht dargestellt, so als ob beim Übergang von der L- zur K-Schale nur eine einzige Linie emittiert würde. Diese Verhältnisse wären vorhanden, wenn jeder Energiezustand des Atoms ausschließlich durch seine Hauptquantenzahl n gekennzeichnet wäre. Bei allen Atomen jedoch, die mehr als ein Elektron, um den Kern kreisend, besitzen, wirkt noch ein vom Atomrumpf abhängiges Störpotential auf diese Elektronen, wodurch die Energiezustände und damit auch die Spektren in charakteristischer Weise beeinflußt werden. Zur vollständigen Kennzeichnung der Energiezustände eines Atoms reicht also die Hauptquantenzahl nicht mehr aus, es müssen weitere charakteristische Größen eingeführt werden. Aus dem empirischen Material war bekannt, daß bei den Alkaliatomen, die zwar nur *ein* für die Spektren verantwortliches Elektron besitzen, jedoch weitere abgeschlossene Elektronenschalen haben, die Serien in verschiedene Termfolgen aufspalten. Zur Definition dieser verschiedenen Termfolgen führte man die „Nebenquantenzahl“ k bzw. nach der Quantenmechanik die „Bahndrehimpulsquantenzahl“ l ein, da jedem Elektron auch ein mechanischer Bahndrehimpuls zugeschrieben werden kann. Zwischen n und l besteht die Beziehung $l \leqslant n - 1$. Beim Wasserstoff fallen infolge des Fehlens des Störpotentials des Atomrumpfs die zu den verschiedenen Bahnimpulsquantenzahlen gehörenden Bahnen mit verschiedener Exzentrizität fast zusammen, da sie eben fast genau die gleiche Energie besitzen. Daß sie nicht genau zusammenfallen, beruht auf der Tatsache, daß die Bahnen mit großer Exzentrizität im Perihel dem Atomkern so nahe kommen, daß die Geschwindigkeit des Elektrons auf dieser Bahn nicht mehr klein ist gegenüber der Lichtgeschwindigkeit: es verändert daher seine Masse. SOMMERFELD berechnete mit seiner Feinstrukturformel unter Berücksichtigung der relativistischen Massenveränderlichkeit die dadurch bedingte Aufspaltung der Wasserstoffserien. Den Zusammenhang zwischen Elektronensymbolen, Elektronenquantenzahlen und Termfolgen zeigt die Tabelle 1.

Tabelle 1.

Termfolge	S	P	D	F
n \ l	0	1	2	3
1	1s			
2	2s	2p		
3	3s	3p	3d	
4	4s	4p	4d	4f
5	—	—	—	—

Nun besteht aber z. B. die Na D-Linie, die einem Übergang $2\,P \rightarrow 1\,S$ entspricht, nicht aus einer einzigen Linie, sondern aus zwei eng benachbarten. Das zeigt, daß ein Atom in dem durch n und l gekennzeichneten Zustand noch weiter in zwei Zuständen von etwas verschiedener Energie existieren kann. Die beiden Quantenzahlen reichen zur vollständigen Beschreibung der möglichen Energiezustände also nicht aus. 1920 führte SOMMERFELD eine neue Quantenzahl, die „innere“ Quantenzahl j, ein, wobei $j = l \pm {}^1/_2$ ist. 1925 erkannten GOUDSMIT und UHLENBECK, daß dem Elektron noch ein weiterer Drehimpuls zuzuschreiben ist: der Eigendrehimpuls oder Spin. Im klassischen Bild würde dies einer Rotation des Elektrons um seine eigene Achse entsprechen. Der Bahndrehimpuls $\vec{l}$ und der Spindrehimpuls $\vec{s}$ des Elektrons sind durch die ihnen entsprechenden magnetischen Felder gekoppelt und setzen sich vektoriell zu einem Gesamtdrehimpuls $\vec{j} = \vec{l} + \vec{s}$ zusammen. Durch die Einführung der Spinquantenzahl $s = \pm {}^1/_2$ ist die innere Quantenzahl nun definiert als $j = l \pm s$.

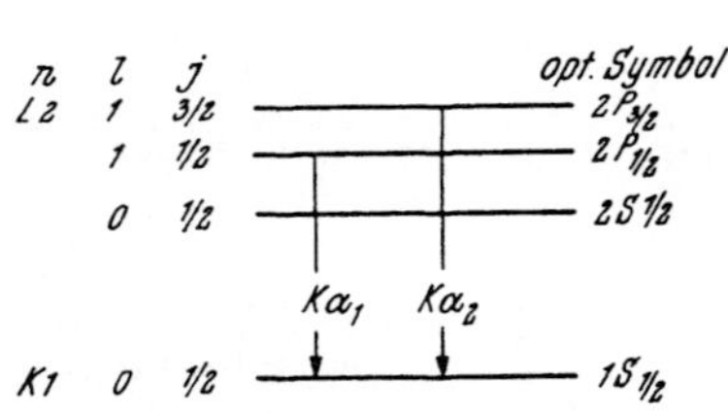

Abb. 8. Übergänge zwischen L- und K-Schale.

Wird nun ein Elektron aus der K-Schale ionisiert und springt aus der L-Schale ein Elektron zurück, so treten nach Abb. 8 folgende möglichen Energiezustände auf.

Der durch Ionisation in der K-Schale entstehende Zustand ist, da $n = 1$ und $l = 0$, ein sogenannter $1\,S_{1/2}$-Zustand. Da hier kein Bahndrehimpuls auftritt, hat das Elektron auch kein magnetisches Moment, relativ zu dem sich der Spin einstellen könnte; alle Orientierungen von $\vec{s}$ haben die gleiche Energie: S-Terme sind daher stets einfach. Durch Ionisation in der L-Schale treten bereits drei mögliche Energiezustände auf:

$$2\,S_{1/2} \text{ für } n = 2;\quad l = 0;\quad j = {}^1/_2.$$
$$2\,P_{1/2} \text{ für } n = 2;\quad l = 1;\quad j = {}^1/_2.$$
$$2\,P_{3/2} \text{ für } n = 2;\quad l = 1;\quad j = {}^3/_2.$$

Die Übergänge $2\,P_{1/2} \rightarrow 1\,S_{1/2}$ und $2\,P_{3/2} \rightarrow 1\,S_{1/2}$ bedingen die Dublettstruktur der K_α-Linien durch Aufspaltung in die K_{α_1}- und K_{α_2}-Linien. Ein Übergang zwischen $2\,S_{1/2} \rightarrow 1\,S_{1/2}$ findet nicht statt, obwohl er nach dem Ritzschen Kombinationsprinzip möglich wäre. Das heißt also, daß dieses Prinzip nur beschränkt gültig ist. Die Ausnahmen davon werden durch die „Auswahlregeln" gegeben. Diese sind

1. $\Delta\, n \neq 0$.
2. $\Delta\, l = \pm 1$ bzw. $\Delta\, j = 0, \pm 1$.

Übergänge zwischen Zuständen der gleichen Termfolge sind demnach verboten ($S \rightarrow S$, $P \rightarrow P$, $D \rightarrow D$), ebenso Übergänge unter Überspringen der benachbarten Termfolge ($S \rightarrow D$, $F \rightarrow P$). Solche Linien können aber als „verbotene Linien" mit geringer Intensität trotzdem auftreten, da durch Störungen (starke elektrische Felder oder Entladungen mit hohen Stromdichten) die Auswahlgesetze eingeschränkt werden.

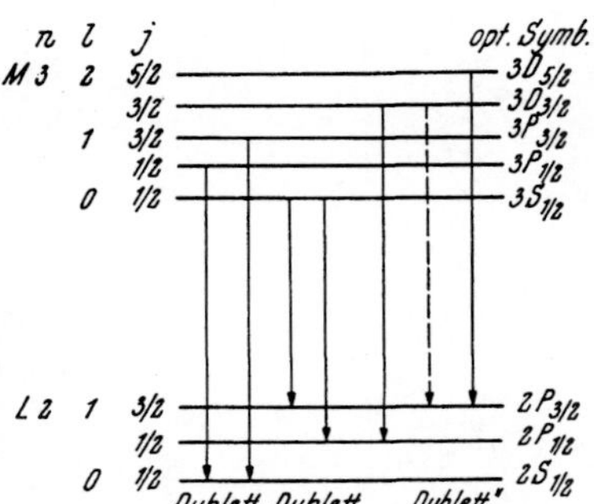

Abb. 9. Übergänge zwischen M- und L-Schale. Die $P \rightarrow D$-Übergänge wären somit: $3\,D_{3/2} \rightarrow 2\,P_{1/2}$; $3\,D_{3/2} \rightarrow 2\,P_{3/2}$; $3\,D_{5/2} \rightarrow 2\,P_{3/2}$ und schließlich $3\,D_{5/2} \rightarrow$ $\rightarrow 2\,P_{1/2}$. Diese letzte Möglichkeit ist wegen $j = 0, \pm 1$ verboten, da hier $\Delta\, j = 2$ wäre.

Durch Ionisation der L-Schale können nun durch Elektronenübergänge aus der M-Schale jene Linien emittiert werden, die Abb. 9 zeigt. Aus der Erfahrung hat sich weiter gezeigt, daß Übergänge, bei denen sich l und j in der gleichen Richtung ändern ($3\,D_{3/2} \rightarrow 2\,P_{1/2}$ und $3\,D_{5/2} \rightarrow 2\,P_{3/2}$), mit viel größeren Intensitäten auftreten als solche Übergänge, bei denen sich l und s gegenläufig ändern und j daher konstant bleibt. Die Linie $3\,D_{3/2} \rightarrow 2\,P_{3/2}$ erscheint daher mit nur sehr schwacher Intensität als sogenannter „Satellit". Man spricht in Vereinfachung daher ebenfalls von einem Dublett.

Gegenüber den optischen Spektren ist die Größe der Aufspaltung der Terme bei den Röntgenspektren wesentlich größer, denn die der Sommerfeldschen Feinstrukturberechnung zugrundeliegenden relativistischen Effekte sind für die inneren Elektronen von Vielelektronenatomen wesentlich größer. Die inneren Elektronen bewegen sich in einem starken elektrischen Kernfeld, das durch die übrigen Elektronen nur wenig abgeschirmt ist. Sie haben Geschwindigkeiten, die von der gleichen Größenordnung sind wie die Lichtgeschwindigkeit. Statt auf geschlossenen Ellipsenbahnen umkreisen diese Elektronen den Kern auf Bahnen in Form von Rosetten mit beträchtlicher Perihelbewegung.

Die Einführung der vier Quantenzahlen zur Beschreibung der möglichen Energiezustände eines Atoms brachte aber noch eine weitere Erkenntnis, die Pauli 1925 auf Grund des spektroskopischen Materials fand: Er schloß aus der Abwesenheit gewisser Spektralterme (wie z. B. des $1\,{}^3S$-Zustands), daß in der Natur nur solche Anordnungen von Elektronen in den Atomen und Molekülen vorkommen können, in denen sich die Elektronen hinsichtlich mindestens einer ihrer vier Quantenzahlen unterscheiden. Daraus folgt zwangsläufig die Zahl der in einer Schale möglichen Elektronen zu $2 \cdot n^2$ (n = Hauptquantenzahl). Das Prinzip des Aufbaus des Perioden-Systems der Elemente ist mit dieser Beziehung ebenfalls gegeben. Die Elektronenhülle jedes Elements ist aus der des vorhergehenden durch Einbau eines weiteren Elektrons entstanden. Abb. 10 zeigt das vollständige Termschema der Röntgenniveaus von Uran.

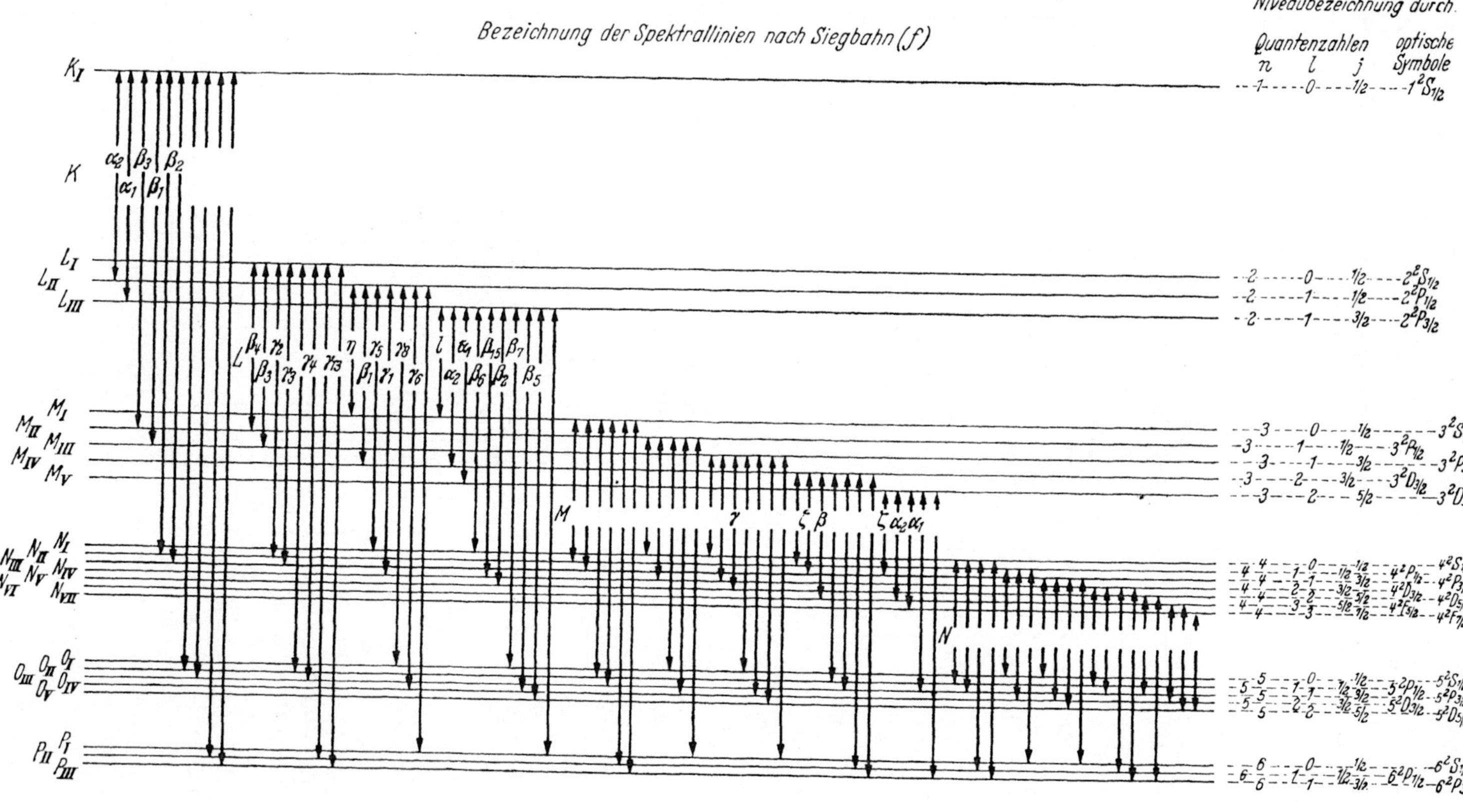

Abb. 10. Termschema von Uran (29).

Die Energie (bzw. Wellenlänge) des emittierten Spektrums ist durch den Abstand der (hier innersten) Energieniveaus bestimmt, die für das betreffende Atom charakteristisch sind. Mit steigender Ordnungszahl der Elemente, also mit steigender positiver Kernladung, werden die Energiedifferenzen zwischen den inneren Schalen größer und die emittierten Spektren kürzerwellig. MOSELEY

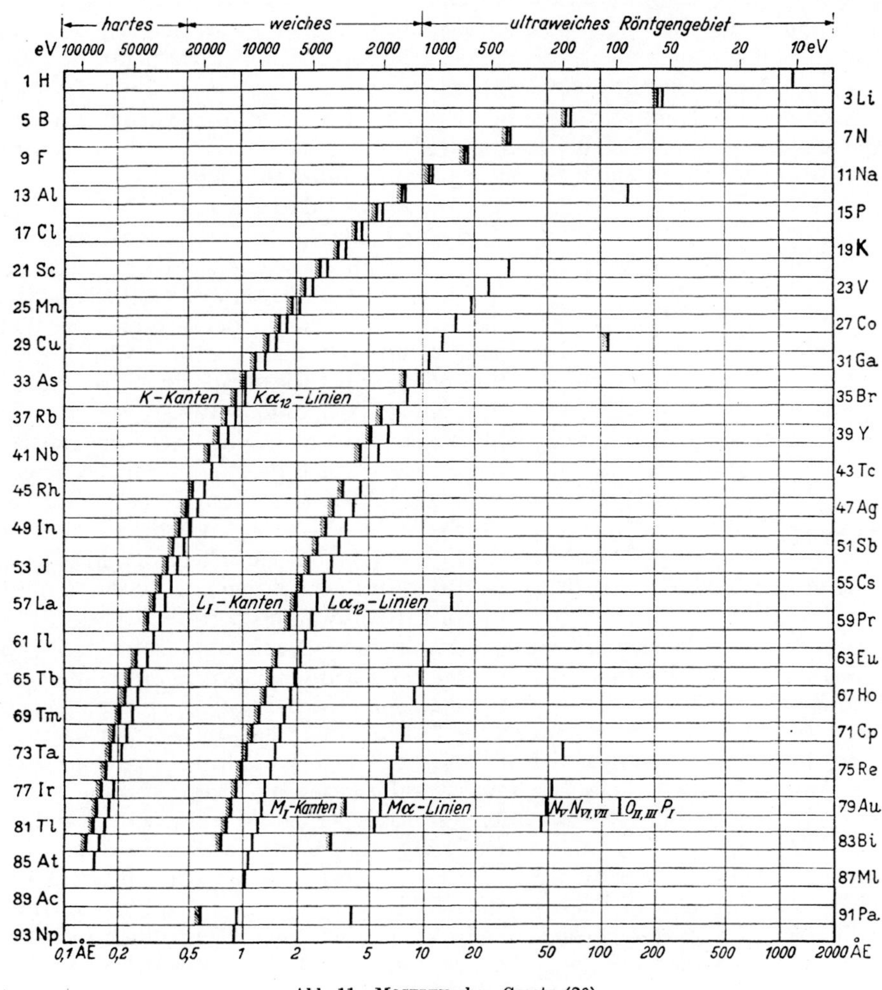

Abb. 11. MOSELEYsches Gesetz (29).
(61 Il = 61 Pm; 71 Cp = 71 Ln)

konnte 1913 zeigen, daß zwischen den Wellenzahlen einer Serie und der Ordnungszahl des betreffenden Atoms ein Zusammenhang besteht:

$$\bar{\nu} = \frac{1}{\lambda} = k \cdot Z^2 \quad \text{bzw.} \quad k \cdot (Z - 1)^2. \tag{2.12}$$

Abb. 11 zeigt diese Zusammenhänge.

Diese Beziehung, die nach ihrem Entdecker Moseleysches Gesetz genannt wird, ließ die damals im Periodensystem noch bestehenden Lücken erkennen und ermöglichte die Bestimmung damals noch unbekannter Elemente.

Die Wellenlängen der einzelnen Linien sind weitgehend eine reine Atomeigenschaft, unabhängig vom Zustand des Atoms, wie etwa der chemischen

Bindung. Genauere Messungen u. a. von REGLER (44), HERGLOTZ (25) u. a. zeigten allerdings doch eine Abhängigkeit der Wellenlängen der emittierten Linien von der chemischen Bindung, die auch in der Elektronenstrahl-Mikroanalyse eine Rolle spielt.

Abweichend von den lichtoptischen Spektren gilt für die Röntgenspektren das Gesetz von Emission und Absorption, wonach ein glühender Dampf dieselbe Spektrallinie absorbiert, die er emittiert, *nicht*. Eine Absorption der K_α, K_β-Linien usw. kann hier nicht auftreten, da in den höheren Energieniveaus kein Platz mehr für das angehobene Elektron frei ist. Bei Absorption kann das Elektron nur in ein unbesetztes optisches Niveau oder in ein davon nicht allzuweit entferntes Niveau oberhalb der Ionisationsgrenze gehoben werden. Das Elektron kann also praktisch nur das Seriengrenzkontinuum absorbieren.

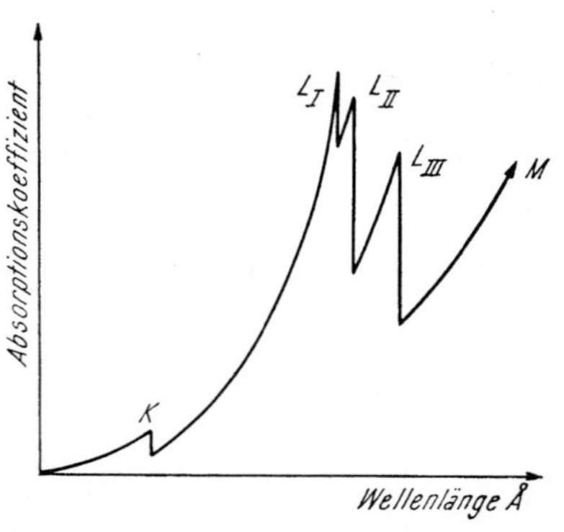

Abb. 12. Röntgenabsorptionskanten.

Die Absorption der Energie der anregenden Strahlung läßt sich in Form der Absorptionskanten graphisch übersichtlich darstellen (Abb. 12). Der Absorptionskoeffizient steigt bei der Wellenlänge der Absorptionskante steil an und fällt nach kürzeren Wellenlängen hin wieder ab. Die Struktur dieser Kanten ist infolge der Aufspaltung der L- und M-Niveaus in die verschiedenen Unterniveaus mit verschiedenen Bahnimpulsen und inneren Quantenzahlen sehr kompliziert. Nur die K-Kante ist stets einfach, da es nur ein K-Niveau gibt. Die als Folge der Absorption emittierten Linien liegen auf der langwelligen Seite der Absorptionskante.

Die Feinstruktur der Absorptionskanten ist je nach Aggregatzustand und chemischer Struktur verschieden gut zu erkennen. KOSSEL erklärte diese Erscheinung mit der Möglichkeit, daß außer der echten Ionisierung eines inneren Elektrons auch noch die Hebung dieses Elektrons in ein unbesetztes optisches Niveau möglich ist. Wegen der kleinen optischen Termdifferenzen erscheinen diese Absorptionslinien nur als schwer auflösbare Struktur der langwelligen Absorptionskante. Bei der Absorption fester Körper fehlt dieser klare Zusammenhang. Die optischen Niveaus werden durch Umgebung stark gestört und verbreitert. Außerdem sind Übergänge in die optischen Niveaus benachbarter Gitteratome möglich. Es kann so eine „Sekundärstruktur“ auftreten, die darauf beruht, daß es in festen Körpern völlig freie Elektronen nicht gibt. Für diese Elektronen existieren Bereiche „erlaubter“ und „verbotener“ kinetischer Energie. Dadurch ist das Seriengrenzkontinuum nahe der Ionisationsgrenze in einzelne Energiebänder aufgelöst.

Zum weiteren Studium der Grundlagen können die Bücher von BLOCHIN (7, 8) und FINKELNBURG (22) empfohlen werden.

4. Methoden der Anregung von Röntgenstrahlen.

Röntgenstrahlen entstehen:

a) wenn rasch fliegende Elektronen (Kathodenstrahlen) durch Materie abgebremst werden,

b) beim Auftreffen von Röntgenstrahlen auf ein Atom. Durch die auftreffende Energie können wiederum Elektronen in den innersten Schalen angeregt werden und senden beim Zurückspringen in die betreffende Schale sogenannte „Sekundärstrahlung“ oder „Röntgenfluoreszenzstrahlung“ aus. Diese Fluoreszenzstrahlung ist natürlich energieärmer (= längerwellig) als die sie anregende Strahlung; oder

c) wenn α-Partikelchen mit leichten Elementen in Wechselbeziehung treten. Bei dem letztgenannten, nicht ungefährlichen Verfahren wird z. B. eine Poloniumquelle auf Kunststoffmaterial mit dem darin eingebetteten gesuchten Leichtelement gerichtet. Während sowohl Röntgen- als auch Elektronenstrahlen ungehindert hindurchwandern, erzeugen α-Partikelchen Röntgenstrahlung.

Die zweite, technisch einfachere Methode verwendet die „Röntgenfluoreszenzanalyse“. Der Vorteil dieser Methode liegt in der Anregung des charakteristischen Spektrums der Elemente in der Probe ohne gleichzeitige Anregung des kontinuierlichen Spektrums, was eine wesentliche Reduzierung der Hintergrundstrahlung zur Folge hat.

Für die Elektronenstrahl-Mikroanalyse ist die erste Methode der direkten Anregung mit beschleunigten Elektronen die einzig mögliche. Die aus der Glühkathode austretenden und durch das angelegte elektrische Feld beschleunigten Elektronen treffen auf das Antikathodenmaterial (= Probe, „target“) auf. Die beschleunigten Elektronen dringen in das Antikathodenmaterial ein und treten mit den Atomen wie folgt in Wechselwirkung:

1. sie entwickeln in der Probe Wärme;
2. sie ionisieren Atome des Probenmaterials und geben so Anlaß zur Emission von charakteristischer Röntgenstrahlung;
3. sie werden im Probenmaterial gebremst und geben ihre kinetische Energie in Form von „Bremsstrahlung“ ab;
4. die eindringenden Elektronen werden aus der Probe zurückgestreut.

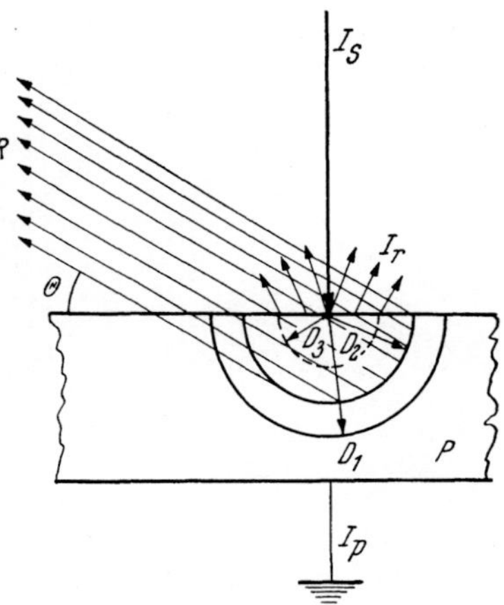

Abb. 13. Wechselwirkung Elektronen-Antikathodenmaterial (57). D_1 Reichweite der Elektronen, D_2 kritische Reichweite, D_3 Rückstreubereich, I_S Strahlstrom, I_r rückgestreute Elektronen, P Probe, θ Abnahmewinkel der Röntgenstrahlung R, I_p Probenstrom.

Abb. 13 zeigt schematisch die Wechselwirkung der eindringenden Elektronen mit dem Probenmaterial (57).

Das Elektron wird aber bei der Abbremsung nicht in einen stationären Zustand eines Atoms eingefangen, sondern bewegt sich mit verminderter Geschwindigkeit weiter. Diese Übergänge im stationären Energiebereich oberhalb der Ionisierungsgrenze haben u. a. die Emission des „Elektronenbremsspektrums“ zur Folge*. Die Abgabe der kinetischen Energie erfolgt nicht in einzelnen Quanten, sondern kontinuierlich. Das Bremsspektrum hat gegen das kurzwellige Gebiet eine scharfe Grenze, die durch die kinetische Energie der schnellsten Elektronen bedingt ist: höchstens diese Maximalenergie kann auf einmal abgegeben werden. Die Wellenlänge der kurzwelligen Grenze ist durch die maximale Beschleunigungsspannung der Elektronen gegeben.

$$E_{\text{kin}} = h \cdot \nu \cdot c = eV. \tag{2.13}$$

Nach Einsetzen der konstanten Werte erhält man daraus

$$\lambda_{\text{Grenze}} = \frac{12{,}4}{U}. \quad U = \text{Anregungsspannung in kV}.$$

* Siehe auch Abb. 14.

Diesem kontinuierlichen Bremsspektrum ist das charakteristische Linienspektrum des Antikathodenmaterials überlagert, das auf Grund der Ionisation der Atome in der Antikathode durch die beschleunigten Elektronen entsteht. So einfach sind allerdings die tatsächlichen Verhältnisse nicht, da z. B. beim Elektronensprung die freiwerdende Energie nicht nur zur Emission von Röntgenquanten (Photonen), sondern auch zur Ionisation einer anderen als der K-Schale führen kann, wobei ebenfalls ein Elektron — das sogenannte „Auger-Elektron" — ausgelöst werden kann. Wichtig ist jedoch die „Fluoreszenzausbeute" aus den einzelnen Schalen, die allerdings von der Ordnungszahl sehr stark abhängt und (für die K-Serie) bei niedrigen Atomnummern sehr klein ist, bei mittleren sehr stark zunimmt, um sich einem Grenzwert bei hohen Ordnungszahlen zu nähern.

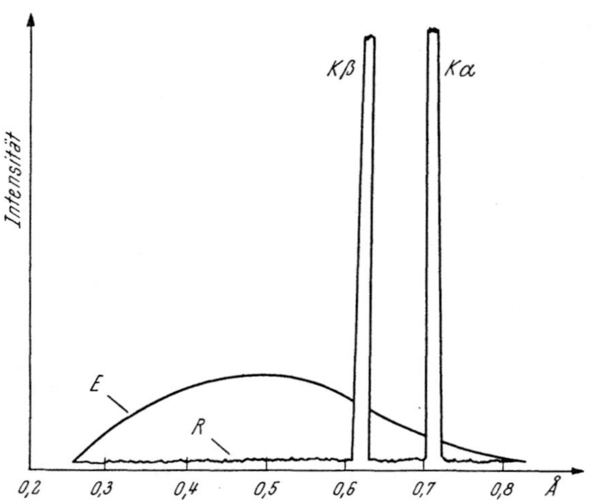

Abb. 14. Molybdänspektrum bei verschiedenen Anregungsarten. E Anregung durch Elektronen, R Anregung durch Röntgenstrahlen.

Für die L-Serie werden die Verhältnisse nur noch komplizierter. PHILIBERT (39) hat sich in einer zusammenfassenden Arbeit neuerdings damit beschäftigt.

Abb. 14 zeigt den Unterschied bei Anregung des Molybdänspektrums einmal durch Elektronen von 35 kV Energie und das andere Mal durch die Primärstrahlung einer mit 35 kV betriebenen Röntgenröhre. Bei Anregung der Molybdänstrahlung mit primärer Röntgenstrahlung kann natürlich kein kontinuierliches Spektrum angeregt werden, da die primären, anregenden Röntgenquanten ihre Energie nicht kontinuierlich wie die Elektronen, sondern nur in bestimmten Beträgen abgeben können. Der geringe noch vorhandene Hintergrund stammt von der kohärenten und inkohärenten Streuung der primären Röntgenstrahlung durch die Probe.

Bei der kohärenten Streuung trifft das Röntgenquant ein Atom und „prallt" von diesem ohne Energieverlust ab. Dieser Vorgang entspricht dem ideal elastischen Stoß und tritt besonders bei Elementen der Ordnungszahl über 11 auf. Aus diesem Streuvorgang resultiert nun ein kontinuierlicher Hintergrund und eine schwache, gestreute, charakteristische Strahlung des Antikathodenmaterials, die dem charakteristischen Spektrum der Analysenprobe überlagert ist.

Bei der inkohärenten oder „Compton"-Streuung, die besonders bei den leichten Elementen mit Ordnungszahlen unter 11 auftritt, trifft das Röntgenquant auf ein Atom, erleidet einen unelastischen Stoß und verliert dabei einen Teil seiner Energie. Dieser Energieverlust ist abhängig vom Winkel, unter welchem das Röntgenquant gestreut wird. Die Auswirkung dieser Streuung zeigt sich in einer Verbreiterung des Linienmaximums nach längeren Wellenlängen hin bei jeder gestreuten Linie der Primärstrahlung.

Schließlich rührt ein Teil der Hintergrundstrahlung noch von der Streuung der Fluoreszenzstrahlung durch den Analysatorkristall her. Dieser Anteil des Hintergrundes kann jedoch durch Impulshöhendiskriminierung unterdrückt werden.

Wenn nun auch der weitaus größere Hintergrund bei direkter Anregung eines Spektrums mit beschleunigten Elektronen ein Nachteil ist, so steht diesem Nachteil doch der Vorteil einer wesentlich höheren Linienintensität (100 bis 1000fach) und der leichten Fokussierbarkeit des Elektronenstrahles mit elektronenoptischen Linsen gegenüber.

Die Erfahrung zeigte, daß die optimale Anregungsspannung das 2- bis 3fache der Mindestanregungsspannung der betreffenden Linie beträgt. Reicht die Beschleunigungsspannung nicht mehr zur Anregung der kurzwelligen K-Serie aus, so werden die längerwelligen Serien zur Analyse herangezogen (L-, M-Serie).

Je nach Beschleunigungsspannung und Antikathodenmaterial (Probe) dringen die Elektronen mehr oder weniger tief in das Probenmaterial ein. Diese Eindringtiefe ist außer von der kinetischen Energie der Elektronen auch noch von der Ordnungszahl des betreffenden Elements, seinem Atomgewicht, seiner Dichte und der Lage der Absorptionskante abhängig. In leichtere Elemente dringen die Elektronen tiefer ein, ihre Verteilung in der Probe hat ungefähr die Form einer Birne: die Elektronen weichen im Laufe ihrer Bahn immer mehr von ihrer ursprünglichen Richtung ab und durchdringen die Probe schließlich nach allen Richtungen hin. In schwereren Elementen hingegen ist die Eindringtiefe natürlich geringer, die Form des getroffenen Gebietes ist ungefähr halbkugelförmig.

Nach der von Wittry (56) aufgestellten und später von Castaing (14) modifizierten Formel berechnet man die Eindringtiefe nach:

$$d_E\,[\mu\text{m}] = 0{,}033 \cdot (V^{1,7} - V_K{}^{1,7}) \cdot \frac{A}{\varrho \cdot Z}, \tag{2.14}$$

worin d_E = Eindringtiefe [μm].

V = Beschleunigungsspannung in kV.
V_K = Lage der Absorptionskante in kV.
A = Atomgewicht.
Z = Ordnungszahl.
ϱ = Dichte [$\text{g} \cdot \text{cm}^{-3}$].

Das für die Elektronenstrahl-Mikroanalyse interessante Gebiet liegt nun einerseits in dem Bereich, aus dem die eindringenden Elektronen wieder zurückgestreut werden können, andererseits in dem Bereich der kritischen Reichweite der Elektronen. Der Anteil der rückgestreuten Elektronen ist ebenfalls von der Ordnungszahl des betreffenden Elementes abhängig. Nur ein geringer Teil dieser rückgestreuten Elektronen verursacht im Antikathodenmaterial (Probe) Ionisationen; er ist daher für die Erzeugung der charakteristischen Strahlung der Probe nicht von großer Bedeutung. Durch ihre geringe Eindringtiefe erlangen diese Elektronen aber eminente Bedeutung in speziellen Fällen, wo eine hohe Auflösung gefordert wird.

Innerhalb der kritischen Reichweite der Elektronen — wofür es bereits einige Modellvorstellungen gibt, die weit über die in Abb. 13 gezeigten hinausgehen (1, 20, 23, 39, 40, 43) — erfolgt die Ionisation der Atome der Antikathode; es ist dies der Bereich, in dem die Elektronen noch genügend Energie besitzen, um die charakteristische Strahlung des gewünschten Elements anzuregen. Die Bedeutung der Monte-Carlo-Rechnung zur Erfassung der räumlichen Verteilung der charakteristischen Röntgenstrahlung wurde von Green (24) gezeigt. Es wurde festgestellt, daß diese Rechnungsart, obwohl vom Autor nur ein enger Bereich betrachtet wurde, zur Voraussage der Verteilung der direkten K-Ionisation in einer festen Probe dienen kann. Diese Methode, auf die hier ausdrücklich hingewiesen sei, zeigt jetzt schon, daß die Vorstellung, daß sich Elektronen geradlinig bis zu ihrem Stillstand verteilen, falsch ist. Die Monte-Carlo-Rechnung gibt zumindest für $E_0 = 29$ kV bei Kupfer eine ausgezeichnete Übereinstimmung mit den experimentellen Daten von CASTAING (16). Solange aber nicht wesentlich mehr Daten, die eine gute Übereinstimmung zwischen Theorie und Praxis ergeben, vorhanden sind, wird auch die allgemeine Anwendbarkeit von Korrekturformeln nur bedingt möglich sein, denn die „Ausbeute" an zur Messung zur Verfügung stehenden Impulsen wird nicht von einem Element allein abhängen, sondern auch von den benachbarten Elementen (Probenzusammensetzung) und der Eindringtiefe der Elektronen.

Für Elektronen mit einer Beschleunigungsspannung von 30 kV ist der kritische Bereich, in dem sie noch K_α-Strahlung anregen, für Aluminium zirka 5 μm, für Kupfer zirka 2 μm. Bei dieser Anregungsspannung diffundieren die Elektronen ungefähr 1 μm in jede Richtung normal zur Auftreffrichtung des Strahles, so daß das bestrahlte Gebiet ungefähr 3 μm Durchmesser besitzt.

Nach CASTAING (14) ist der Durchmesser d_A des tatsächlich analysierten Bereiches

$$d_A = d_S + d_E. \tag{2.15}$$

d_S = Strahldurchmesser.
d_E = Eindringtiefe.

Zwischen Durchmesser des Elektronenstrahls, Anregungsspannung und Strahlstrom i besteht wiederum die Beziehung

$$i = k \cdot V \cdot d_S^{8/3}. \tag{2.16}$$

k betrug für das Gerät von CASTAING etwa 0,015. Man sieht also, daß die Verringerung des Durchmessers des auftreffenden Strahls von 1 μm auf 0,5 μm keine wesentliche Verbesserung des Auflösungsvermögens mehr bringt. Wird auf erhöhte Auflösung Wert gelegt, so kann bei einer geringeren Anregungsspannung eine geringere Eindringtiefe und damit auch eine geringere seitliche Diffusion der Elektronen erreicht werden, was aber natürlich auf Kosten der nutzbaren Intensität der zu analysierenden Röntgenstrahlung geschieht. Auch hier sei auf die noch nicht ganz ausgereiften theoretischen Grundlagen (39) hingewiesen, doch sei auch betont, daß die Gesamterscheinung der praktisch verwertbaren Strahlung wohl der größte analytische Fortschritt seit Jahrhunderten ist.

5. Zerlegung der Röntgenstrahlung.

Zur spektralen Zerlegung der Röntgenstrahlen verwendet man seit den grundlegenden Beugungsversuchen von v. LAUE die Gitternetzebenen von Kristallen. Beim Auftreffen von Röntgenstrahlen auf eine Kristalloberfläche werden nur die dem Reflexionsgesetz nach BRAGG genügenden Wellenlängen reflektiert. Dieses Gesetz lautet

$$n \cdot \lambda = 2 \cdot d \cdot \sin \theta. \tag{2.17}$$

n = 1, 2, 3 ... die Ordnung des Spektrums.
λ = Wellenlänge der Strahlung in Å.
d = Abstand zweier benachbarter Netzebenen des zur Beugung verwendeten Kristalls in Å.
θ = Winkel zwischen dem auftreffenden Röntgenstrahl und der reflektierenden Netzebene.

Will man mehrere Wellenlängen mit einem derartigen Kristall voneinander trennen, so verwendet man die sogenannte „Drehkristallmethode“ von BRAGG. Bei dieser Methode wird die für die spektrale Zerlegung des auftreffenden Bündels der Röntgenstrahlung erforderliche Vielheit von Reflexionswinkeln durch Drehung des Kristalls um seine Achse erzeugt. Dabei müssen Strahlungsquelle (Eintrittsspalt) und Strahlungsdetektor bei jeder Einstellung gleichen Abstand haben. Der geometrische Ort aller Punkte, die dieser Fokussierungsbedingung entsprechen, ist ein Kreis um die Drehachse des Kristalls mit dem Radius r gleich der Entfernung Spalt-Drehachse (Abb. 15). Das aus der lichtoptischen Spektralanalyse übernommene Prinzip der Rowlandkreis-Anordnung ist kurz folgendes: wenn ein Kreis, dessen Radius halb so groß wie jener des Konkavgitters (hier: gekrümmter Kristall) ist, so angelegt wird, daß im Mittelpunkt des Gitters Berührung von innen erfolgt, dann werden — wenn der Lichteintrittsspalt (hier: Probe, Quelle) ebenfalls am Kreis liegt — die am Gitter gebeugten Strahlen am Kreisumfang scharf fokussiert. In der Röntgenoptik geht man einen ähnlichen Weg. Der Kristall wird mit einem Radius von $2\,r$ gekrümmt und dann an seiner Innenseite auf den Radius r angeschliffen, damit die Rowlandbedingungen an jedem Punkt der Kristalloberfläche voll erfüllt werden. Wenn aus kristallspezifischen Gründen auf das Schleifen verzichtet werden muß, stimmen auch die Rowlandbedingungen nicht mehr vollständig. Eine bedeutende Erhöhung der Intensität der reflektierten Strahlung erhält man daher, wenn der Reflexionskristall nach JOHANNSON (27) mit einem Krümmungsradius $2\,r$ gebogen und auf der Konkavseite mit dem Radius r angeschliffen wird, die sich dann an den Fokussierungskreis anschmiegt. Kristalle, die nicht geschliffen werden können, werden nach der JOHANN-Methode (26) nur mit einem Krümmungsradius $2\,r$ gebogen.

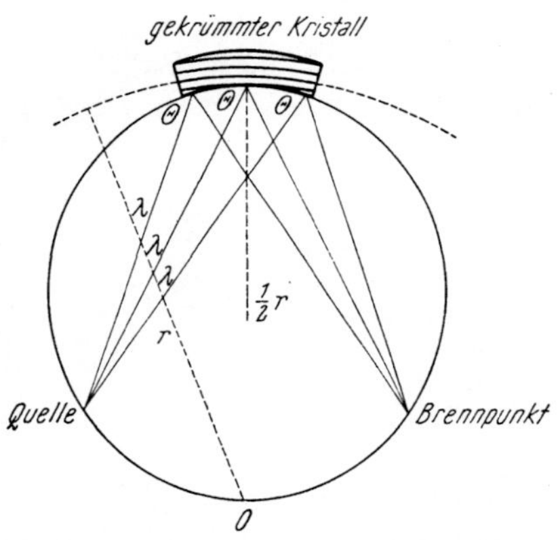

Abb. 15. Spektrometer mit gekrümmten und geschliffenen Kristallen (Prinzip).

Elektronenstrahl-Mikroanalysatoren können nach CASTAING (15) und BIRKS (3) prinzipiell drei verschiedene Anordnungen aufweisen. Entweder der Empfänger (Detektor) ist mit dem Kristall in einem bestimmten Abstand verbunden und beide drehen sich um ein fixes Zentrum, wobei ersterer mit doppelter Geschwindigkeit bewegt wird, damit er immer in Position $2\,\theta$ steht, wenn der Kristall den Winkel θ einnimmt, oder der Kristall bewegt sich nicht nur entlang einer Geraden, sondern auch um sein eigenes Zentrum, so daß die Entfernung vom Spalt (Strahlungsquelle = Probe) immer $2 \cdot r \cdot \sin\theta$ ist, wenn der Kristall im Winkel θ steht. Diese Anordnung ist mechanisch schwieriger, hat aber Vorteile. Die dritte Anordnung zeigt einen fixen Abstand von Strahlungsquelle zum Kristall, und der Kristall wird je nach Winkelstellung gedreht, so daß sich der Radius des Rowlandkreises fortwährend ändert.

Die maximale reflektierbare Wellenlänge der einfallenden Strahlung beträgt bei $\theta = 90°$ $\lambda = 2 \cdot d$. Man verwendet daher je nach der zu messenden Strahlung Kristalle mit verschiedenen Gitterabständen. Daher wird ein Gerät um so „wertvoller“ sein, je mehr gut justierte und auswechselbare Kristalle es besitzt.

6. Messung der zerlegten Röntgenstrahlung.

Die Grundlagen der Auswertung von Atomspektren sind die gemessenen Wellenlängen und Intensitäten der Spektrallinien sowie bei kontinuierlichen Spektren die spektrale Intensitätsverteilung, das heißt die Abhängigkeit der Intensität von der Wellenlänge.

Da der photographische Film praktisch keine Rolle bei der quantitativen Bestimmung von Röntgenstrahlung mehr spielt, wird er hier nicht behandelt.

a) Detektoren.

Die derzeit gebräuchlichsten Detektoren für Röntgenstrahlung sind

Geigerzähler,
Proportionalzähler,
Scintillationszähler.

Geiger- und Proportionalzähler beruhen auf der ionisierenden Wirkung von Röntgenstrahlen in einer Gasatmosphäre, der Scintillationszähler hingegen beruht auf der Erzeugung von Licht bei der Absorption eines Röntgenquants.

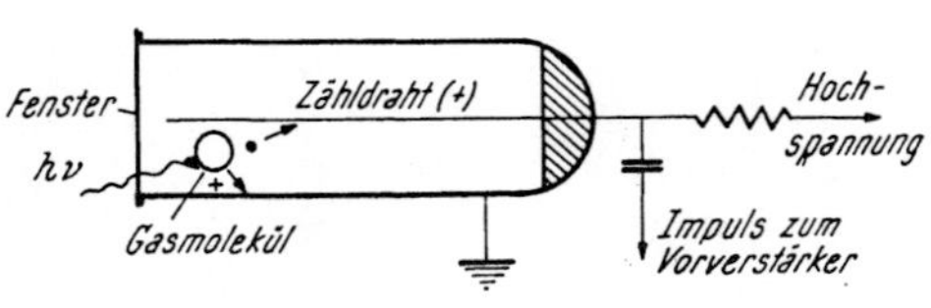

Abb. 16. Funktionsweise eines Zählrohres.

Abb. 16 zeigt schematisch die Wirkungsweise eines Geiger- oder Proportionalzählrohres.

Das Zählrohr selbst besteht aus einer zylindrischen Metallhülse, von der das eine Ende mit einem dünnen „Fenster“ aus Beryllium oder Mylar verschlossen ist. Das andere Ende ist durch einen Isolator verschlossen, durch den der Zähldraht hindurchgeführt wird. Eindringende Röntgenquanten werden nun durch das Füllgas (meistens Argon) absorbiert und ionisieren es dabei. Durch das starke elektrische Feld zwischen positiv geladenem Zentraldraht und der geerdeten Zählrohrwand wandern dann die positiven Ionen zur Zählrohrwand, die Elektronen zur Zählermitte. Die angelegte Spannung beschleunigt die Elektronen so stark, daß sie durch Stoß weitere Ionisationen auslösen können. Schließlich bildet sich am Ort der ursprünglichen, durch das einfallende Röntgenquant ausgelösten primären Ionisation eine sogenannte „Ionenlawine“ aus, bis zu 10^7 Elektronen erreichen auf diese Weise innerhalb von 0,1 μsec den Zählrohrdraht, hervorgerufen nur durch eine einzige ursprüngliche Ionisation. Durch die Abwanderung der positiven Ionen in Richtung Zählrohrwand wird das elektrische Feld in der Nähe des Drahtes verringert, und die Entladung kommt somit zum Stillstand. Um eine neuerliche Ionisationslawine bei der Entladung der positiven Ionen an der Wand zu verhindern, wird dem Füllgas für Geigerzähler und geschlossene Proportionalzählrohre ein „Löschgas“ wie Halogene oder organische Verbindungen zugesetzt.

Die für das Zählrohr verwendete Hochspannung hängt von der Betriebsart ab (Abb. 17).

Der Arbeitsbereich für Geigerzähler liegt im Bereich G, dem Plateau, wo eine Erhöhung der Zählerspannung keine wesentliche Veränderung der Impulshöhe mit sich bringt. Die Zählrohrspannung ist so hoch gewählt, daß die Ionisation durch ein einzelnes einfallendes Röntgenquant sich rasch über den ganzen Zählerraum ausbreitet und die dadurch hervorgerufene Entladung jedesmal ungefähr gleich groß ist, bevor sie durch das Löschgas zum Stillstand gebracht wird. So ist die Größe der Entladung unabhängig von der Energie des ursprünglichen einfallenden Röntgenquants und diese Zählerart ist daher für eine nachfolgende Impulshöhenanalyse ungeeignet. Während der Entladungsvorgänge ist der Zähler für weitere einfallende Quanten „tot"; für Geigerzähler beträgt diese Totzeit etwa 100 bis 200 μsec. Für größere Impulshäufigkeiten muß diese immerhin beträchtliche Totzeit in Rechnung gestellt und korrigiert werden.

Arbeitet man jedoch mit Zählrohrspannungen, die innerhalb des Proportionalbereiches liegen, ist jeder vom Zählrohr gelieferte Impuls proportional der Energie des einfallenden Röntgenquants. Außerdem wird die Totzeit auf ungefähr 0,2 μsec reduziert, so daß auch bei hohen Zählraten kaum Korrekturen nötig sind. Die Proportionalität zwischen einfallendem Quant und geliefertem Impuls rührt daher, daß die in Proportionalzählrohren verwendete Spannung zu gering ist, um eine Ausbreitung der Ionenlawine über das ganze Zählrohr zu erlauben. Die Größe des gelieferten Impulses ist daher proportional der vom Quant ausgelösten Zahl von Ionisationen, die im Zählrohr örtlich begrenzt bleiben. Der Rest des Zählrohrraumes bleibt daher weiter aktiv, und ein neues einfallendes Quant kann sofort weitere Ionisationen auslösen. Die maximal erfaßbare Zählrate kann auf diese Weise um einige Größenordnungen gesteigert werden. Die Konstruktion ist im Prinzip dieselbe wie bei Geigerzählern. Für langwellige Strahlungen werden Gasdurchflußproportionalzählrohre verwendet, bei denen das Zählgas (z. B. ein Argon-Methangemisch) ständig erneuert wird.

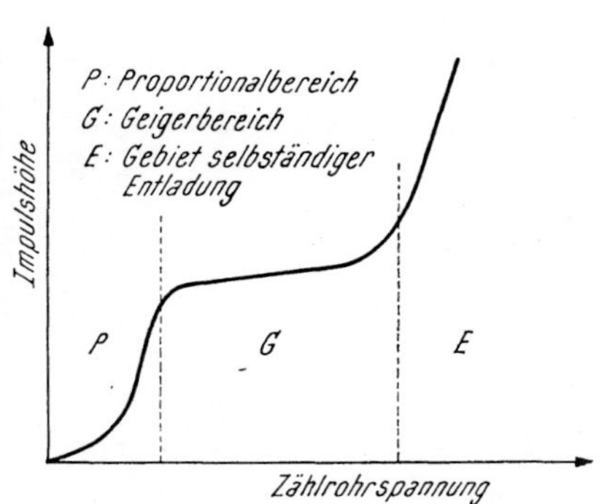

Abb. 17. Impulshöhe (im Proportionalbereich entsprechend der Zahl der erfaßten Ionenpaare) in Abhängigkeit von der Zählrohrspannung.

Die Scintillationszähler weisen eine wesentlich andere Konstruktion auf als Geiger- und Proportionalzählrohre. Der Scintillationszähler besteht aus einem Kristall (meist NaJ mit Thallium aktiviert), der bei der Absorption von Röntgenquanten sichtbare Lichtblitze durch Emission des optischen Thalliumspektrums erzeugt, und einem Sekundärelektronenvervielfacher, der diese Lichtblitze registriert und vervielfacht. Die Zahl der erzeugten Lichtblitze ist wiederum von der Energie der einfallenden Röntgenquanten abhängig, die Totzeit ist sehr gering. Scintillationszähler werden daher ebenfalls als Proportionalzähler verwendet. Auch eine Impulshöhenanalyse ist mit diesen Zählern möglich.

Der Vorteil des Geigerzählers ist seine einfache Bauweise, außerdem benötigt er weit weniger Stabilisierungs- und Verstärkerkreise: da sich sein Arbeitsgebiet über 100 bis 200 Volt erstreckt, sind Schwankungen in der Hochspannungsversorgung nicht kritisch und beeinflussen die Zählrate nicht. Außerdem sind die Ausgangsimpulse aus dem Geigerzähler in der Größenordnung von einigen Millivolt im Gegensatz zu den anderen Zählertypen, die nur Impulse in der Größenordnung von Mikrovolt liefern. Die Hochspannungsversorgung ist bei Proportional- und Scintillationszählern sehr kritisch und muß gut stabilisiert sein. Dafür haben sie den Vorteil der Erfassung weit höherer Impulsraten pro Zeiteinheit ohne Koinzidenzkorrekturen. Im längerwelligen Bereich ist der Scintillationszähler meist dem Proportionalzähler unterlegen. Wegen der hygroskopischen Eigenschaft der Kristalle sind diese mit einer Schutzschicht überzogen, die sie vor dem Angriff der Feuchtigkeit schützen soll. Diese Schutzschichten absorbieren jedoch langwellige Strahlung stärker als die sehr dünnen Fenster der anderen Zählrohrtypen.

Die von den Zählrohren gelieferten Impulse werden mit Vorverstärkern, die nahe dem Zählrohr angebracht sind, verstärkt, damit Verluste auf dem Weg zur Zähleinheit nicht zu sehr ins Gewicht fallen. Dann werden sie in Linearverstärkern weiter verstärkt, bis schließlich Werte zwischen 50 und 100 Volt erreicht sind, und gelangen so zur digitalen oder integralen Anzeige.

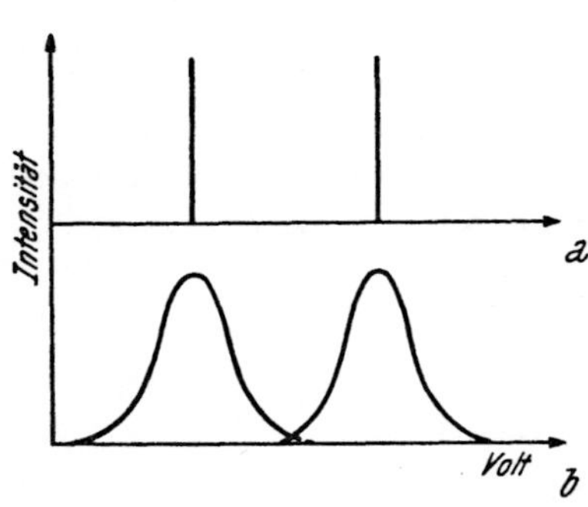

Abb. 18. Impulsformen, *a* theoretisch, *b* nach Verstärkung.

b) Impulshöhenanalyse.

Die vom Proportionalzähler gelieferten Impulse sollten — theoretisch — eine einzige genau definierte Energie besitzen. In Wirklichkeit hat aber die Energieverteilung, statistisch bedingt, die Form der Gaußschen Normalverteilung (Abb. 18). Durch die sogenannte „Diskriminierung" ist es nun möglich, einen einzigen gewünschten Energiewert bzw. Wellenlänge aus dem Spektrum auszuwählen: entweder durch integrale oder differentielle Impulshöhenanalyse.

Bei der integralen Methode der Impulshöhenanalyse wird der Schwellenwert auf einen bestimmten Energiewert eingestellt, alle geringeren Energiewerte werden unterdrückt und gelangen nicht zur Messung.

Der Vorverstärker und die Elektronenvervielfacherröhre des Scintillationszählers sind nun auch Quellen für Impulse hoher Wiederholungsfrequenz, der

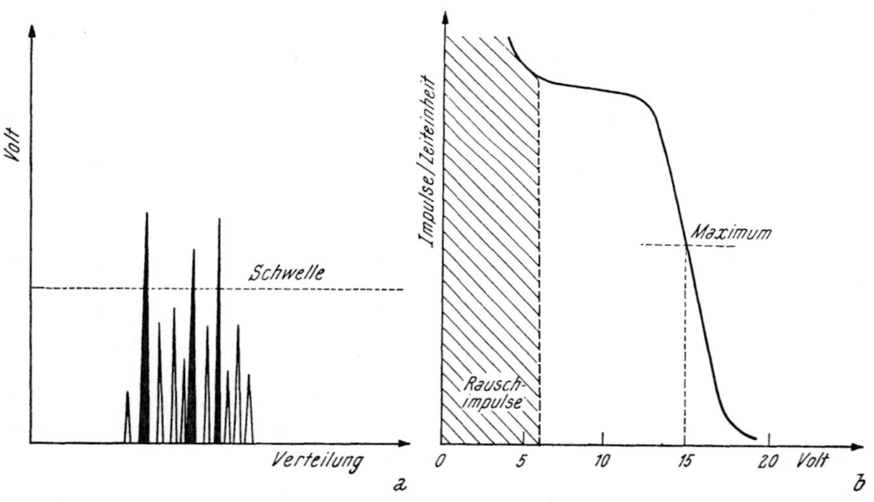

Abb. 19. Integrale Impulshöhenanalyse (35).

sogenannten Rauschimpulse. Sie treten gemeinsam mit den eigentlichen Ausgangsimpulsen der charakteristischen Strahlung des zu analysierenden Elementes auf. Die Rauschimpulse sind jedoch Impulse niederer Energie und ihre Amplitude ist daher kleiner als die Impulse der charakteristischen Strahlung der angeregten Elemente. Durch die integrale Diskriminierung können diese Rauschimpulse unterdrückt werden. Abb. 19*a* zeigt schematisch die Arbeitsweise der Integraldiskriminierung und Abb. 19*b* die Integralkurve, die man erhält, wenn man mit dem Schwellenwert den Energiebereich von höheren zu niederen Werten durchläuft. Alle Impulse mit höheren Amplituden als der jeweilige Schwellenwert werden durchgelassen und gelangen zur Registrierung. Zur Auswahl einer einzigen bestimmten Impulsamplitude müssen aber auch noch alle höheren als die gewünschte Amplitude unterdrückt werden. Hierzu bedient man sich der differentiellen Methode der Impulshöhenanalyse (Abb. 20). Durch Einstellen eines bestimmten Schwellenwertes und Vorgabe der Kanalbreite werden nur die Impulsamplituden registriert, die in den ausgewählten Energiebereich fallen. Abb. 20 zeigt die dazugehörige Differentialkurve.

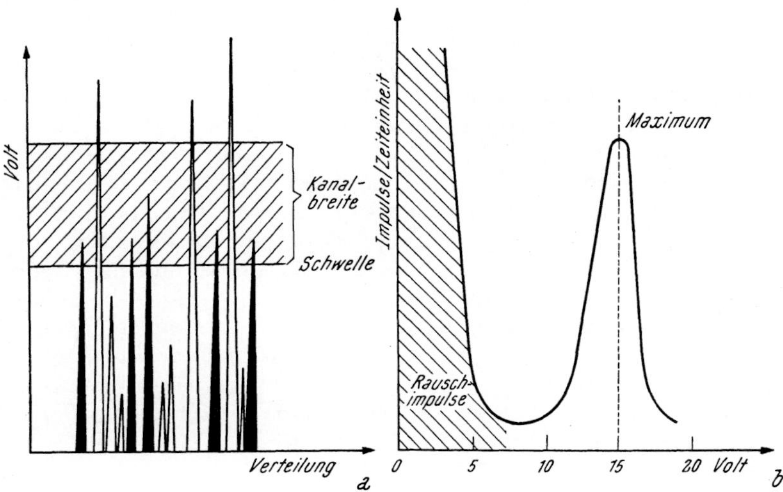

Abb. 20. Differentielle Impulshöhenanalyse (35).

Diese Differentialmethode verwendet man, um Impulse höherer Amplituden von der zu analysierenden Strahlung abzutrennen. Diese Impulse können entweder von Elementen höherer Ordnungszahl stammen oder von Wellenlängen höherer Ordnung, die auf der gleichen Winkeleinstellung wie der für die Untersuchung des gewünschten Elementes gegebenen reflektiert werden.

Der Nachteil der differentiellen Methode der Impulshöhenanalyse ist der relativ große Intensitätsverlust, bedingt durch die Verwendung einer geringen Kanalbreite, denn sonst könnten nahe benachbarte Linien nicht mehr scharf getrennt werden. Beispielsweise angeführte zahlenmäßige Angaben über vergleichende Messungen mittels integraler und differentieller Impulshöhendiskriminierung sind den Tabellen 7 und 8 im Abschn. III, 2 *b* zu entnehmen.

7. Rolle der Probe (Antikathode).

Da bei der Elektronenstrahl-Mikroanalyse die dem Aufprall des Elektronenstrahles ausgesetzte Probenoberfläche eine wesentliche Rolle spielt und als „Quasi-Röntgenröhre“ dient, muß auch bereits an dieser Stelle darauf Rücksicht genommen werden. Der Erfolg einer nach den in diesem Buch niedergelegten Prinzipien durchgeführten Analyse hängt nicht zuletzt vom Wissen über die Homogenität der Probe ab, und zwar sowohl in Richtung der chemischen Elementkonzentrationshomogenität als auch in Richtung der Größe und stereometrischen Verteilung der in der Probe befindlichen Verbindungen. Diese wichtigen Probleme kommen noch zu den vorher beschriebenen und später noch auftauchenden der Strahlenerzeugung und -zerlegung in komplexen Materialien hinzu.

a) Homogenitätsfragen.

Zur Frage der Homogenität eines metallischen Probekörpers nehmen MALISSA und SWOBODA (32) Stellung, da die Charakterisierung der Werkstoffe nur durch die chemische Durchschnittsanalyse und durch einige physikalische Meßdaten nicht mehr als ausreichend angesehen werden kann. Zur Verbesserung der Charakterisierung werden daher in zunehmendem Maße auch die neueren Möglichkeiten der metallkundlichen Analyse herangezogen, weil ja die technischen Werkstoffe immer aus mehreren Gefügebestandteilen mit sehr verschiedenartigen Eigenschaften aufgebaut sind, wobei die vor allem interessierenden Werkstoffeigenschaften sich aus dem Zusammenwirken der Eigenschaften der einzelnen Gefügebestandteile ergeben. Diese Gefügebestandteile können erwünscht sein, d. h. bewußt angestrebt werden, sie können aber auch als Folge des Herstellungsverfahrens unvermeidbar sein, wie dies z. B. bei den nichtmetallischen Einschlüssen im allgemeinen der Fall ist. Selbst bei praktisch gleicher chemischer Durchschnittsanalyse können aus gleichen Gefügebestandteilen aufgebaute Werkstoffe sehr verschiedene Werkstoffeigenschaften haben, und zwar sowohl in Abhängigkeit von der Gesamtmenge und der Korngröße, mit der die einzelnen Gefügebestandteile am Werkstoffaufbau beteiligt sind, als auch in Abhängigkeit von der Anordnung der einzelnen Gefügebestandteile zueinander. Beispielsweise können zwei Stähle mit gleicher chemischer Durchschnittsanalyse und gleichem Gesamtgehalt an nichtmetallischen Einschlüssen je nach deren Verteilung in der Matrix unter sonst gleichen Voraussetzungen sehr verschiedene Zerspanungseigenschaften haben.

Die Elektronenstrahl-Mikroanalyse wird sich daher nicht auf die Identifizierung einzelner Gefügebestandteile beschränken dürfen, sondern wird darüber hinaus zu einer Aussage über den gefügemäßigen Werkstoffaufbau und über die mehr oder weniger weitgehende Homogenität der Werkstoffe kommen müssen, wenn sie den ihr zukommenden Beitrag zur Charakterisierung auch tatsächlich leisten will.

Der Wert der chemischen Durchschnittsanalyse ist ursächlich mit der Frage verknüpft, in welchem Ausmaß die Probe des zu untersuchenden Stoffes als Repräsentant seiner wahren chemischen Zusammensetzung angesehen werden kann.

Eine aussagekräftige Durchschnittsanalyse setzt eine bei metallischen Werkstoffen kaum realisierbare Homogenität voraus, wie sie z. B. bei Lösungen vorliegt. Bei Gläsern und echten Lösungen darf angenommen werden, daß an beliebiger Stelle entnommene Proben sich hinsichtlich ihrer chemischen Zusammensetzung nicht *mehr* voneinander unterscheiden, als dies zufolge des unvermeidbaren Streubereiches der angewandten Untersuchungsmethoden zu erwarten ist. Man wird also bei mehrmaliger Untersuchung aliquoter Anteile ein und derselben Probe mit den gleichen Streuungen der Ergebnisse rechnen, die bei der Untersuchung verschiedener Proben aus dem gleichen Stoff beobachtet werden.

Erst wenn das Ausmaß der Unterschiede der Untersuchungsergebnisse verschiedener Proben desselben Werkstoffes den zu erwartenden Streubereich übersteigt, wird man „gleiche chemische Zusammensetzung", also das Vorliegen eines „analytisch homogenen Stoffes" nicht mehr annehmen und wird dann singemäß von einem „analytisch heterogenen Stoff" sprechen.

Ein analytisch homogener Werkstoff liegt also nur dann vor, wenn das Ausmaß der Unterschiede der Untersuchungsergebnisse an ein und derselben Probe nicht größer ist als die Unterschiede, die bei der Untersuchung beliebig vieler, an verschiedenen Stellen des Werkstoffes entnommener Proben beobachtet werden.

Ein und derselbe Werkstoff kann nun bei Anwendung von Bestimmungsmethoden mit großem Streubereich einmal als „analytisch homogen" erscheinen, kann sich aber dann, lediglich durch Wahl empfindlicherer Verfahren, durchaus als „analytisch heterogen" erweisen. Außerdem kann ein und derselbe Werkstoff je nach dem Ausmaß des durch die Untersuchung erfaßten Raumes bei Verwendung ein und derselben Bestimmungsmethode bei relativ großer Probenmenge analytisch homogen, bei vergleichsweiser kleiner Probenmenge analytisch heterogen erscheinen.

Bei metallischen Werkstoffen wird im allgemeinen das Vorliegen einer einheitlichen analytischen Homogenität nicht voraussetzbar sein. Es ist daher üblich, bei der Wahl der „richtigen" Probe zur Ermittlung der chemischen Durchschnittsanalyse ein bestimmtes Ritual einzuhalten und die an dieser Probe ermittelten Werte als repräsentative Durchschnittsanalyse des Werkstoffes hinzunehmen.

Alle analytischen Untersuchungen sind aber besonders für Forschungsaufgaben teilweise entwertet, wenn nicht vorher die Begriffe „Homogenität" bzw. „Heterogenität" definitions- und sprachgebrauchsmäßig klargestellt werden.

Der untersuchte Raum ist ein Kontinuum, und man muß sich bewußt sein, daß im Stahl die Unstetigkeit gegenüber der Stetigkeit vorherrschend sein kann, wie dies beispielsweise PHILIBERT und BIZOUARD (41) an einem Zeilengefüge eines niedrig legierten Stahles mit 0,29% C, 0,24% Si, 0,78% Mn, 1,62% Ni, 1,5% Cr, 0,44% Mo und 0,16% Cu zeigten. Diese mit der microsonde électronique durchgeführten Untersuchungen dienten der Ermittlung der Konzentrationsprofile für Chrom und Nickel in dem aus Perlit und Ferrit bestehenden Gefüge in einem Bereich von etwa 250 μm. Der Zusammenhang zwischen der Konzentration dieser Legierungselemente und dem Gefügeaufbau wird in sehr anschaulicher Form dargestellt.

Auch in der metallkundlichen Analyse sind die Begriffe Stetigkeit und Unstetigkeit lediglich als Relativbegriffe brauchbar, weil eine Differenzierung und Integrierung der für die Anwendung dieser Begriffe in Betracht kommenden Merkmale außer von der subjektiven Einstellung und dem Probenmaterial auch außerordentlich stark von der Güte (Empfindlichkeit bzw. dem Auflösungsvermögen) der benutzten Untersuchungsmethoden abhängig ist. Das Gefüge metallischer Werkstoffe kann bei makroskopischer oder mikroskopischer Betrachtung schroffe Übergänge zeigen. Die Übergangsgebiete können aber bei genügend starker Vergrößerung kontinuierlich verlaufend erscheinen. Darüber hinaus kann auch durch das Aufeinanderfolgen vieler enger Diskontinuitätsbereiche, die unterhalb des Auflösungsvermögens der Untersuchungsmethoden liegen, eine Stetigkeit vorgetäuscht werden. Es hängt also vom benutzten Maßstab ab, ob die Veränderung eines Parameters als kontinuierliche oder diskontinuierliche Veränderung ermittelt wird.

Wenn nun mit Hilfe der Elektronenstrahl-Mikroanalyse der Werkstoff möglichst vollständig durch seinen Gefügeaufbau gekennzeichnet werden soll, kann es nicht genügen, lediglich eine Aussage über die Art der vorhandenen Gefügebestandteile (deren chemische Analyse, Strukturanalyse, Morphologie) zu machen, sondern es wird darüber hinaus notwendig sein,

1. die Menge (Konzentration) anzugeben, mit welcher einzelne Gefügebestandteile am Aufbau des Werkstoffes beteiligt sind,

2. in möglichst anschaulicher Form anzugeben, in welchem Ausmaß die Gefügebestandteile einen Beitrag zur Gefügeheterogenität, die im Schrifttum (32, 36) begrifflich bereits verankert ist, zu liefern vermögen, und

3. eine Aussage über die Verteilung der Gefügebestandteile zu machen, wofür werkstoffspezifische Kennzahlen ausgearbeitet werden müßten, die über die

bisherigen Begriffe, wie „gleichmäßig", „zeilenförmig", „nadelförmig", „Anordnung an den Korngrenzen" usw. hinausgehen.

Auf den Zusammenhang zwischen der Gefügeheterogenität und den mechanischen Eigenschaften der Stähle bei ein und derselben Durchschnittsanalyse wurde insbesondere von KRONEIS (28) und MITSCHE (36) hingewiesen. MITSCHE unterscheidet fünf Heterogenitätsgrade, die in einem Bereich von 10^{-8} bis 1 cm auftreten können, und bezeichnet diese mit Atom-, Gitter-, Submikro-, Mikro- und Makroheterogenität.

Zu einer sehr anschaulichen, zahlenmäßigen Angabe über den Beitrag eines Gefügebestandteiles zur Gefügeheterogenität des Werkstoffes kann man mittels der Überlegungen von PAVELKA und PIERUCCINI (38) kommen, die im Zusammenhang mit analytischen Untersuchungen an Aluminiumproben einen „Heterogenitätsindex" verwenden, unter welchem der negative Logarithmus des reziproken Wertes des Volumens (in cm^3) des kleinsten Raumelementes zu verstehen ist, das an beliebiger Stelle entnommen, noch die gleiche chemische Zusammensetzung aufweist.

Da der Logarithmus des reziproken Wertes des Volumens nur dann negativ ist, wenn Vielfache der Einheit (z. B. cm) als Länge oder Radius betrachtet werden, berücksichtigt diese Definition den Umstand, daß das Volumen V dieses kleinsten Raumelementes in technischen Werkstoffen immer relativ groß ist. Im Extremfall, z. B. im Falle eines Gußblockes aus Stahl, wird es überhaupt nicht mehr möglich sein, ein solches Mindestvolumen, das kleiner als der ganze Block ist, anzugeben.

Um nun mit Hilfe dieser Überlegungen zu einer Maßzahl für den Beitrag eines Gefügebestandteiles zur Gefügeheterogenität zu kommen, wird man diese Maßzahl zweckmäßig als den Logarithmus des reziproken Wertes des Volumens V der durchschnittlichen Korngröße ein und desselben Gefügebestandteiles mit gleicher chemischer Zusammensetzung, also mit einer bestimmten analytischen Homogenität, bei außerdem gleichen chemischen, physikalischen, mechanischen und metallkundlichen Eigenschaften, abhängig vom betrachteten Werkstoff und dessen Vorbehandlung, definieren. Im Sinne dieser Definition kann man beispielsweise in einem rein austenitischen oder rein ferritischen Gefüge als einheitlichen Gefügebestandteil Körner mit gleicher Orientierung des Raumgitters zur Schliffläche, also z. B. mit gleicher Ätzbarkeit, in Betracht ziehen. Da die durchschnittliche Korngröße von Gefügebestandteilen praktisch immer nur Bruchteile von 1 cm betragen wird, kommt nicht der negative Logarithmus des reziproken Wertes des Volumens V in Betracht, sondern vielmehr dessen Logarithmus, und es wird der Wert des Ausdruckes

$$\text{Homogenitätsklasse} = \log \frac{1}{\text{Volumen}} \tag{2.18}$$

als die Homogenitätsklasse des jeweiligen Gefügebestandteiles zu bezeichnen sein. Da dessen durchschnittliche Korngröße mit zunehmenden Zahlenwerten für diesen Ausdruck abnimmt, wird der Beitrag eines Gefügebestandteiles zur Gefügeheterogenität des Werkstoffes mit zunehmenden Zahlenwerten der Homogenitätsklasse immer kleiner.

Die analytische Erfassung eines Würfels von 10^{-4} cm Kantenlänge oder einer Kugel mit 10^{-4} cm Durchmesser (Homogenitätsklasse 12 nach Tabelle 2) durch Bestimmung von Elementen mit Ordnungszahlen auch unter 10 ist heute durchaus möglich. Das heißt mit anderen Worten aber auch, daß wir bereits mit Substanzmengen von 10^{-12} g oder weniger quantitative Analysen durchführen können.

Bei Beachtung des praktisch in Betracht kommenden Volumens von Gefügebestandteilen (Bausteinen) und bei Berücksichtigung der Überlegungen von MITSCHE ergibt sich das in der Tabelle 2 zusammengestellte Schema.

Die Homogenitätsklasse eines Gefügebestandteiles und die Menge (Konzentration), mit der dieser Gefügebestandteil am Aufbau eines Werkstoffes beteiligt ist, sind also zahlenmäßigen Angaben zugänglich. Diese beiden Zahlenangaben vermitteln eine Vorstellung über die Homogenität der Konzentration. Es liegt somit im Bereiche der Möglichkeit, einen Werkstoff nicht nur durch die Angabe der überhaupt vorhandenen Gefügebestandteile zu charakterisieren, sondern darüber hinaus durch zwei Zahlenangaben für jeden einzelnen Gefügebestandteil eine Aussage über die Konzentrationshomogenität zu machen.

Durch diese Angaben wird aber die Lage der Gefügebestandteile zueinander nicht erfaßt. Beispielsweise kann die Anordnung von Gefügebestandteilen in Zeilenform zu den gleichen Zahlenangaben führen wie eine schachbrettartige Anordnung. Es kann jedoch nicht zweifelhaft sein, daß auch die Lage der Gefügebestandteile zueinander von wesentlichem Einfluß auf die Werkstoffeigenschaften ist. Beispielsweise würde das von PHILIBERT und BIZOUARD (41) untersuchte Zeilengefüge in der Richtung der Zeilen andere (höhere) Werte für die Kerbschlagzähigkeit ergeben als in einer Richtung quer zur Zeilenrichtung. Es genügt daher nicht, die Homogenität und Konzentration für jeden einzelnen Gefügebestandteil zu ermitteln, sondern es ist darüber hinaus notwendig, eine Aussage über die Homogenität der Lage der Bausteine (Gefügebestandteile) zueinander zu machen, wofür aber zuverlässige zahlenmäßige Angaben wegen des Fehlens geeigneter, werkstoffspezifischer Kennzahlen bisher nicht möglich sind.

Eine Beeinflussung der Werkstoffeigenschaften durch die Lage der Bausteine zueinander erfolgt aber keineswegs nur im Bereich der im Mikroskop erkennbaren Gefügebestandteile. Von mindestens gleich großem, wenn nicht noch größerem Einfluß können z. B. die Fehler sein, die immer in realen Kristallgittern vorliegen. Über die Möglichkeiten des Nachweises der wichtigsten dieser Fehler in Eisenlegierungen, nämlich der Versetzungen, wurde kürzlich von SCHMIDTMANN, KÄRNER und SCHENCK (48) berichtet. Gemäß einer Übersicht über Wachstumserscheinungen von Metallfäden von BLAHA (6) sind im Falle von Eisen an solchen Einkristall-Metallfäden (Eisen-Whisker) mit 1,6 μm Durchmesser Zugfestigkeiten von 1340 kp/mm^2 gemessen worden. Die Zugfestigkeit des reinsten Eisens liegt vergleichsweise zwischen etwa 16 und 23 kp/mm^2. Offenbar stellen solche dünne Metallfäden Festkörper dar, die dem fehlerfreien Idealkristall sehr nahe kommen.

Die Hilfsmittel für die Ausarbeitung werkstoffspezifischer Kennzahlen, die geeignet sind, Aussagen über die Homogenität der Lage zu machen, stehen zweifellos zur Verfügung. Verwiesen sei auf die Möglichkeiten der Licht- und Elektronenmikroskopie, der Strukturanalyse, der zerstörungsfreien Werkstoffprüfung, sowie auf die Möglichkeit der Heranziehung automatischer Kornzähleinrichtungen.

Neben der Menge und der Verteilung der Phasen sind außerdem aber auch die Konzentrationsverhältnisse in den einzelnen Phasen und an ihren Grenzflächen für die Werkstoffeigenschaften von Bedeutung, wie KRONEIS (28) zeigte. An der Grenzfläche Martensit gegen Ferrit ist der Konzentrationsunterschied für z. B. Kohlenstoff erheblich größer anzunehmen als an der Grenzfläche Martensit gegen Zwischenstufengefüge. Es kann daher auch die chemische Zusammensetzung der einzelnen Phasen keinesfalls außer Betracht bleiben.

Für die wissenschaftlich einwandfreie Charakterisierung von Werkstoffen zeichnen sich damit folgende Forderungen nach zusätzlichen Angaben ab:

1. Konzentration (Menge) und Homogenitätsklasse der am Werkstoffaufbau beteiligten Gefügebestandteile und dazugehörig

2. deren chemische Zusammensetzung,

3. Volumenanteile der einzelnen Gefügebestandteile (Phasen) im Werkstoff, und

4. zahlenmäßige Angaben, welche die stereometrischen Verhältnisse (Homogenität der Lage) aufzeigen.

Tabelle 2.

Länge in cm	Volumen in cm³	Homogenitätsklasse $\log \frac{1}{V}$	Gefüge-Heterogenität nach R. Mitsche (36)	Merkmale z. B.
10^{0}	10^{0}	0	Makro-	Lunker, Risse, grobe NME*, grobe Kornzwischensubstanz, sichtbares Gefüge
		1		
		2		
10^{-1}	10^{-3}	3		
		4		
		5		
10^{-2}	10^{-6}	6	Mikro-	lichtmikroskopisch sichtbares Gefüge, feine NME*
		7		
		8		
10^{-3}	10^{-9}	9		
		10		
		11		
10^{-4}	10^{-12}	12	Submikro-	Trübe
		13		elektronenmikroskopisch sichtbare Gefügebestandteile
		14		
10^{-5}	10^{-15}	15		
		16		
		17		
10^{-6}	10^{-18}	18	Gitter-	Gitterfehler
		19		
		20		
10^{-7}	10^{-21}	21		Fremdatome, stabile und radioaktive Isotope
		22		
		23		
10^{-8}	10^{-24}	24	Atom-	

* Nichtmetallische Einschlüsse.

Punkt 1 ist in der Tabelle 2 genügend dargestellt. Zu Punkt 2 sind von den röntgenfluoreszenzanalytischen und radiometrischen Methoden noch weitere wertvolle Ergebnisse zu erwarten. Zu Punkt 3 und 4 sind ebenfalls Untersuchungen im Gang.

Praktisch wird man bei der metallkundlichen Analyse von Eisenwerkstoffen immer ein ganzes Spektrum von Dimensionen, Verteilungsgraden und -arten haben, also auch meist alle Homogenitätsklassen durchlaufen, wobei aber deren Schwerpunkt immer nach einer Seite hin verschoben sein wird.

Einen wesentlichen Beitrag zum theoretischen Gefügeaufbau und dessen mathematischer Erfassung lieferte Saltykov (47) mit seinem Buch über die stereometrische Metallographie.

Die Ermittlung des Kornaufbaues und der Kornverteilung hat Matouschek (33) an Drehofenklinker illustriert und gezeigt, daß mit Kornzähleinrichtungen viel erreicht werden kann. Ein wesentlicher Schritt voran ist die Verwendung eines Digital-Computers, um Photomikrographien automatisch auszuwerten (37).

1957 wurde im National Bureau of Standards, USA., ein automatischer Abtastapparat zur Dateneinspeisung SADIE (= Scanning Analog-to Digital Input Equipment) gebaut und in das SEAC (Standards Electronic Automatic Computer)-System des NBS aufgenommen. Zur selben Zeit wurden auch grundlegende Verfahren zur Verarbeitung von Bildern und ein Ergebnisanzeigesystem mittels Kathodenstrahlröhre entwickelt, um eine direkte visuelle Anzeige des im Rechengehirn produzierten Bildes zu erreichen.

Ein weiterer nötiger Schritt war die Einführung des „Buch-“ oder „automatischen Stapelverfahrens“, um die Verarbeitung von Bildern auch dem des Programmierens unkundigen Wissenschafter und Ingenieur möglich zu machen. In diesem System wird die „Hauptarbeitsrichtung“ mit mehreren „Unterarbeitsrichtungen“ verbunden, die detaillierte Anweisungen enthalten, um spezielle Untersuchungen an den Bildern durchzuführen. Dieses ganze „Buch“ von Anweisungen ist auf ein Magnetband gespeichert, das dem Elektronenrechner stets zur Verfügung steht. Auf diese Weise braucht der mit dem Elektronenrechner Arbeitende nur noch das Bild beizustellen und einige Instruktionswörter aufzugeben, welche die gewünschten und durchzuführenden Operationen auswählen.

Im „Hauptsystem“ STRIP 2 (Standard Taped Routine for Image Processing = auf Band gegebene Standardroutineverfahren zur Bildverarbeitung), das derzeit im NBS in Anwendung ist, wird dem Elektronenrechner jedes der zwei 42 × 42 mm großen Bilder durch 168 Linien zu je 168 Punkten eingegeben. Auf diese Weise besteht das im Rechner gespeicherte Bild aus 28224 Bildpunkten, von denen jeder durch eine zweifache Anzeige oder „bit“ repräsentiert wird, die anzeigt, ob der Punkt schwarz oder weiß ist. Diese Auflösung, die ungefähr einem üblichen Halbtonbild in Zeitungen gleichkommt, erlaubt die Bestimmung der relativen schwarzen Fläche mit einer Genauigkeit von etwa 0,3%.

Die neueste Arbeitsweise dieses Systems (STRIP 2 C) beinhaltet eine Gesamtzahl von 28 verschiedenen Arbeitsmöglichkeiten, von denen der Analytiker die für sein spezifisches Problem verwendbaren auswählen kann.

In letzter Zeit wurden einige neue Arbeitsverfahren zur NBS-Programmierungskartei von Elektronenrechnern zur Bildverarbeitung hinzugefügt. Eines dieser Routineverfahren, das für den Analytiker von Interesse ist und durchaus im Bereich eines Elektronenstrahl-Mikroanalysators liegt, ist die Analyse der Bildfläche durch mehrmaliges Abtasten entlang einer Linie („multiple slicing analysis“), welche die Varianz innerhalb der sichtbaren Struktur und weiterhin auch die Genauigkeit aufzeigt, mit der die kleine Probe das Material, von dem sie genommen wurde, repräsentiert.

Eine Folge von drei Arbeitsgängen verwandelt jedes einzelne passende Objekt in ein Bild, und man erhält so die meßbaren Parameter eines jeden. Im ersten Schritt wird die topographische Lage, die Fläche, Höhe, Weite, Diagonallänge und Dicke des Objekts gemessen. Ein Bild dieses einzelnen Objekts kann für weitere Untersuchungen entweder durch weitere Verarbeitung in einem Elektronenrechner oder visuelle Untersuchung des Bildes in der Bildröhre gespeichert werden. Im zweiten Schritt wird der Umfang des Objekts gemessen und weiters die Werte für die schlangenförmige oder zusammengerollte Länge und die entsprechende Liniendicke festgestellt. Ein zusätzlicher Parameter trägt der komplexen Zusammensetzung des Objekts Rechnung, und zwar unabhängig von seiner Größe, Lage oder Richtung im Bild. Im dritten Schritt erkennt und korrigiert der Elektronenrechner sowohl für Objekte, die durch den Bildrand abgeschnitten wurden, als auch für Objekte, deren ungewöhnlich komplexer Aufbau anzeigt, daß sie als aneinanderklebende, aber verschiedene Objekte behandelt werden müssen. Elf Parameter der so korrigierten Objekte werden dann mit vorher eingeschränkten Klassenkennzeichen verglichen, und die Objekte werden in Histogrammen klassifiziert, aus denen Verteilungskurven konstruiert werden können.

Ein „zeichnender Arbeitsgang" (plot operation) verarbeitet und verwendet dann die Histogramme und konstruiert daraus die passenden Diagramme am Bildschirm der Kathodenstrahlröhre. Auf Wunsch des Analytikers kann ein Zeichensystem in Betrieb gesetzt werden, das auf einem Papierstreifen dieses Diagramm zwecks Dokumentation aufzeichnet. Diese „plot operation" basiert auf 14 verschiedenen Histogrammen, die von den verschiedenen analysierenden Arbeitsgängen herrühren, und vereinigt die von 15 verschiedenen Bildern desselben Materials erhaltenen Daten.

Von hier bis zur Kombination eines derartigen Gerätes in einem Elektronenstrahl-Mikroanalysator ist nur ein kurzer Weg, und erst dann, wenn aufgeschlüsselte Bildinformation mit aufgeschlüsselter chemischer Analyse koordiniert ist, ist der wahre Wert und die größte Einsatzmöglichkeit der idealen Elektronenstrahl-Mikroanalyse gegeben.

Hierbei müssen in erster Linie folgende Fragen prinzipiell geklärt werden:

1. Digital- oder
2. Analogrechenanlage.

Wenn Digitalrechenanlage, so muß vorerst Einigkeit und Sicherheit bezüglich der Fluoreszenz- und Absorptionskorrektur und der dazugehörigen Grundparameter (Massenabsorptionskoeffizienten usw.) erzielt und das Homogenitätsproblem, wie angedeutet, gelöst werden. Allerdings hat man dann eine universelle Anlage.

Wenn Analogrechenanlage, so kann über leicht erstellbare Analog-Eichkurven auf engen Anwendungsgebieten bei bedeutend geringerem finanziellem Einsatz viel gewonnen werden.

Auf dem Wege zur besseren Charakterisierung der Probenhomogenität haben z. B. auch neuerdings Dörfler und Plöckinger (19) mit dem sogenannten Phasenintegrator ausgezeichnete Arbeiten ausgeführt (s. S. 66).

b) Probenoberfläche.

Da sich das zu den Analysensignalen führende Geschehen vorwiegend auf der Probenoberfläche abspielt, muß hier bereits darauf eingegangen werden. Die auftretenden Faktoren sind z. B. elektrische Leitfähigkeit, Ebenheit der Oberfläche, Ätzungen, Wärme usw. Castaing (15) fand, daß an einer Kupferprobe bei Beschuß mit einem Elektronenstrahl von 30 kV und $0{,}5 \cdot 10^{-6}$ A eine Temperaturerhöhung von 18° C eintrat; für Kunststoffe und anderes nichtleitendes Material liegen die Temperaturen wesentlich höher und können neben Schmelzen der Oberfläche zu — wie Abb. 21 zeigt — unangenehmen Rißbildungen führen.

α) Ebenheit (Rauhigkeit) der Probenoberfläche.

Üblicherweise wird von den zur Analyse verwendeten Proben eine vollkommen plane Oberfläche verlangt. Es ist nicht ganz sicher, ob dies wirklich notwendig ist, da 1. durch die Entwicklung der Monitortechnik die Unebenheiten (die sogar ein Materialspezifikum sein können) klar erfaßt und in Rechnung gestellt werden können (siehe S. 52) und 2. sicher ist, daß durch relativ kleine Unebenheiten, wie sie z. B. beim vorsichtigen Schliffätzen entstehen, das Meßergebnis nicht wesentlich beeinflußt wird, im Gegensatz zur bisher vertretenen (und erklärlichen) Meinung. FELLER-KNIEPMEYER und UHLIG (21) stellten durch relativ kräftige Schliffätzung einen wesentlichen Einfluß auf die Bestimmung der Elementkonzentration fest. Es werden sich aber kaum allgemein gültige

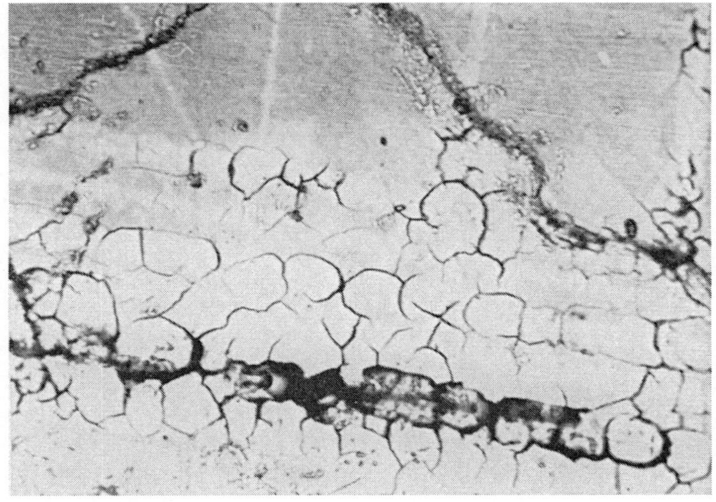

Abb. 21. Zerstörung der oxidischen Phase der Probenoberfläche durch einen Elektronenstrahl (18).

Regeln angeben lassen, da der Abnahmewinkel der erzeugten Röntgenstrahlen und die Tiefe der Ätzung die größte Rolle spielen und sowohl vom Gerät als auch von der Fragestellung abhängig sind.

Üblicherweise wird man, um nicht auszuschließenden Gefahren aus dem Wege zu gehen, nach dem Schleifen ein gutes, aber nicht zu häufiges Polieren mit Diamantpulver wählen, da die Polierkraft des Kohlenstoffs besser als die des Aluminiumoxids ist und, wenn in Löcher eingedrungen, weniger Störungen hervorruft. Wiederholtes Ätzen und Polieren sollte soweit wie möglich schon deshalb vermieden werden, da die chemischen Ätzmittel auf Grund ihrer Natur auch zum selektiven Ablösen im Mikrobereich führen können und die Probenoberfläche dann nicht mehr als „repräsentativ“ angesehen werden darf. Ein Ätzmittel kann aber nicht nur zum selektiven Herauslösen, sondern auch durch Anreicherung von z. B. Kupfer aus einer Kupfersulfatlösung an den Korngrenzen zu völlig falschen Werten führen. Zu ätzen ist auch bei den meisten metallischen oder durch Bedampfung metallisierten Proben heute gar nicht mehr notwendig, da ein guter Elektronenstrahl-Mikroanalysator über die Möglichkeit der Produktion von Absorberbildern (S. 101) verfügt, welche genügend Aufschlüsse geben.

Blöch, Kulmburg und Swoboda (9) gingen dem Ätzeinfluß auf das mit einem Elektronenstrahl-Mikroanalysator erhaltene Analysenergebnis nach, wobei sie folgende einfache Arbeitstechnik anwandten: ein Teil des Schliffes wurde mit einem sogenannten „Abdecklack" bestrichen und sowohl die bestrichene als auch die nichtbestrichene Probenoberfläche dem Ätzeinfluß unterworfen. Nach Entfernung der Lackschicht wurde sowohl im Grenzbereich als auch in der geätzten und der nichtgeätzten Schlifffläche eine quantitative Punktanalyse durchgeführt. Bei einem Stahl (55 Ni Cr Mo V 73) mit perlitisch martensitischem Gefüge zeigte sich, daß

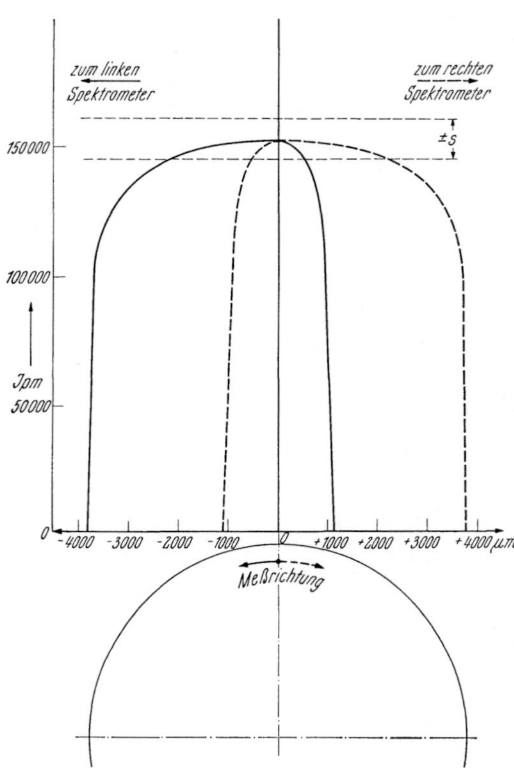

Abb. 22. Messingzylinder von 8 mm Durchmesser. 25 kV, 0,23 μA, CuKα.

a) der Perlit „schlechtere" Ergebnisse lieferte;

b) eine Abhängigkeit des Analysenergebnisses von der Anregungsspannung besteht und daß die Fehler bei etwa 10 kV am größten sind, während bei 25 kV die Abweichungen vom Sollwert relativ gering sind;

c) diese Abhängigkeit auch mit der absoluten Elementmenge verknüpft ist und um so stärker in Erscheinung tritt, je höher diese ist, und

d) meist Mindermessungen auftreten.

Allgemein wird für solche Proben festgestellt, daß sich beim Ätzen eine Deckschicht bildet, die auch in relativ hohem martensitischem Gefüge zu einer „Konzentrationsverminderung" führt. Weiters wurde festgestellt, daß für die Beurteilung von Messungen im perlitischen Gefüge noch ein selektives Herausätzen des Ferrites hinzukommt. Dieses Beispiel zeigt, daß der jeweiligen Problemstellung angepaßte Ätzverfahren herangezogen werden müssen, wobei das selektive Abdeckverfahren zum Studium des besten Ätzverfahrens herangezogen werden kann.

Eine andere große Gefahrenquelle besteht im Hineinpressen von Schleif- und Poliermittel in Körner bzw. in Korngrenzen unterschiedlicher Härte. Eingehende Untersuchungen haben bewiesen, daß Diamantpasten wahrscheinlich vom Zerkleinerungsvorgang her bis 3% Silicium enthalten können. Wird nun beispielsweise eine Dolomitprobe mit einer derartigen Diamantpaste poliert, so kann sich sehr leicht an den Korngrenzen eingepreßtes und eingeschliffenes, aus der Diamantpaste stammendes Silicium vorfinden und zu Fehlresultaten führen.

Die Probenoberfläche muß gegebenenfalls vom Schleif- und Poliermaterial unter Zuhilfenahme von Ultraschall gereinigt werden.

Aufschlußreich sind die Untersuchungen von Malissa, Arlt und Kandler (31) an zylindrischen und kugelförmigen Probeoberflächen. Für quantitative Analysen wurden bisher in der Elektronenstrahl-Mikroanalyse vollkommen plane Oberflächen gefordert, um einwandfreie Resultate zu erhalten. Inwieweit nun auch eine zylindrische oder kugelförmige Probe brauchbare Ergebnisse liefert, zeigt die Abb. 22. In einem Fall wurde eine zylindrische Messingprobe mit einem Durchmesser von 7 mm mit einem Sondenstrahl von ungefähr 1,5 μm Durchmesser untersucht (Analysenlinie: Cu Kα, 25 kV Anregungsspannung und 0,23 μA Probenstrom, LiF), im anderen Falle war es eine Stahlkugel von 7,5 mm Durchmesser (Analysenlinie: Fe Kα, 25kV, 0,24 μA Probenstrom, LiF). Die Messungen begannen jeweils am Scheitelpunkt der gekrümmten Proben, der mittels des lichtoptischen Mikroskops leicht einzustellen war. Aus 10 Meßwerten am Scheitelpunkt wurde die Standardabweichung berechnet und in die Abb. 22 eingezeichnet. Die weiteren Messungen erfolgten jeweils in Richtung zum linken und rechten Spektrometer. Wie Abb. 22 zeigt, kann bis zu 1500 μm in Richtung des betreffenden Spektrometers vom Scheitelpunkt der gekrümmten Probenoberfläche weg mit richtigen Meßergebnissen gerechnet werden. Da die erhaltenen Meßwerte entlang der Erzeugenden am Scheitel einer zylindrischen Probe stets einwandfrei sind, kann bei drehbar gelagerten Proben auf diese Weise der ganze Probenmantel untersucht werden, wodurch eine wesentliche Vergrößerung der zur Verfügung stehenden Probenoberfläche erreichbar ist. Darüber hinaus konnte in dieser Arbeit auch gezeigt werden, daß bedampfte (metallisierte) Mikroboraxperlen, in denen z. B. die Oxide aus einer Rückstandsisolierung gelöst sind, analysiert werden können, ohne daß auf die Ebenheit der Probenoberfläche Rücksicht genommen werden muß. Im Zusammenhang mit dem Studium der Abnahmewinkel wurden nach (39) bereits gekrümmte Oberflächen verwendet.

β) Mikrotomproben, Dünnschicht- und Abdruckverfahren.

Wie in der Elektronenmikroskopie können selbstverständlich auch hier — je nach Probenhalter — Dünnschliffe und Mikrotomschnitte untersucht werden. Auf ein von Booker und Stickler (10) besonders ausgearbeitetes Polierverfahren sei hier wegen seiner prinzipiellen Brauchbarkeit hingewiesen. Dabei wird als Ausgangsprobe ein Flächenelement von 25 mm Kantenlänge und 1 mm Dicke verwendet, das nach mechanischem Polieren mit einem geeigneten Kleber auf eine Kunststoffplatte (Plexiglas) so aufgebracht wird, daß der Elektrolyt die Rückseite der Probe nicht benetzen kann. Dann wird, wie Abb. 23 zeigt, die Probe in einem Abstand von 3 mm senkrecht gegenüber der Glas- oder Plexiglasdüse des Elektrolytgefäßes angebracht und als Anode geschaltet. Die über den austretenden Elektrolyten als Kathode dienende Düse bewegt sich horizontal mit 25 mm je Sekunde, während die Probe mit 0,08 mm je Sekunde auf- bzw. abwärts bewegt und somit, wie Abb. 23 *b* zeigt, ein Ätzlösungsgitter über die Probe gelegt wird. Die Probe kann bis auf etwa 25 μm gedünnt werden und bietet nun viele Untersuchungsmöglichkeiten.

Ein weiteres, aus der Elektronenmikroskopietechnik übernommenes und leicht abgewandeltes Verfahren ist das Lackabdruck- oder -ausziehverfahren (Replicatechnik), wie es von Philibert und Weinryb (42) zur Untersuchung ausgeschiedener Teilchen in metallischen Proben empfohlen wird. Es erlaubt, die an der Metalloberfläche befindlichen Ausscheidungen in ihrer wahren Lage zu gewinnen. Es kann unter anderem interessant sein, ihre Morphologie und chemische Zusammensetzung kennenzulernen, und besonders festzustellen, ob mehrere und welche Elemente in den gewonnenen Ausscheidungen enthalten sind oder nicht.

Daher ist es nützlich, die Ausscheidungen auf einen Kohlenstoff-Film abzuziehen, und sie, wie sie sind, mit Hilfe des Elektronenbündels zu analysieren. Trotz der Schwierigkeit, Gitter in der Mikrosonde anzuwenden, hat diese Technik einige bemerkenswerte Vorteile:

1. Es ist möglich, die Stellung der Ausscheidungen sehr genau zu sehen, denn der fluoreszierende Schirm erlaubt, ihre vergrößerte Projektion zu beobachten. Der Elektronenstrahl-Mikroanalysator spielt in diesem Fall die Rolle eines primitiven Elektronen-Mikroskops.

2. Die Einflüsse der Matrix, die zu Irrtümern Anlaß geben können, werden unterdrückt. Die kontinuierlichen Spektren, charakteristische und Fluoreszenzlinien der Matrix verschwinden; dies ist um so wichtiger, als das in den Ausscheidungen analysierte Element sich oft auch in großen Mengen in der Matrix befindet und die Analyse von Ausscheidungen in einem Ausschnitt stark verfälscht. In einem extremen Fall kommt es vor, daß man ein Element analysiert, das nur in der Matrix existiert, während der Elektronenstrahl auf eine Ausscheidung trifft: die ganze Analyse ist dadurch verfälscht.

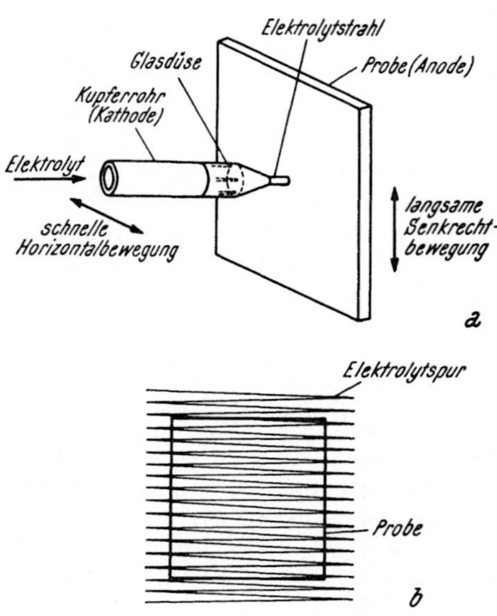

Abb. 23. Dünnschichtpoliereinrichtung nach BOOKER u. STICKLER (10).

3. In einigen Fällen können die geometrischen Verhältnisse verbessert werden. So zeigen sich interkristalline Ausscheidungen in einem metallographischen Ausschnitt selten in ihrer größten Ausdehnung. Es genügt also, von der entsprechenden Bruchoberfläche einen Abzug zu entnehmen, um die mikroskopische Untersuchung und die chemische Analyse unter günstigen Bedingungen durchzuführen. Dagegen wirkt sich die schwache Intensität der emittierten Röntgenstrahlen nachteilig aus. Die Dicke der Ausscheidung kann kleiner als die Eindringtiefe der Elektronen sein und die Durchmesser kleiner als derjenige des Strahles. Anderseits ist es schwierig, die Intensität des Elektronenbündels zu erhöhen, ohne den Abzug zu zerstören. In diesem Fall ist es notwendig, eine genügende Anzahl von Ausscheidungen zu gewinnen, so klein sie auch sein mögen, um eine genügende Röntgenemission zu erhalten. Das heißt, man macht eine „dicke Schicht", die aber schwer im Elektronen-Mikroskop zu beobachten ist. Im Fall von Ausscheidungen der Größenordnung von einem hundertstel Mikrometer hat man eine Wahl zu treffen: Entweder man gewinnt gute Elektronenabsorptionsbilder oder eine annehmbare Genauigkeit der Punktanalyse. Manchmal ist es nötig, andere Vorkehrungen zu treffen: wenn der Film sehr dünn ist, muß man durch Aufdampfung unter Hochvakuum einen dünnen Metallfilm auf die Ausscheidungen bringen, um eine zu starke Aufheizung unter dem Elektronenbündel und damit die Zerstörung der Probe zu verhindern.

Eine andere Schwierigkeit kommt von der Analysentechnik selbst: Im Fall einer Röntgenemissionsanalyse bezieht man die Intensität der gemessenen charakteristischen Linie auf diejenige einer Eichprobe. Dies ist aber nur möglich, wenn der Oberflächenzustand der Probe mit dem der Eichprobe vergleichbar ist, was bei Ausziehverfahren selten der Fall ist, wo die Ausscheidungen sich in mehr oder weniger dicker Form bilden.

Daher erlaubt die statische quantitative Analyse nur den Vergleich der Konzentrationsverhältnisse $\frac{A}{B}$ und $\frac{B}{C}$ durch Vergleich der emittierten Intensitäten der charakteristischen Linien von A und B einerseits, von B und C andererseits. Nur in einigen günstigen Fällen ist es möglich, von der gemessenen Intensität der Linie eines Elementes auf seine Konzentration in der Ausscheidung zu schließen: z. B. wenn die Ausscheidungen Dimensionen von der Größenordnung eines Mikrometers erreichen oder wenn man einen dicken und relativ homogenen Abzug machen konnte; dann ist es möglich, die klassischen Korrekturen für den Fall der Analyse massiver Proben anzuwenden.

Will man praktisch zwei Elemente in einer Ausscheidung analysieren, wird man folgendermaßen verfahren. Ist der Spektrograph auf das Element A eingestellt, nimmt man eine Zählung bei der Eichprobe A vor, dann bei der Stelle des Abzugs, wo die Röntgenemission von A am intensivsten ist. Danach stellt man den Spektrograph auf die Linie des Elementes B ein und nimmt, ohne die Stellung der Probe zu verändern, eine Zählung vor; hierauf macht man noch eine Zählung bei der Eichprobe von B, usw.

Nehmen wir als Beispiel die Analyse der Carbide von Eisen und Chrom:

Spektrographstellung	Probe	Messung
CrK_α	CrK_α-Linie Eichprobe	Untergrund zur Chromstrahlung
CrK_α	CrK_α-Linie Eichprobe	Cr_0 (Chromkonzentration in Eichprobe)
CrK_α	Abdruck (intensivste Stellung)	Cr_1 (Chromkonzentration im Abdruck)

Dasselbe wird im Fall Eisen gemacht:

zwischen CrK_α und FeK_α	gleicher Punkt des Abdrucks	Untergrund am Abdruck
FeK_α	gleicher Punkt des Abdrucks	Fe_1 (Abdruck)
FeK_α	FeK_α-Linie (Eichprobe)	Fe_0 (Eichprobe)
FeK_α	FeK_α (Eichprobe)	Untergrund zur FeK_α-Strahlung

Diese Versuche müssen mindestens an zehn Punkten durchgeführt werden, um Irrtümer und Meßfehler einzuschränken; man wird so das Verhältnis $\frac{\mathrm{Cr}}{\mathrm{Fe}}$ in den Carbiden mit guter Präzision erhalten. Wenn die Ergebnisse stark voneinander abweichen, was bei sehr feinen Ausscheidungen der Fall sein kann, ist es notwendig, eine Verteilungskurve der erhaltenen Resultate aufzustellen, um diejenige Konzentration zu bestimmen, die der größten Zahl von Messungen entspricht, um so abweichende Resultate auszuscheiden.

Wenn zwei Spektrographen eines Apparates verfügbar sind, sind für den Fall der Analyse zweier Elemente die Versuche vereinfacht: Jeder der Analysatorkristalle kann auf eine Emissionslinie eingestellt werden, und es genügt, die Zählungen abwechselnd auf dem einen, dann auf dem anderen Kanal durchzuführen. Will man die Konzentrationsverhältnisse von drei Elementen bestimmen, z. B. von Eisen, Chrom und Nickel, so läßt man einen Spektrograph auf einer Emissionslinie stehen und wendet die obige Methode an. Man wird so die Verhältnisse $\frac{\mathrm{Cr}}{\mathrm{Fe}}$, $\frac{\mathrm{Cr}}{\mathrm{Ni}}$ und $\frac{\mathrm{Fe}}{\mathrm{Ni}}$ erhalten.

Man muß jedoch festhalten, daß die Punktanalyse nicht erlaubt, leicht zu sagen, ob der Abzug Ausscheidungen verschiedenen Typs enthält oder welche Zusammensetzung und welche Art der Ausscheidung beobachtet wurde. Diese Frage kann gelöst werden, wenn man mit Hilfe des automatischen Abtastens Bilder des Abzuges gewinnt (Scanningverfahren). Dennoch haben die so erhaltenen Röntgenbilder nicht immer das erwünschte Auflösungsvermögen: Im Fall sehr kleiner Ausscheidungen zeigt das Bild nur eine undeutliche Wolke, die die Anwesenheit des analysierten Elements anzeigt.

Selbst wenn die Ausdehnung der Ausscheidungen einem Mikrometer nahekommt, erlaubt die Auflösung des Elektronenstrahl-Mikroanalysators nicht, die verschiedenen Formen der Ausscheidungen zu unterscheiden: dies liegt an dem Volumen der Materie, von der die Röntgenemission ausgeht.

Auf alle Fälle verlangen dünne Schichtproben (etwa 1000 Å) immer eine Sonderbehandlung schon deswegen, weil der auftreffende Elektronenstrahl nicht vollständig absorbiert, aber auch nicht in dem Maße umgewandelt und reflektiert wird wie an dicken Proben. Meist wird die emittierte Röntgenstrahlung auch geringer sein. Andererseits kann die Verringerung der Emission als Maß der Filmdicke herangezogen werden, wie dies etwa am Beispiel S. 130 gezeigt wird.

γ) Präparation nichtmetallischer Proben.

Zur Aufnahme kleiner Schmelzperlen, Körner, Sand, Metallteilchen usw., die nach der Analyse wiedergewonnen werden können, wird z. B. nach REICHARD und COAKLEY (45) ein zylindrischer Aluminiumkörper mit geeigneter Einbuchtung verwendet. Die Einbuchtung ist meist mit einem löslichen Haftmittel gefüllt — z. B. mit Duco-Kitt oder einer Lösung von Formvar oder Parlodion —, das mit Graphit zur pastenartigen Konsistenz vorgemischt ist. Die Teilchen werden auf die Paste gebracht und auf gleiche Höhe mit dem äußeren Rand der Pille gepreßt. Der „Graphit-Leim" erhärtet zu einer festen Masse mit hoher elektrischer Leitfähigkeit, und die Proben können nach der Analyse wieder freigelegt werden.

Eine schnellere Möglichkeit zur Analyse mikroskopisch kleiner Sandkörner oder Teilchen, die nicht wiedergewonnen werden müssen, besteht darin, diese direkt mit Hilfe einer Pillenpresse in die ebene Oberfläche einer festen Aluminiumpille einzupressen.

Wenn längliche oder lamellenförmige Teilchen analysiert werden müssen, wird ein Stück eines beidseitig bestrichenen, durchsichtigen Klebestreifens (Scotch Brand Nr. 665) auf den Schlitten eines Mikroskops gebracht und die interessierende Probenoberfläche auf die Klebeschicht gepreßt. Ein kurzer zylindrischer Ring vom Durchmesser $1/4'' = 6{,}35$ mm, der von einem Aluminium-, Kupfer- oder Messingrohr abgeschnitten wurde, wird um die Probe gelegt und ebenfalls festgedrückt. Der Ring wird mit Indiummetall-Schnitzeln angefüllt, die wegen ihrer Weichheit mit der Hand gepreßt und um die Probe gedrückt werden können, ohne diese zu verschieben oder zu zerstören. Das Band wird dann weggezogen und der Klebestoff mit einem Lösungsmittel entfernt.

Elektrisch leitende Epoxyharze (mit fein verteiltem Silber, Graphit oder Aluminium) sind als Einbettungsmasse ebenfalls sehr geeignet. Sie härten ohne Hitze und Druck und beschädigen zerbrechliche Proben nicht. Mit Silber stark beladene Epoxyharze werden normalerweise zufolge ihrer hohen thermischen und elektrischen Leitfähigkeit vorgezogen, doch erzeugen sie einen relativ hohen Anteil kontinuierlicher Röntgenstrahlung. Wenn minimale Hintergrundstrahlung eine wichtige Forderung ist (wie z. B. für verbesserten Kontrast bei Scanningbildern), werden mit Graphit oder Aluminium beladene Epoxyharze verwendet.

„Konduktiv-Epoxyharz-Einbettung" ist besonders geeignet für die Analyse von Teilchen mit grober poröser Struktur, bei denen eine konventionell im Vakuum aufgedampfte Aluminium- oder Kohlenstoffschicht versagt.

Wenn mehrere Proben im Querschnitt studiert werden müssen, werden mehrere 1/4″-Ringe auf eine kleine Metallplatte gelegt und halb mit der Epoxymischung angefüllt. Die Proben werden dann in die gewünschten Richtungen gebracht und die Ringe mit dem Epoxyharz aufgefüllt. Dabei wird leicht gerührt, um die Probe zu benetzen und Blasen herauszuarbeiten. Das Harz bindet die Ringe dabei an die Platte; dies ist für das Schleifen, Polieren, Reinigen usw. sehr vorteilhaft. Anschließend werden die einzelnen Probekörper zur Analyse von der Platte gebrochen.

Für größere Proben oder für eine weitergehende Auswahl der Teilchen, als bei den 1/4″-Probenträgern vorgesehen ist, wird ein Mylarplättchen (das als Trennschicht dient) flach auf den Schlitten eines Mikroskopes gelegt und mit einem beidseitig klebenden Streifen bedeckt. Die Teilchen werden dann auf den Klebestreifen gestreut und leicht in die Klebeschicht gedrückt. Einzelne interessierende Teilchen können dabei in die gewünschte Lage und Richtung gebracht werden. Das Leitfähigkeitsharz wird nun über die Teilchen „geteigt". Dabei verhindert die Klebeschicht die Aufnahme und unregelmäßige Verteilung der Teilchen im Epoxyharz. Mylar und Klebestreifen werden vom erhärteten Probenkörper gezogen, der dann bis zur gewünschten Tiefe zur Analyse der Teilchenquerschnitte angeschliffen wird.

Einige Materialien sind schwierig mit Epoxyharz zu benetzen und bilden unerwünschte Lücken und Blasen. Vakuumtrocknung der Probeteilchen vor der Einbettung verbessert deren Benetzbarkeit und reduziert entscheidend die Hohlraumbildung.

Die folgende Technik erzeugt vollkommen blasenfreie Probenkörper mit verbesserter physikalischer Stabilität: Vorerst entwässerte Körner werden wie bei der oben beschriebenen Technik auf den doppelseitig klebenden Streifen gebracht, jedoch auf dem Boden einer viereckigen, durchsichtigen Plastikschachtel. Der durch ein Scharnier bewegliche Schachteldeckel wird in eine geeignete Winkelstellung gebracht und in dieser Stellung durch ein Klebeband fixiert. Der Deckel wird mit Epoxyharz-Härtemischung gefüllt und die gesamte Anordnung in eine Vakuumkammer gestellt. Nach kurzem Evakuieren verursacht die Flüchtigkeit des Härters, daß das Epoxyharz aufschäumt, über die Probeteilchen fließt und das ganze Volumen der Schachtel ausfüllt. Wiedereintritt des Atmosphärendruckes läßt den Schaum über der Probe zusammenfallen, wobei sich Hohlräume schließen und das Harz in alle zugänglichen Poren und Risse in den Körnern hineingepreßt wird.

c) Proben aus Biologie und Medizin.

Da üblicherweise Proben aus diesen wissenschaftlichen Bereichen Wasser und auch andere leicht flüchtige Bestandteile enthalten, muß bei der Probenvorbereitung darauf Rücksicht genommen werden, daß deren Entfernung möglichst ohne Änderung der Form und der Verteilung der Komponenten vor sich geht.

Viel Erfahrung liegt hier aus dem Gebiet der Elektronenmikroskopie sowie der Mikrotom- und Tiefkühltrocknungstechnik vor. Dünnschnitte können auf Metallfolie (Gold oder Reinaluminium) oder auf metallisierte Mikroskopiergläser gebracht werden. Da biologische Proben zumindest im trockenen Zustand schlechte elektrische Leiter sind, wird eine sogenannte Bedampfung, d. h. die

Aufbringung einer nur wenige Ångström dicken Metallschicht, wie dies auf S. 42 beschrieben ist, notwendig sein.

Switsur und Boyde (49) geben eine Zusammenstellung einiger Besonderheiten der Mikrosonde bei der Verwendung für biologische Probleme und weisen darauf hin, daß damit viele Probleme auch ohne zu große thermische Zerstörung gelöst werden können. Alle biologischen Materialien werden durch Hitze stärker angegriffen als Metalle, wenn sie vom Elektronenstrahl getroffen werden, da sie eine viel geringere thermische Leitfähigkeit haben und sich stark erhitzen, wenn eine Strahlstromstärke von 1 μA verwendet wird. Außerdem wird die Probe, auch wenn sie mit einem Metallüberzug versehen ist, ziemlich stark elektrostatisch aufgeladen. Diese Faktoren begrenzen die Strahlstromstärke mit $1 - 5 \cdot 10^{-8}$ A bei 20 kV Anregungsspannung. Diese thermische Empfindlichkeit erfordert ein Instrument, das die durch den geringen Strahlstrom bewirkte geringe Röntgenstrahlung besser auswertet.

Schwierigkeiten in der Herstellung ebener Probenoberflächen entstehen auch durch die Inhomogenität von biologischem Material im Mikrobereich. Solange die Herstellung derartiger Proben nicht perfektioniert ist, ist es vorteilhaft, mit einem möglichst großen Abnahmewinkel für die Röntgenstrahlen (45° bis 60°) zu arbeiten, um die Selbstabsorption der Röntgenstrahlen, die bei einer Wellenlänge von mehr als 3,5 Å bedeutend ist, zu verringern.

Auch bei einer Strahlstromstärke von $5 \cdot 10^{-8}$ A treten mit der Zeit störende Änderungen der Intensität der Röntgenstrahlung auf. Diese Änderungen scheinen nicht mit der Bildung von Verunreinigungen auf der Probenoberfläche verbunden zu sein. Der Leitfähigkeitsfilm, der Aufladungen durch den auftreffenden Elektronenstrahl verhindern soll, hilft nicht, die thermischen Schwierigkeiten wirkungsvoll zu vermindern. Wenn sich die Probe zersetzt, wird der Film zerstört und elektrostatische Aufladungen treten auf. Um diese Eigentümlichkeiten biologischen Materials zu bekämpfen, ist folgendes zu beachten: die Dichte der Probe ist gering und dies erlaubt den Elektronen, leicht einzudringen und in einem großen Volumen Röntgenstrahlen zu produzieren. Die Auflösung ist daher mit höchstens 2 μm zu begrenzen, wenn nicht eine niedrige Anregungsspannung verwendet wird.

Unter Berücksichtigung dieser Faktoren soll die bisher übliche Ausführung der strahlformenden Linse (mit kurzer Focuslänge und geringem Strahldurchmesser bei hoher Stromstärke) geändert werden, und zwar soll die Linse eine Arbeitsdistanz von 5 cm oder mehr haben und bei 20 kV Anregungsspannung einen Strom von maximal $5 \cdot 10^{-8}$ A in einem Strahl von 1 μm Durchmesser liefern. Man kann damit in einem Raster bis zu 1 mm² abtasten und Absorptions- und Reflexionsbilder aufnehmen. Die Intensität der registrierten Röntgenstrahlen hängt stark von den Inhomogenitäten der Probenoberflächen und der Art des verwendeten Detektors ab. Um die Störungen durch die Probenoberfläche zu verringern, ist es angezeigt, mit 2 Spektrometern (in 180° Abstand) dieselbe Linie zu messen. Die zu untersuchenden Elemente sind meist bekannt, nur deren Verteilung und Menge ist gesucht. Der Detektor wird daher auf eine bestimmte Linie eingestellt. Die Ergebnisse sollen möglichst rasch gewonnen werden, z. B. durch den Einsatz von 3 Detektorpaaren. Wegen der langen Arbeitsdistanz der Objektivlinse ist es möglich, die Detektoren sehr nahe an die Probe heranzubringen und daher einen größeren Anteil der Röntgenstrahlung auszuwerten. Es ist günstig, die Probe während der Analyse durch ein Lichtmikroskop zu beobachten. Als Träger für die Dünnschnitte verwenden Boyde und Switsur (11) Kohlenstoff oder Gitter. Die Dünnschnitte werden auf einem Mikrotom in gefrorenem Zustand geschnitten und wegen der Gefahr einer Schrumpfung möglichst schnell auf den Träger aufgebracht. Um Metallverunreinigungen durch das Mikrotom zu vermeiden, verwenden die Autoren ein Glasmesser. Zur Herstellung einer leitenden Oberfläche wurde Cu (50 Å) oder Al (200 Å) aufgedampft. Bei der Aufdampfung von Al-Filmen auf Knochen ergaben sich Schwierigkeiten, da sich das Al als schwarzer Film abschied, dessen Natur unbekannt ist, der aber wahrscheinlich keine Leitfähigkeit aufweist. Es ist möglich, daß der schwarze Film durch das starke Entgasen von wasserhaltigem Gewebe entsteht.

Cosslett und Switsur (17) geben eine kurze, allgemeine Übersicht über die Anwendungsmöglichkeiten der Mikrosonde in der Biologie, ohne jedoch auf experimentelle Daten einzugehen.

Brooks, Tousimis und Birks (12) verwenden den Elektronenstrahl-Mikroanalysator zur Bestimmung der Ca-Verteilung in organischen Geweben. Sie arbeiten mit einem von Birks und Brooks (5) konstruierten Gerät mit Be-Fenstern bei einem Strahldurchmesser von 1 bis 1,5 μm. Um die Luftabsorption von Ca$K\alpha$ (3,35 Å) zu beseitigen, wurde eine He-Atmosphäre angewendet.

Das Gewebe wurde 2 Stunden in 10%igem Formaldehyd, gepuffert auf pH 7,35, liegen gelassen, mit Aceton-Wasser-Mischung dehydratisiert, in Methacrylat eingebettet und auf einem Porter-Blum-Ultramikrotom mit Glasmesser zu Dünnschnitten von 2 μm Dicke verarbeitet, auf einen Quarzträger gebracht und das Methacrylat mit Xylol entfernt. Auf die Probe und den Ca-Standard wurde anschließend eine dünne Schicht Al aufgedampft. Die so vorbereitete Probe wurde in die Sonde gebracht und bei 25 kV Anregungsspannung und einer Stromstärke von $1 \cdot 10^{-8}$ A die Ca$K\alpha$-Linie gemessen. Dabei wurde die Probe unter dem Strahl mit einer Geschwindigkeit von 15 μm pro Minute bewegt.

Tousimis und Adler (54) berichten über Untersuchungen des Cu-Gehalts in Augen von an Wilsonscher Krankheit gestorbenen Patienten. Augen solcher Patienten wurden bei der Autopsie entnommen, in 10%igem Formalin fixiert und anschließend in Paraffin oder Methacrylat eingebettet. Dünnschnitte der in Paraffin eingebetteten Augen wurden mit einem normalen Spencer-rotary-Microtom in einer Dicke von 2 bis 7 μm hergestellt. Noch dünnere und ultradünne Schnitte unter 0,1 μm wurden auf einem Ultramikrotom (Type Porter-Blum) von in Methacrylat eingebetteten Augen gemacht. Dünnschnitte über 1 μm wurden auf einen vorgereinigten $2{,}5 \times 2{,}5$ cm-Objektträger aus Glas oder Quarz gebracht und das Paraffin oder Methacrylat mit Xylol entfernt. Im Hochvakuum wurde dann Al oder C in einer Schichtdicke von weniger als 200 Å aufgedampft. Dieser Überzug war ausreichend, um der Probe die für die Untersuchung nötige Leitfähigkeit zu geben, und störte nicht bei der Lichtmikroskopie.

Die Probe wurde unter den Elektronenstrahl gebracht und in der X-Y-Ebene mit einer Genauigkeit von besser als 1 μm händisch bewegt oder während der Analyse in einer Richtung automatisch verschoben, wobei die Probe durch ein Lichtmikroskop bei 400facher Vergrößerung beobachtet werden konnte. Entweder man verschiebt die Probe jeweils um 1 oder 2 μm (Punktanalyse) oder sie wird durch einen Motor mit einer Geschwindigkeit von 5 μm pro Minute bewegt. Die quantitative Auswertung erfolgte durch Vergleich mit einem sich auf demselben Träger befindenden metallischen Cu-Standard. In erster Näherung wurden die Intensitätsverhältnisse verwendet. Die höchste Konzentration betrug 1%, die niedrigste 0,05%. Diese Werte sind nur als ungefähre Angaben zu betrachten, da Vergleichsstandards nicht zur Verfügung standen.

Tousimis (53) bringt eine Zusammenfassung der meisten bis 1963 auf diesem Gebiet veröffentlichten Arbeiten.

Es wurden schon verschiedene Elemente von biologischer Bedeutung in Gewebeschnitten identifiziert und ihre Verteilung im Mikrobereich studiert:

so Eisen in endodermem Epithelgewebe von Schweinen, Osmium in mit Osmiumtetroxid behandelten Bakterien, Calcium in Menschenknochen und Knorpeln von Ratten (4, 13, 55). Gewebeschnitte von pathologischen Präparaten wurden auf etliche Elemente untersucht: Eisen in Hämachromatosin, Calcium in verkalkten Arterien, Silber bei Argyrosis und Kupfer bei Wilsonscher Krankheit (51 bis 53). Andere Untersuchungen befaßten sich mit der Eisenbestimmung in Epithelgewebe von Ratten (30) und der Untersuchung von Lungenschnitten von Zinnarbeitern auf Zinn (46). Auch wurden pathologische Präparate auf Eisen und Chrom untersucht (34). Träger waren polierte Kohlescheiben. Dabei dienen als Einbettungsmittel außer Paraffin und Methacrylat zusätzlich Gelatine, Celloidin und Epoxyharze. So hergestellte Proben bis 40 μm Dicke sind in erster Linie für qualitative und semiquantitative Auswertung geeignet. Bei dünnen Proben (unter 2,5 μm) wird die quantitative Auswertbarkeit besser, obwohl dann das Trägermaterial teilweise störend in Erscheinung tritt. Eine Methode zur Herstellung besonders dünner Präparate und deren Aufbringung auf einen Träger wird wie folgt angegeben: Das biologische Gewebe wird entweder physikalisch (gefriergetrocknet oder eingefroren und eingebettet) oder chemisch (mit Formaldehyd, Osmiumtetroxid oder Kaliumpermanganat) behandelt. Die Dünnschnitte (unter 2 μm Dicke) werden auf einem Mikrotom mit Glas- oder Diamantmesser hergestellt. Die Schnitte werden dann entweder auf hochpolierte Träger (Beryllium-, Aluminium- oder Quarzplättchen) oder auf Formvar-Parlodion-Filme aufgebracht. Solche Filme können in einer genau beschriebenen Apparatur in einer Schichtdicke von 100 bis 1000 Å hergestellt werden. Dazu wird Formvar in Dioxan oder tridestilliertem Chloroform und Parlodion in Amylacetat gelöst und mit dieser Lösung der Dünnschnitt in der Apparatur behandelt und dann das Lösungsmittel entfernt. Der Film wird mit einem Aluminium- oder Plastikring versteift und eine Kohleschicht aufgedampft. Mit diesem Verfahren kann man Dünnschnitte bis 0,05 μm Dicke auf den Träger aufbringen.

d) Elektrische Leitfähigkeit.

Die zu untersuchende Probe muß zumindest als elektrischer Halbleiter anzusprechen sein; es müßten sonst die auftreffenden Elektronen zu nahe der Aufprallstelle verbleiben und eine Überladung bewirken, die den Elektronenstrahl von seiner echten Position ablenken und zu einem unruhigen Hin- und Herspringen führen würde. Ein zweiter Grund liegt in der durch Isolationen hervorgerufenen schlechten Erdung, und da Spannung gleich Stromstärke $\times$ Widerstand ist, führt dies zu einem Spannungsabfall des Elektronenstrahls und somit auch zu einer Verminderung der Röntgenintensität, da die effektive Spannung des eindringenden Strahles ebenfalls vermindert wird. Daher wird über ein nicht- oder schlecht leitendes Probenmaterial durch Aufdampfung ein dünner Metallfilm gelegt. Dabei muß darauf Rücksicht genommen werden, daß

1. das aufgedampfte Material nicht in der Probe enthalten ist und
2. die Schicht nicht zu dick wird (meist nur etwa 100 Å).

Prinzipiell werden die gleichen Arbeitsweisen wie bei der „Beschattung“ von Elektronenmikroskopie-Präparaten verwendet. Auf alle Fälle müssen aber immer Standard und Untersuchungsprobe der gleichen Behandlung unterworfen werden. BIRKS (2) weist noch ausführlich darauf hin, daß auch durch die Bedampfung nicht immer die zu erwartende Röntgenintensität erhalten werde, und zeigt dies am Beispiel eines Zirkons ($ZrSiO_4$). Untersuchungen mit unbedampften Zirkonproben und solchen mit verschiedenen Aluminiumschichten zeigten bei der unbedampften Probe keine ZrKα-Strahlung und 47,1% bei optimal bedampften, im Gegensatz zur berechneten Ausbeute von fast 52%. Der Grund hierfür kann daran liegen, daß die in den Kristall eindringenden Elektronen zu einer Überladung führen, die eine saubere Röntgenstrahlenentwicklung verhindert. Eine echte Korrektur kann nur auf Grund der genauen Kenntnis der Probenzusammensetzung erfolgen, die aber von der Elektronenstrahl-Mikroanalyse gegeben werden sollte.

Wenn bei an und für sich gut leitenden Materialien (Metall, Stahl usw.) nichtleitende Einschlüsse bis zu einer Größe von etwa 10 μm auftreten, so führt dies in der Praxis mitunter auch ohne Bedampfung, meist aber mit Bedampfung zu guten Analysenwerten.

Literatur.

(1) Archard, G. D., u. T. Mulvey, Proc. 3rd Intern. Symp. X-Ray Optics and X-Ray Microanalysis, Stanford, USA, 1962. New York-London: Academic Press. **1963**, S. 393.

(2) Birks, L. S., Electron Probe Microanalysis. New York-London: Interscience. 1963, S. 71. — (3) Birks, L. S., ibidem, S. 78. — (4) Birks, L. S., X-Ray Spectrochemical Analysis. New York: Interscience. 1959, S. 122. — (5) Birks, L. S., u. E. J. Brooks, Rev. Sci. Inst. 28, 709 (1957). — (6) Blaha, F., Radex-Rdschau **1957**, 882. — (7) Blochin, M. A., Methoden der Röntgenspektralanalyse. Leipzig: B. G. Teubner Verlagsgesellschaft. 1963. — (8) Blochin, M. A., Physik der Röntgenstrahlen. Berlin: VEB Verlag Technik. 1957. — (9) Blöch, R., A. Kulmburg u. K. Swoboda, Mikrochim. Acta [Wien] **1966** (in Druck). — (10) Booker, G. R., u. R. Stickler, Research Report 826-C 800-R 2 Westinghouse Research Laboratories, Pittsburgh, Pennsylvania, USA. — (11) Boyde, A., u. V. R. Switsur, wie (1), S. 499. — (12) Brooks, E. J., A. J. Tousimis u. L. S. Birks, J. Ultrastructure Research **7**, 56 (1962). — (13) Brooks, E. J., A. J. Tousimis u. L. S. Birks, National Institute of Health, Symposium on Recent Research Methods. Oct. 1961, Bethseda, Maryland, USA.

(14) Castaing, R., Advances Electronics Electron Physics **13**, 353 (1960). — (15) Castaing, R., ibidem, **13**, 341 (1960). — (16) Castaing, R., ibidem, **13**, 366 (1960). — (17) Cosslett, V. E., u. V. R. Switsur, wie (1), S. 507.

(18) Dörfler, G., F. Hecht u. E. Plöckinger, Tschermaks min. petr. Mitt. **10**, 415 (1965). — (19) Dörfler, G., u. E. Plöckinger, Archiv Eisenhüttenwes. **36**, 649 (1965). — (20) Duncumb, P., u. P. K. Shields, wie (1), S. 329.

(21) Feller-Kniepmeier, M., u. H. H. Uhlig, Geochim. Cosmochim. Acta **21**, 257 (1960/1961). — (22) Finkelnburg, W., Einführung in die Atomphysik. 9.—10. Aufl. 1964. Berlin-Göttingen-Heidelberg: Springer-Verlag.

(23) Green, M., wie (1), S. 361. — (24) Green, M., Proc. Phys. Soc. **82**, 204 (1963).

(25) Herglotz, H., Mikrochim. Acta [Wien] **1955**, 692.

(26) Johann, H. H., Z. Phys. **69**, 185 (1931). — (27) Johannson, T., Z. Phys. **82**, 507 (1933).

(28) Kroneis, M., Radex-Rdschau **1961**, 694.

(29) Landolt-Börnstein, 6. Aufl., 1. Teil. Berlin-Göttingen-Heidelberg: Springer-Verlag. 1950. — (30) Lever, J. D., u. P. Duncumb, Electron Microscopy in Anatomy. London: Arnold. 1961, S. 278.

(31) Malissa, H., H. H. Arlt u. W. Kandler, IV. Internationaler Kongreß für Röntgenoptik und Mikroanalyse, Paris 1965 (in Druck). — (32) Malissa, H., u. K. Swoboda, Radex-Rdschau **1963**, 494. — (33) Matouschek, F., Radex-Rdschau **1962**, 14. — (34) Mellors, R. C., u. K. G. Carroll, Nature **192**, 1090 (1961). — (35) Milleret, H., Philips Z. **7**, 3 (1961). — (36) Mitsche, R., Radex-Rdschau **1953**, 229. — (37) Moore, G. A., u. G. G. Wymann I., Research NBS **67 A**, 127 (1963).

(38) Pavelka, F., u. R. Pieruccini, Mikrochim. Acta [Wien] **1956**, 535. — (39) Philibert, J., Métaux Nr. 465, 1964, S. 157—176; Nr. 466, 1964, S. 216—240; Nr. 469, 1964, S. 325—342. — (40) Philibert, J., wie (1), S. 379. — (41) Philibert, J., u. H. Bizouard, Mém. Sci. Rev. Mét. **1959**, 56/2, 187. — (42) Philibert, J., u. E. Weinryb, Mikrochim. Acta [Wien] **1965**, 456.

(43) Reed, S. J. B., u. J. V. P. Long, wie (1), S. 317. — (44) Regler, F., Grundlagen der Röntgenphysik. Berlin: Urban & Schwarzenberg. **1937**. — (45) Reichard, T. E., u. W. S. Coakley, Analyt. Chemistry **37**, 317 (1965). — (46) Robertson, A. J., G. Nagelschmidt u. P. Duncumb, Lancet, May 1961, S. 1089.

(47) Saltykov, S. A., Sterometrická Metalografie. Praha: Statui Nakladatelstvi Technické Literatury, 1962.

(48) Schmidtmann, E., H. F. Kärner u. H. Schenck, Archiv Eisenhüttenwes. **32**, 769 (1961). — (49) Switsur, V. R., u. A. Boyde, wie (1), S. 495.

(50) Tögel, K., Siemens Z., 32/5, 371 (1958). — (51) Tousimis, A. J., Appl. Spectroscopy **16**, 66 (1962). — (52) Tousimis, A. J., ISA Proc. 8, 53 (1962). — (53) Tousimis, A. J., wie (1), S. 539. — (54) Tousimis, A. J., u. I. Adler, J. Histochemistry Cytochemistry **11**, 40 (1963). — (55) Tousimis, A. J., E. J. Brooks u. L. S. Birks, unveröffentlicht (1957).

(56) Wittry, D. B., J. Appl. Physics **29**, 420 (1959).

(57) Ziebold, T. O., u. R. E. Ogilvie, Anal. Chemistry **35**, 621 (1963).

III. Geräte und Untersuchungsmöglichkeiten der Elektronenstrahl-Mikroanalyse.

1. Die Entwicklung der Elektronenstrahl-Mikroanalyse.

Die Möglichkeit, chemische Analysen unbekannter Proben mit Hilfe der durch Beschuß dieser Probe mit beschleunigten Elektronen (Kathodenstrahlen) entstehenden primären Röntgenstrahlung durchzuführen, war bereits seit 50 Jahren bekannt. Moseley (42, 43) verwendete bereits 1913 ein Gerät, das, wie Abb. 24 zeigt, gemessen an den damaligen Grenzen der Mikrochemie, durchaus den Namen Mikrosonde verdient hätte. In einer evakuierten Glasapparatur führte er auf einem Schlitten aufgebrachte Proben unter einem feststehenden Elektronenstrahl durch und konnte so mittels Vergleichsproben quantitative Analysen vornehmen. Aber erst in den letzten 15 Jahren gelang es durch Fokussieren des Elektronenstrahls auf kleinste Durchmesser und durch gleichzeitige Entwicklung hochempfindlicher Detektoren für die emittierte Röntgenstrahlung, diese Arbeitstechnik für die Mikroanalyse interessant zu machen.

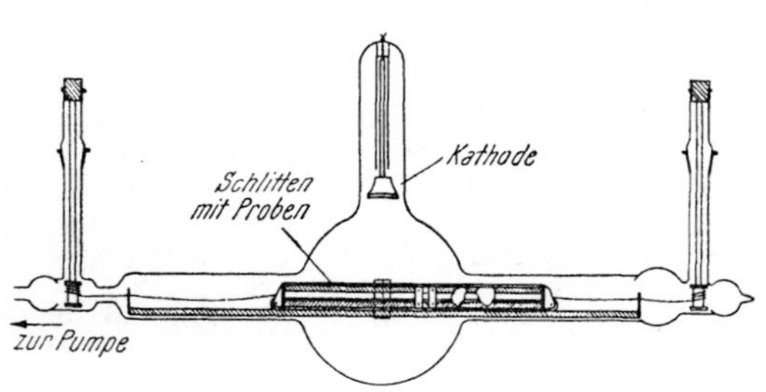

Abb. 24. Apparat von Moseley.

v. Ardenne (1) erkannte 1939 die Möglichkeit, einen Elektronenstrahl zu fokussieren und so eine punktförmige Strahlungsquelle zur Anregung primärer Röntgenstrahlung zu erhalten.

1951 bauten Cosslett und Nixon (11) nach diesem Prinzip ein Gerät zur Projektionsmikroradiographie (Abb. 25). Der Elektronenstrahl wurde in diesem Gerät durch zwei magnetische Linsen gebündelt und traf am Ende der Kolonne auf eine dünne Metallfolie auf, die gleichzeitig die evakuierte Kolonne nach außen hin abschloß. Am Auftreffpunkt des Elektronenstrahls war somit eine punktförmige Röntgenquelle von ungefähr 1 μm Durchmesser gegeben. Diese Röntgenstrahlen wiederum treffen auf eine nicht weit von dieser Metallfolie entfernte Probe und erzeugen auf einer dahinter befindlichen Photoplatte oder einem Fluoreszenzschirm ein Abbild dieser Probe.

Nach einem ähnlichen Prinzip arbeitet die „Fluoreszenz-Röntgenlupe“ von Regler (46), wobei die mittels primärer Röntgenstrahlung angeregte charakteristische Strahlung einer Probe durch eine Lochblende tritt und auf einem dahinter befindlichen Film oder Fluoreszenzschirm ein vergrößertes Abbild der Probe bzw. der darin enthaltenen Einschlüsse gibt.

ENGSTRÖM (20) versuchte, aus der Intensitätsänderung der durch eine dünne Folie hindurchgehenden Röntgenstrahlung quantitative Schlüsse auf die Zusammensetzung der untersuchten Probe zu ziehen, und benützte dazu die Kontaktradiographie. Die Probe liegt in dünner Schicht auf einer feinkörnigen Photoplatte und wird der Strahlung einer normalen Röntgenröhre ausgesetzt. Bei der Analyse eines bestimmten Elements verwendet man nun Röntgenstrahlung von Wellenlängen, die nahe auf beiden Seiten der Absorptionskante des betreffenden Elements liegen. Dann ist die Intensität der durchgehenden Strahlung praktisch nur abhängig von der Flächenbelegung (mg/cm²) der Analysenprobe und nur wenig durch die Matrixelemente beeinflußt. Wenn die Dichte und Dicke der Probe bekannt sind, kann die Massenkonzentration des gesuchten Elements bestimmt werden. Das erzielbare Auflösungsvermögen bei dieser Methode kann jedoch nicht besser sein als das der lichtoptischen Methoden, die zur Photometrierung des Films verwendet werden. Außerdem kann das Ergebnis durch Beugungserscheinungen kristalliner Bereiche in der Probe beeinflußt werden. Diese Schwierigkeiten konnten durch Verwendung einer Mikrofokusröntgenröhre überwunden werden (34). Das Antikathodenmaterial dieser Röhren ist meist eine dünne Folie von Metallen hoher Ordnungszahl und großer Dichte (Gold, Wolfram usw.), da der Wirkungsgrad für die Erzeugung von Elektronenbremsstrahlung mit der Ordnungszahl wächst und die Reichweite der in das Targetmaterial (hier ist zwischen Antikathode als Target und Probe zu unterscheiden) eindringenden Elektronen umgekehrt proportional der Dichte ist. Die Reichweite bestimmt bei gegebener Antikathodenfolie die untere Grenze der erzielbaren Auflösung für die Projektionsaufnahmen. Ist die Probe nahe der Antikathode, so erreicht man eine hohe Primärvergrößerung, und die Intensitätsmessungen können direkt mit einem Zählrohr durchgeführt werden. Man vermeidet auf diese Weise die photographische Platte. Abb. 26 zeigt die Verwendung eines Röntgenstrahlprojektionsmikroskops für Absorptionsmikroanalyse (*a*) und Fluoreszenzmikroanalyse (*b*). Bei der Fluoreszenzmikroanalyse befindet sich zwischen Antikathode (Target) und Probe noch eine Blende, damit nur in einem eng begrenzten Gebiet der Probe Fluoreszenzstrahlung angeregt wird.

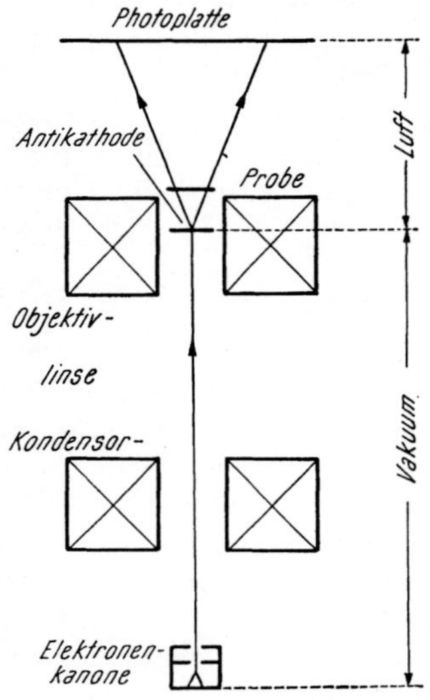

Abb. 25. Röntgenprojektionsmikroskop.

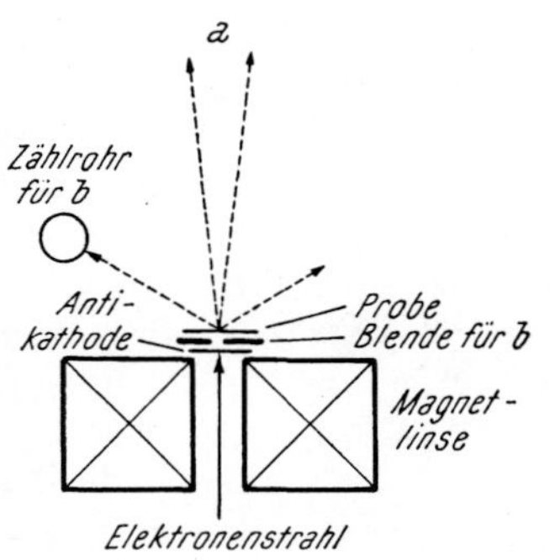

Abb. 26. Verwendung einer Mikrofokusröntgenröhre für *a* Absorptionsanalyse, *b* Fluoreszenzanalyse.

Nach MITSCHE (40) wurden die ersten systematischen Untersuchungen zur Kontakt-Mikroradiographie bereits 1913 von P. GOBY gemacht. Die hohe Durchdringungsfähigkeit der Röntgenstrahlung ermöglicht die Erfassung des Gefügeaufbaues und gestattet außerdem über die unterschiedliche Lage der Absorptionskanten einen qualitativen Nachweis der einzelnen Elemente bzw. elementspezifischer Anreicherungen in einzelnen Gefügebestandteilen. Daß sich dies auch mit einem Elektronenstrahl-Mikroanalysator (verwendet wurde das japanische Gerät) durchführen läßt, konnten wir bereits beweisen. Der Elektronenstrahl-Mikroanalysator, der üblicherweise bis 40 Standards für Vergleichszwecke im Probenhalter eingebaut hat, erlaubt die Erzeugung der gewünschten Röntgenstrahlung innerhalb ganz kurzer Zeit.

Prinzipiell gehören hierher auch die von Wiesenberger (49) durchgeführten Arbeiten über die elektronenmikroskopische Auswertung mikrochemischer Nachweisreaktionen sowohl fällungsanalytischer Natur als auch durch elektrolytische Abscheidung an den Objektträgerblenden, wobei schon Elementmengen bis zu 10^{-10} g nachgewiesen werden konnten.

2. Der Elektronenstrahl-Mikroanalysator.

Das vielseitigste Gerät ist der „Elektronenstrahl-Mikroanalysator", „Microsonde électronique" im französischen und „Micro Probe-Analyzer" im englischen Sprachgebrauch. Die beste Methode ist zweifellos, den Elektronenstrahl gleich auf der Probenoberfläche in dem zu analysierenden Punkt zu fokussieren oder über die zu betrachtende Fläche zwecks Informationsanalyse streichen zu lassen. Die emittierte charakteristische Röntgenstrahlung gibt dann sowohl qualitativ als auch quantitativ Aussagen über die im analysierten Volumen enthaltenen Elemente. Als einziger Nachteil — der aber längst leicht beherrschbar ist — kann vielleicht angeführt werden, daß sich die Probe im Hochvakuum befinden muß.

Die grundlegenden Arbeiten auf diesem Gebiet stammen von Castaing (7) und Guinier (8). 1949 baute Castaing das erste Gerät aus einem französischen Elektronenmikroskop. 1955 ging das erste verbesserte Gerät zur Elektronenstrahl-Mikroanalyse nach Castaing in Produktion (9).

Hillier (24) hatte zwar 1947 in den USA ein Gerät zur Elektronenstrahl-Mikroanalyse patentieren lassen, doch verfolgte er dieses Projekt nicht weiter.

Etwa zur gleichen Zeit wurden in England von Duncumb und Mitarbeiter (12, 16) und Mulvey (44), in der Sowjetunion von Borovskij (5, 6) und in den USA von Birks und Brooks (4) sowie Wittry (50) dieselben Probleme bearbeitet.

Zwei verschiedene Anwendungsarten bestimmten ursprünglich die Grundkonzeption der Geräte. Einerseits war man bestrebt, mit Hilfe des Geräts einen Überblick über die in der Probenoberfläche vorhandenen Elemente zu erhalten, indem der Elektronenstrahl einen gewissen Bereich der Oberfläche abtastet. Auf diese Weise können rein qualitative Ergebnisse gewonnen werden. Dieser Anwendungsgedanke lag der Konstruktion des Cambridge-Instruments zu Grunde (16, 17). Die Analyse der angeregten Röntgenstrahlung erfolgte in diesem Gerät mittels eines nichtdispersiven Systems durch Impulshöhenanalyse. Die Methode war daher anfänglich auf hohe Konzentrationen und auf die Analyse von Elementen mit weiter auseinanderliegenden Ordnungszahlen beschränkt. Später ging man vom nichtdispersiven System ab und verwendete „halbfokussierende" Spektrometer. Der gekrümmte Kristall bewegt sich dabei nicht mehr entlang der Peripherie des Rowlandkreises, er befindet sich nunmehr in einer bestimmten Entfernung von der Strahlungsquelle am Rowlandkreis und dreht sich dort nur um seine eigene Achse. Die im Zentrum des Kristalls den Rowlandkreis tangierenden Netzebenen erfüllen ebenfalls die Braggsche Beziehung. Diese Spektrometeranordnung ist gegenüber Abweichungen der Strahlenquelle vom Rowlandkreis nicht mehr so empfindlich.

Castaing (7) hingegen hatte die Durchführung quantitativer Punktanalysen im Auge, denn letzten Endes kann man ohne exakte quantitative Analyse nie

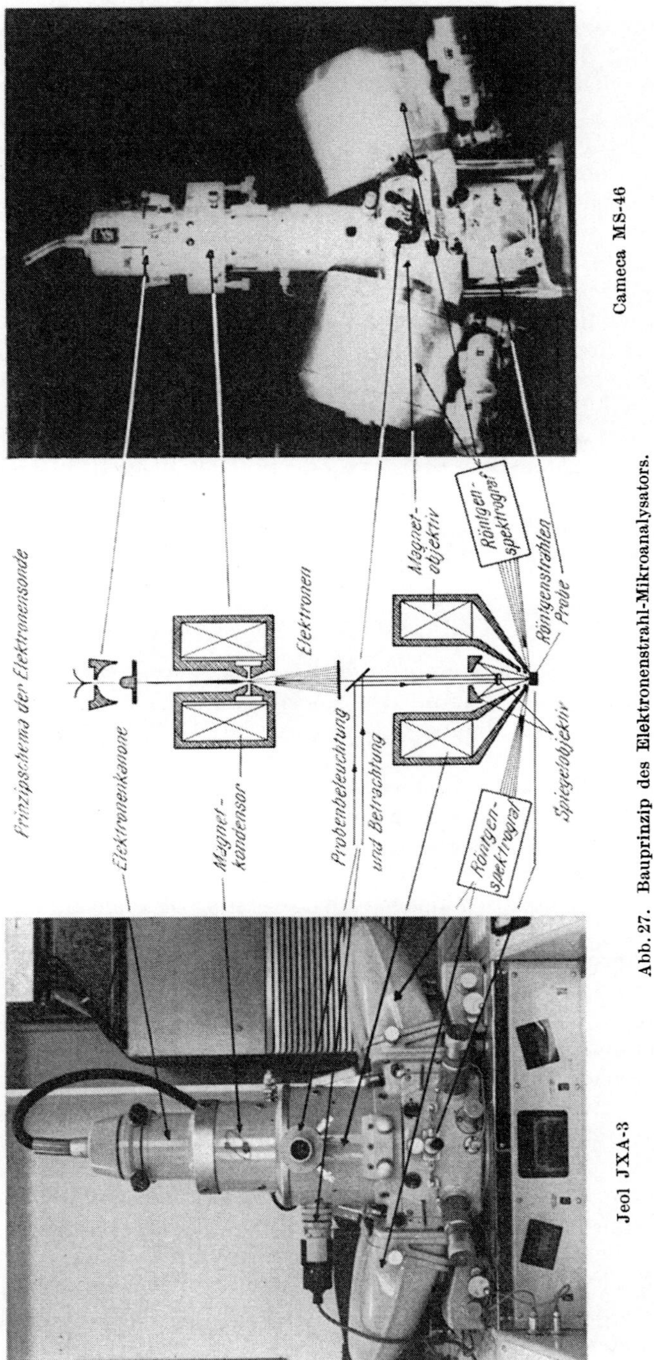

Jeol JXA-3

Cameca MS-46

Abb. 27. Bauprinzip des Elektronenstrahl-Mikroanalysators.

genaue Aussagen und Erklärungen für die untersuchten Vorgänge geben. In diesem Gerättypus trifft der feststehende Elektronenstrahl auf die Probe auf, und die angeregte charakteristische Strahlung wird mittels dispersiver Systeme getrennt und dann registriert.

Derzeit sind verschiedene Typen von Elektronenstrahl-Mikroanalysatoren im Handel (Jeol, Cameca MS 46, Cambridge: Microscan und Geoscan, ARL, AEI, NORELCO), und jedes dieser Geräte besitzt die Möglichkeit der Punktanalyse und des „Scanning", wie die Methode des Abtastens der Probe durch den Elektronenstrahl genannt wird. Für Übersichtsanalysen und rasche Lokalisierung interessanter Stellen auf der Probenoberfläche leistet das Scanning ausgezeichnete Dienste, doch für exakte quantitative Analysen — und die Ausführung einer solchen verlangen alle analytischen Probleme letzten Endes — ist die Durchführung exakter Punktanalysen unumgänglich nötig. Dieser Forderung muß nun auch in allen Geräten Rechnung getragen werden, wenn sie als vollwertige Analysengeräte gewertet werden sollen.

Prinzipiell bestehen alle Geräte für die Elektronenstrahl-Mikroanalyse aus dem Analysenwertgeber (Elektronenquelle, Linsensysteme, Probe) und der Meßeinheit (Goniometer, Zählrohre, Verstärker, Oszillographen, Schreiber usw.). Diese Hauptteile sind je nach dem Hersteller entweder in einem kompakten (oft wenig flexiblen) Gesamtgerät untergebracht oder in Einzelgeräte (größeren Raum erfordernd) aufgeschlüsselt.

a) Analysenwertgeber.

Da prinzipiell keine Unterschiede bestehen, werden die Funktionsweise und Abwandlungsmöglichkeiten an dem gemeinsamen Konstruktionsprinzip für das japanische (Jeol-JXA-3) und das französische Gerät (Cameca MS 46), Abb. 27, erläutert.

Der in der Elektronenkanone aus dem als Kathode dienenden, etwa 100 μm dicken Wolframdraht erzeugte Elektronenstrahl wird mit Hilfe von zwei elektromagnetischen Linsen fokussiert und trifft auf die als Antikathode dienende Probe auf. Während alle anderen Geräte den Elektronenstrahl mittels beider Linsen und mehrerer in den Strahlengang eingesetzter Blenden auf den gewünschten Durchmesser fokussieren, ist die Objektivlinse des japanischen Gerätes so konstruiert, daß mit dieser allein, ohne Zuhilfenahme der Kondensorlinse, alle gewünschten Durchmesser erzielt werden können. Das Gerät JXA-3 hat nur *eine* Molybdänblende im Strahlengang. Der Wegfall der Kondensorlinse bedeutet einen erheblichen Gewinn an Intensität des die Probe treffenden Elektronenstrahls. Außerdem sind die nötigen Justiervorgänge wesentlich einfacher und schneller durchführbar.

Um die Probenoberfläche während der Analyse betrachten zu können, ist in die Objektivlinse ein lichtoptisches Mikroskop eingebaut. Nicht alle Geräte besitzen diese Möglichkeit: bei dem englischen Cambridgegerät und dem Gerät der AEI kann die Probe nur vor und nach der Analyse betrachtet werden. Die Möglichkeit der Beobachtung der Probe während der Analyse erleichtert nicht nur wesentlich die Justierung des Elektronenstrahls, sondern ermöglicht auch die ständige Kontrolle der Position und der Größe des Durchmessers des auftreffenden Elektronenstrahls sowie der während der Analyse auftretenden Veränderungen an der Probe (s. z. B. Abb. 21).

Den Auftreffpunkt des Elektronenstrahls erkennt man durch den entstehenden „verunreinigten Fleck" auf der Probenoberfläche. Auf diese Weise können Abweichungen des Auftreffpunktes vom Rowlandkreis, wie dies bei stark magnetischem Material möglich sein kann, leicht erkannt und korrigiert werden, denn für quantitative Analysen muß der Auftreffpunkt stets dieselbe Lage gegenüber den Spektrometern auf Probe und Standard haben.

Um die Konstruktionsschwierigkeiten für ein Mikroskop in der Achse der Objektivlinse zu vermeiden, kann die Probe auf einem drehbaren Probentisch angebracht werden. Um die Probe im Mikroskop zu betrachten, wird sie aus dem Strahlengang herausgedreht und unter das Objektiv des Mikroskops gebracht. Der Bau der elektronischen Linse ist nun einfacher, doch ist bei der Konstruktion des rotierenden Probentisches zu berücksichtigen, daß die Drehung mit hoher Genauigkeit ausgeführt werden muß, um die absolute Übereinstimmung des beobachteten Punktes auf der Probe und des schließlich bestrahlten Punktes zu gewährleisten. Diese Methode wendet die AEI in ihrem Gerät an (45).

Das Cambridgegerät arbeitet ebenfalls ohne direkte Betrachtungsmöglichkeit der Probe während des Elektronenbeschusses. Hier — wie auch im Gerät der AEI — besteht die Möglichkeit der Beobachtung über das Scanningbild. Der Elektronenstrahl kann nach Beendigung des Scannings mit Hilfe des am Oszillographenschirm nachleuchtenden Bildes auf den gewünschten Punkt gesetzt werden. Für sehr geringe Konzentrationsunterschiede ist aber eine sehr lange Scanningzeit nötig, die die Bildschirme unnötig belastet. Außerdem kann auf Punkte, die bereits sehr nahe der Grenze der Auflösungsmöglichkeit des Elektronenstrahls liegen, der Strahl nur sehr schwer mit der nötigen Genauigkeit gesetzt werden. Die direkte Betrachtungsmöglichkeit mittels eines eingebauten Auflichtmikroskops ist auf jeden Fall der indirekten Beobachtung über das Scanningbild vorzuziehen, zumal dies bei den modernsten Geräten auch möglich ist.

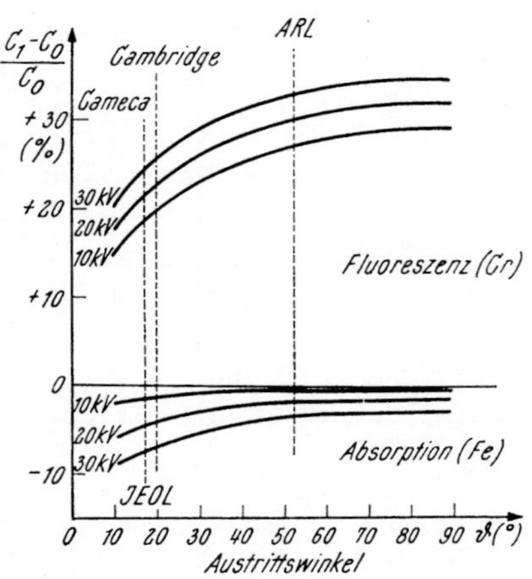

Abb. 28. Abhängigkeit der Korrekturen vom Abnahmewinkel. C_0 wahre Konzentration, C_1 gemessene Konzentration.

Die Röntgenstrahlung, die durch die beschleunigten Elektronen in dem bestrahlten Volumelement angeregt wird, ist aber noch keineswegs die Strahlung, die schließlich in die Meßeinheit gelangt. Wenn man Abb. 13 betrachtet, sieht man recht klar, daß die Röntgenstrahlung noch durch eine ziemlich weite Strecke des Probenmaterials treten muß, bevor sie über den Kristall zum Detektor gelangt.

So wird die in der Probe erzeugte Strahlung noch durch weitere Faktoren beeinflußt, und zwar u. a.

a) durch die Absorption im Probenmaterial selbst;

b) die angeregte kontinuierliche Strahlung verursacht zusätzlich Ionisationen, die wieder zur Emission charakteristischer Strahlung führen;

c) durch die charakteristische Strahlung anderer in der Probe enthaltener Elemente kann die charakteristische Strahlung des zu analysierenden Elements nochmals angeregt werden, wenn die Wellenlänge dieser anregenden Strahlung unter der der Absorptionskante des Analysenelementes liegt. Dadurch wird die Intensität der emittierten charakteristischen Strahlung außerordentlich verstärkt, man spricht von einer zusätzlichen Anregung durch „Sekundärfluoreszenz".

Wie aus Abb. 13 ersichtlich, werden diese Effekte der Absorption um so größer, je länger der Weg wird, den die Strahlung innerhalb der Probe zurücklegen muß, d. h. je kleiner der Abnahmewinkel der Röntgenstrahlung ist. Die Größe der anzubringenden Korrekturen bezüglich Absorption ist demnach auch von der Größe des Abnahmewinkels abhängig, wie die Abb. 28 zeigt.

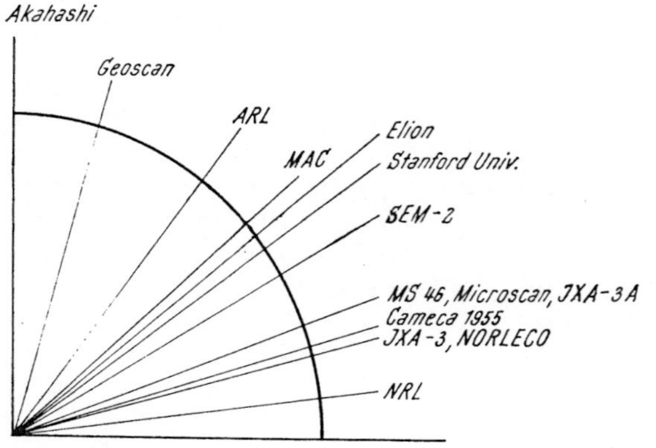

Abb. 29. Abnahmewinkel verschiedener Geräte.

Je größer der Abnahmewinkel, desto geringer wird zwar die Absorptionskorrektur, um so größer naturgemäß die Fluoreszenzkorrektur. Aus dieser Tatsache läßt sich auch die Vielfalt der Abnahmewinkel in den verschiedenen Geräten erklären, je nachdem, ob allzu große Absorptions- oder Fluoreszenzkorrekturen vermieden werden sollen. Abb. 29 und Tabelle 3 geben einen Überblick über die bis heute üblichen Abnahmewinkel, woraus aber auch hervorgeht, daß praktisch alle möglichen Winkelbereiche überstrichen werden.

Tabelle 3.

Abnahmewinkel	Gerät	Erzeugungsland
6°	NRL, Naval Research Laboratories (4)	USA
15°	JXA-3 Japan Electronics & Optical Industr. Ltd.	Japan
16°	Cameca, altes Gerät	Frankreich
20°	Cameca, MS 46 (1964); JXA-3A	Frankreich, Japan
	Cambridge „Microscan“	GB
30°	SEM-2 der AEI	GB
35°	Gerät der Stanford University	USA
37° 30′	Elion (nicht mehr erzeugt)	USA
52° 30′	ARL „Mark II“	USA
75°	Cambridge „Geoscan“ (1964)	GB
90°	Akahashi Seisakusho Ltd. (47)	Japan

Der Abnahmewinkel ist weitgehend durch die Konstruktion der Objektivlinse vorgegeben, da der verfügbare Raum zwischen Probe und Linse für den Abnahmewinkel mitbestimmend ist. Die besondere Konstruktion der Objektivlinse des

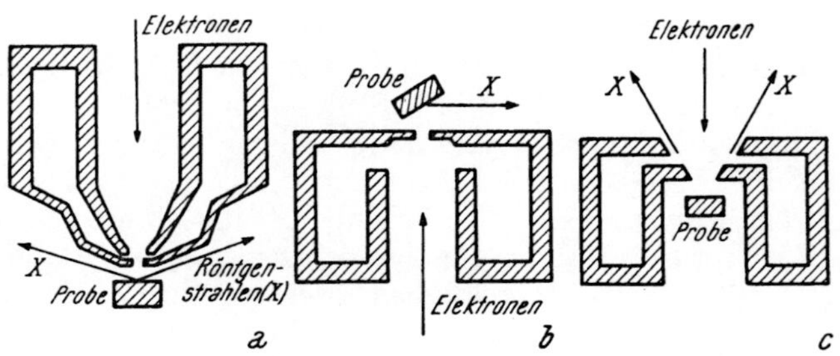

Abb. 30. Objektivlinsen verschiedener Geräte. *a* JXA-3 und Cameca, Abnahmewinkel 15 bis 20°; *b* AEI, Abnahmewinkel etwa 30°; *c* ARL, Abnahmewinkel über 50°.

„Mark II" der ARL als „inverted lens" erlaubt den hohen Abnahmewinkel von 52° 30′. Die Objektivlinse des neuen „Geoscan" ist ähnlich gebaut. Abb. 30 zeigt drei verschiedene Linsenkonstruktionen.

Eine völlig neue Konstruktionsidee realisierten SHIRAI und ONOGUCHI (47), indem sie zur Erzielung eines Abnahmewinkels von 90° den Elektronenstrahl

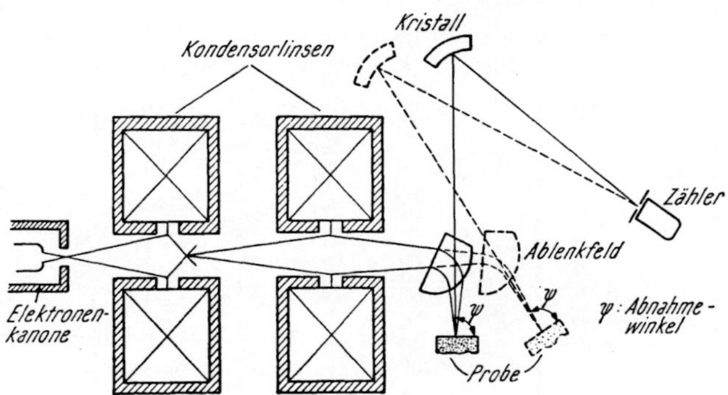

Abb. 31. Elektronenstrahl-Mikroanalysator mit einem Abnahmewinkel von 90° (47).

nach der Objektivlinse durch ein magnetisches Ablenkungsfeld um fast 90° ablenkten (Abb. 31). Bei dieser Anordnung wird die Intensität des Hintergrundes bedeutend geschwächt: sie beträgt ungefähr nur $^1/_3$ der bei einem Abnahmewinkel von 10° gemessenen Intensität. Die Absorption der charakteristischen Strahlung in der Probe wird ebenfalls bedeutend reduziert. Versuche zeigten, daß die

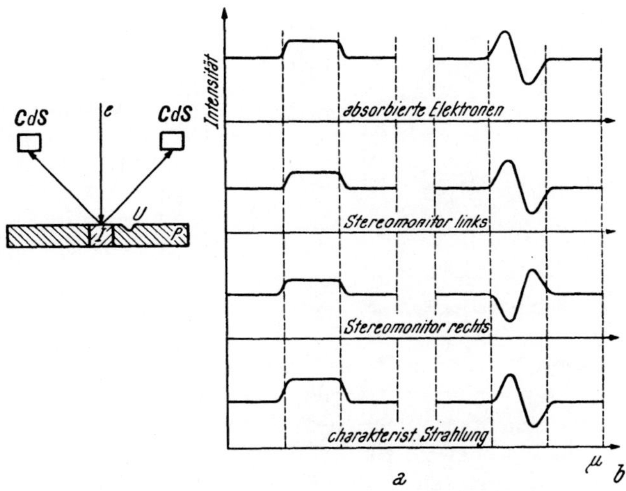

Abb. 32. Wirkungsweise des Stereo-Monitors. *a* ebene Probe, Veränderung der Zusammensetzung, *b* unebene Probe. *e* Elektronenstrahl, CdS Stereomonitoren, *I* Inhomogenität, *U* Unebenheit, *P* Probe.

Intensität der AlK_α-Linie in einer Aluminium-Kupferlegierung mit 13% Aluminium bei einem Abnahmewinkel von 90° ungefähr 10mal stärker war als bei 10° Abnahmewinkel. Bei einer 3,6% Aluminium enthaltenden Legierung war die Aluminiumlinie bei 10° Abnahmewinkel bereits völlig durch den Hintergrund verdeckt. Die Schwierigkeiten dieser Methode liegen derzeit noch in der starken Verminderung des Strahlstroms durch die sphärische Aberration in der Objektivlinse und im Astigmatismus des ablenkenden Magnetfeldes. Doch ist es möglich, mit Hilfe einer punktförmigen Elektronenquelle diesen Nachteil zu vermindern.

Um in der Elektronenstrahl-Mikroanalyse bei quantitativen Messungen höchste Genauigkeit zu erreichen, ist es wünschenswert, alle störenden Einflüsse durch Unregelmäßigkeiten der Probenoberfläche auszuschalten. Der Einfluß der Beschaffenheit der Probenoberfläche wird um so stärker ausgeprägt, je kleiner der Abnahmewinkel der emittierten Röntgenstrahlung ist. Daher sollten die im allgemeinen zu untersuchenden Proben auch vollkommen glatt und eben poliert sein. Um trotzdem noch vorhandene Unregelmäßigkeiten, wie durch Ausbrechen von Gefügebestandteilen beim Polieren entstandene Löcher oder einen durch sehr harte Einschlüsse gebildeten Reliefcharakter der Oberfläche, zu erkennen, dient ein sogenannter „Stereo-Monitor". Zwei CdS-Zellen sind symmetrisch auf beiden Seiten des einfallenden Elektronenstrahls in der Probenkammer angebracht und registrieren ständig die von der Probe abgegebene Gesamtstrahlung (Abb. 32).

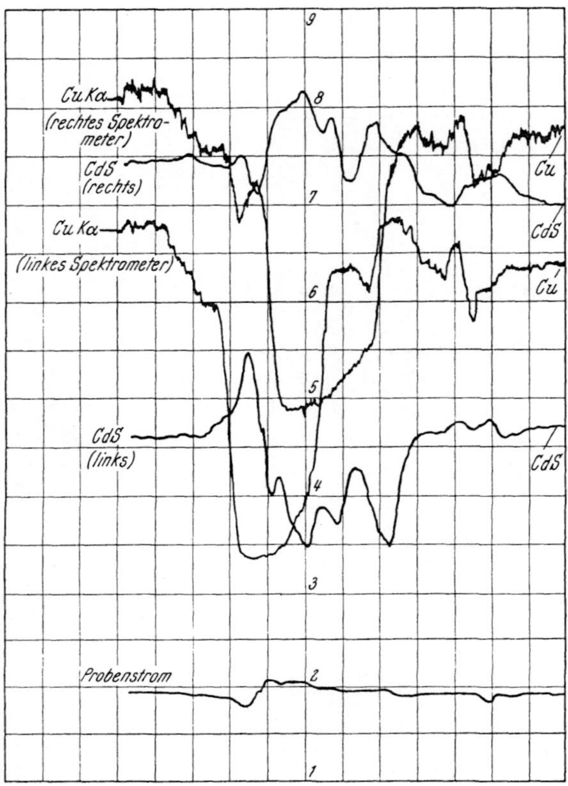

Abb. 33. Aufnahme einer unebenen Probenoberfläche (2).

Ändert sich nur die Zusammensetzung der Probe, so verändert sich die vom Monitor erfaßte Gesamtstrahlung nur wenig und gleichsinnig. Ist ein Einfluß der Probenoberfläche vorhanden, so ändern sich die von den Monitoren gelieferten Signale stark und ungleichsinnig.

Aus der Änderung der Intensität der charakteristischen Strahlung, die mittels des dispersiven Systems gemessen wurde, und auch aus der Änderung der Intensität der absorbierten Elektronen allein läßt sich nicht feststellen, ob nur eine Konzentrationsänderung oder ein Einfluß der Probenoberfläche vorliegt. Abb. 33 zeigt die Schreiberaufnahme einer Probe mit Unregelmäßigkeiten in der Oberfläche.

Die Weiterentwicklung dieser Methode durch KIMOTO und HASHIMOTO (27, 28) führte schließlich zur Möglichkeit der gleichzeitigen Untersuchung von Probenzusammensetzung und Oberflächentopographie durch Registrierung der rückgestreuten Elektronen, deren Intensität wie die der absorbierten Elektronen eine Funktion der Zusammensetzung und der Beschaffenheit der Probenoberfläche ist. Als Elektronendetektoren werden hier p-n-Siliciumhalbleiterkristalle verwendet, die durch ihre hohe Empfindlichkeit, hohe Ausbeute und große Stabilität äußerst wirksame Detektoren für Elektronen sind. Wegen ihrer geringen Größe sind sie auch aus rein konstruktiven Gründen besser anzuwenden als ein üblicher Szintillationszähler. Bei dieser neuen Methode verwendet man ein Paar dieser Siliciumdetektoren, die eine stereoskopische Betrachtung der Probenoberfläche ermöglichen und gleichzeitig eine Auftrennung des Elektronenrückstreubildes in zwei Bildarten erlauben: eines dieser Bilder besteht aus den Kontrasten auf Grund der mittleren Ordnungszahl der Probe, gegeben durch die chemische

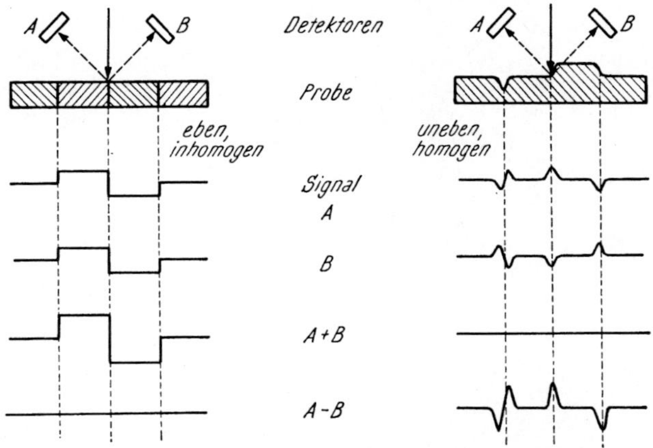

Abb. 34. Untersuchung von Zusammensetzung und Oberflächenbeschaffenheit mittels Elektronenrückstreuung nach KIMOTO (27).

Zusammensetzung. Das andere Bild besteht aus den Kontrasten auf Grund der Oberflächenbeschaffenheit der Probe, unabhängig von der chemischen Zusammensetzung. Diese Auftrennung konnte bisher durch keine andere, konventionelle Methode erreicht werden. Abb. 34 zeigt schematisch die Versuchsanordnung.

Zwei dieser p-n-Siliciumhalbleiterkristalle sind wie die CdS-Zellen des Stereo-Monitors im Probenraum angebracht. Die von jedem der beiden Detektoren gelieferten Signale ändern sich gleichsinnig, abhängig von der mittleren Ordnungszahl (chemische Zusammensetzung) der Probe. Andererseits ändern sich beide Signale ungleichsinnig in Abhängigkeit von Oberflächeneffekten. Ist die Probenoberfläche vollkommen einwandfrei und die Zusammensetzung der Probe an jeder Stelle eine andere, so sind auch die beiden Signale gleich. Addiert man diese beiden Signale, erhält man die Summe von $A + B$. Diese Kurve entspricht den Änderungen in der chemischen Zusammensetzung. Die Subtraktion der beiden Signale ergibt jedoch eine gerade Linie und die entstehende Kurve kann nur mehr die Oberflächentopographie zeigen, da der Einfluß der Zusammensetzung ausgeschaltet wurde.

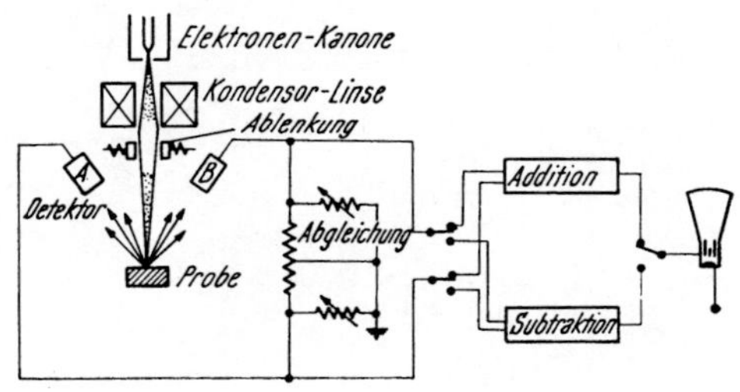

Abb. 35. Schematische Anordnung des Stereo-Detektorsystems.

Im zweiten Fall, wenn die Probe zwar homogen, aber die Oberfläche rauh ist, sind die Signale der beiden Detektoren gegenläufig. Durch Addition ergibt sich nun eine Gerade, und man kann so die Oberflächeneffekte ausschalten. Die Differenz der beiden Signale A und B ergibt eine Kurve, die nur mehr von der Oberflächenbeschaffenheit abhängt. Abb. 35 zeigt schematisch die Anordnung.

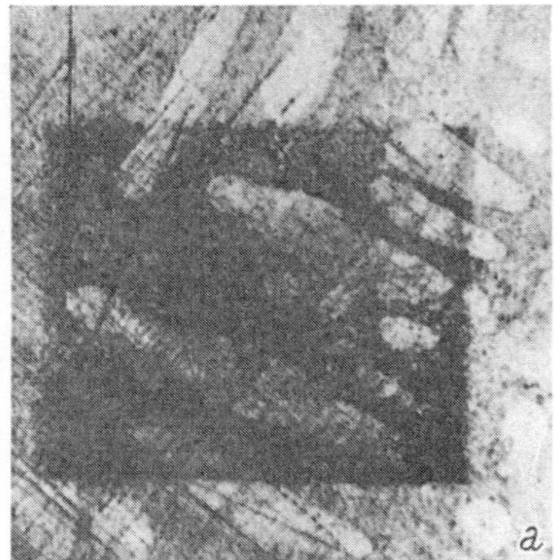

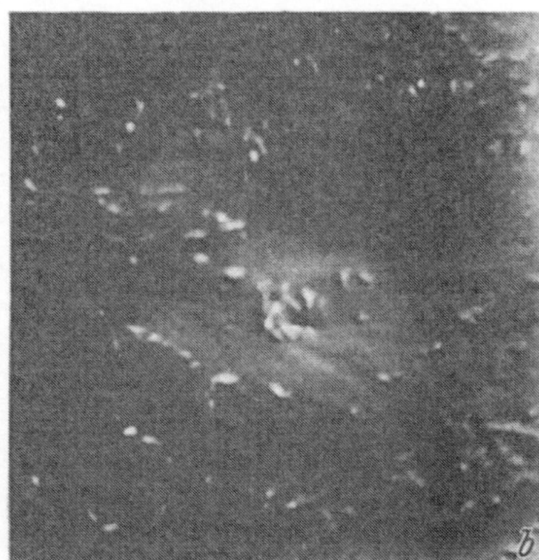

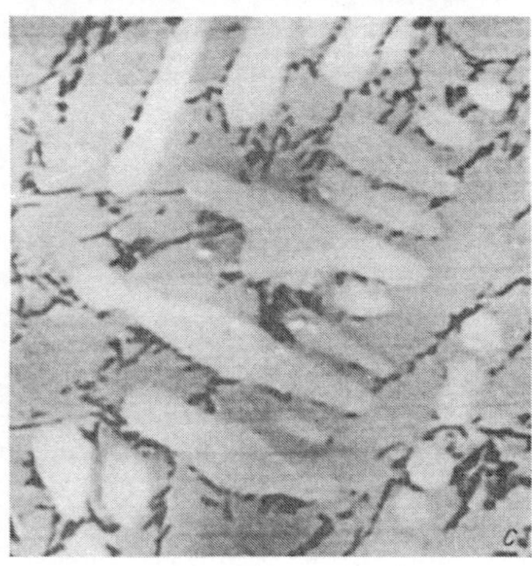

Abb. 36. Elektronenrückstreubild nach Kimoto (27) einer Al-Si-Legierung mit 11 bis 13,5% Si. *a* lichtoptisches Bild, *b* Oberflächentopographie, *c* Konzentrationsbild.

Der auf die Probe auftreffende fokussierte Elektronenstrahl wird durch ein oberhalb der Probe angebrachtes System periodisch abgelenkt und „rastert“ so über die Oberfläche. Die erzeugten Signale werden in einen Computer eingespeist und addiert oder subtrahiert. Vor dem Computereingang befindet sich ein Systemregler, der Symmetrie- und Empfindlichkeitsunterschiede zwischen den Detektoren ausgleicht.

Diese Weiterentwicklung, die sowohl analytische Aussagen über die Verteilung der leichten und schweren Elemente in der Probe als auch Angaben über die Oberflächenbeschaffenheit der Probe ermöglicht, bedeutet für die Elektronenstrahl-Mikroanalyse einen großen Fortschritt: erlaubt sie doch bei chemisch heterogenen und auch oberflächlich nicht ganz ebenen Proben, wie dies bei der Elektronenstrahl-Mikroanalyse sehr oft der Fall ist, die einzelnen Effekte aufzutrennen und gleich zwei Informationen über Zusammensetzung *und* Oberflächentopographie zu gewinnen.

Abb. 36 zeigt den Erfolg dieser Maßnahme und die vom Bildschirm des Oszillographen ablesbaren weiteren Informationen.

Da der endgültige Analysenwert ein Resultat der Verhältnisse der Signale von Probe und Standards ist, muß an dieser Stelle auch einiges über die Probenhalterung gesagt werden, da diese mitunter sogar als weitere Apparatekonstante in das Endergebnis eingehen kann und wesentlichen Einfluß auf die Reproduzierbarkeit der Ergebnisse hat. Der Probenhalter hat 3 Funktionen zu erfüllen: er muß gestatten, die zu untersuchende Probe reproduzierbar in die gewählte Position zum Elektronenstrahl *und* zu den Signalempfängern zu bringen; er muß elektrisch leitend sein und muß schließlich die Aufnahme einer Reihe (meist kleiner) Standard- bzw. Eichproben gewährleisten, damit — da ja meist Relativmessungen durchgeführt werden — für Probe und Standard dieselben Bedingungen herrschen. Abb. 37 zeigt die Anordnung und Form des Probenhalters für das (alte) Modell der Firma Cameca (48) und Abb. 38 *a* und *b* zeigen den üblichen

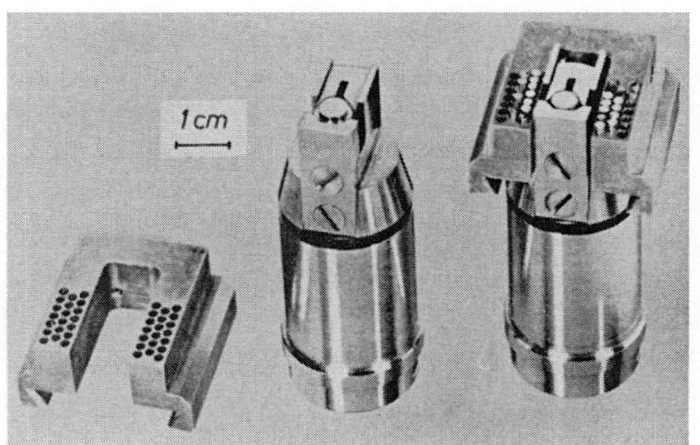

Abb. 37. Probenhalter (Cameca) (48). *a* Testprobenhalter, *b* Probenhalter mit Probe, *c* Anordnung des Testprobenhalters mit Testproben auf dem Probenhalter mit der Analysenprobe.

Probehalter für das Gerät JXA-3 der Firma Jeol mit der Anordnung für Standards, Abb. 38 *c* einen solchen, mit dem die Probe auch während der Untersuchung um 360° gedreht werden kann.

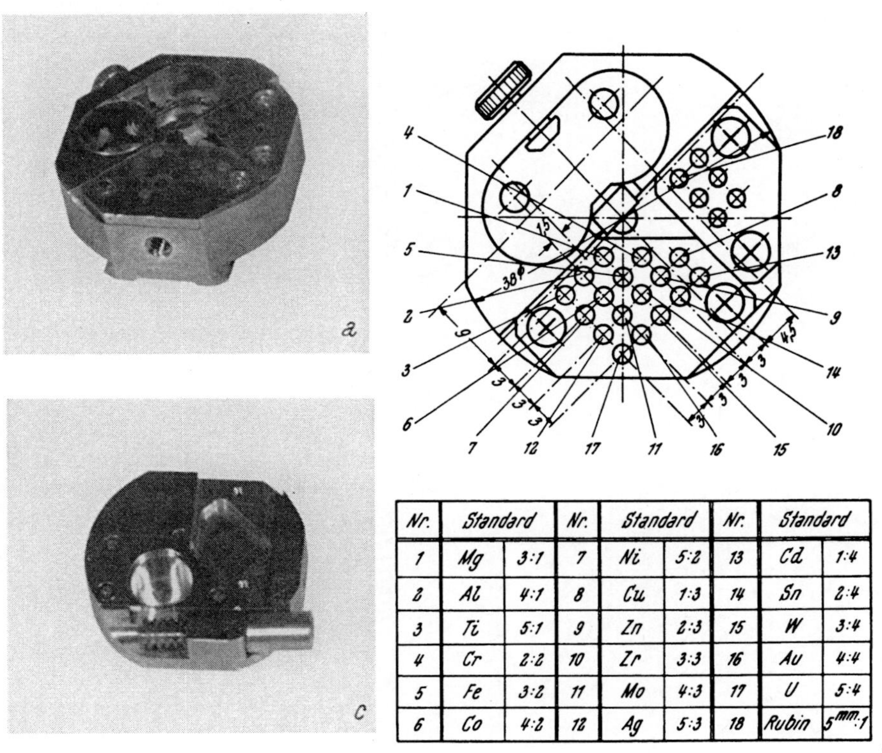

Nr.	Standard		Nr.	Standard		Nr.	Standard	
1	Mg	3:1	7	Ni	5:2	13	Cd	1:4
2	Al	4:1	8	Cu	1:3	14	Sn	2:4
3	Ti	5:1	9	Zn	2:3	15	W	3:4
4	Cr	2:2	10	Zr	3:3	16	Au	4:4
5	Fe	3:2	11	Mo	4:3	17	U	5:4
6	Co	4:2	12	Ag	5:3	18	Rubin	5 mm:1

Abb. 38. Probenhalter für Jeol JXA-3.

Abb. 39 gibt einen Einblick in die durch Abnahme der vorderen Abdeckplatte geöffnete Probenkammer mit dem Probenhaltertisch 7. Während des Betriebes können die Proben mittels des Probenwechslers 9 über die Luftschleuse 3 ein- und ausgeführt werden.

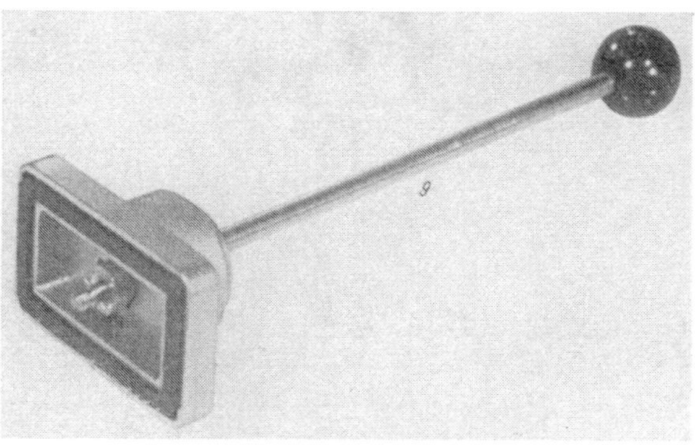

Abb. 39. Probenkammer des JXA-3 (Innenansicht). 1 Lichtmikroskop, 2 Probenkammer, 3 Luftschleuse, 4 Anzeige für Goniometerstellung, 5 Ventilstellung, 6 Mikrometerschrauben zur horizontalen Bewegung der Probe, 7 Probentisch, 8 Probenhalter, 9 Probenwechsler mit Luftschleusenverschluß.

b) Meßeinrichtungen.

Die Grundlagen der Auswertung von Spektren sind die Messungen der Wellenlängen und Intensitäten der Spektrallinien sowie bei kontinuierlichen Spektren die spektrale Intensitätsverteilung, d. h. die Abhängigkeit der Intensität von der Wellenlänge. Zur Auffindung der charakteristischen Wellenlängen bei qualitativen Analysen sowie zur Messung der Intensität dieser charakteristischen Strahlung bei quantitativen Analysen muß die Vielfalt der von der Probe ausgesandten Strahlung verschiedener Wellenlängen aufgetrennt werden. Dies geschieht bei dispersiven Systemen durch Beugung der Röntgenstrahlung an den Netzebenen von Kristallen. Diese Auftrennung der verschiedenen Wellenlängen erfolgt in den „Goniometer- oder Spektrometersystemen" der Geräte.

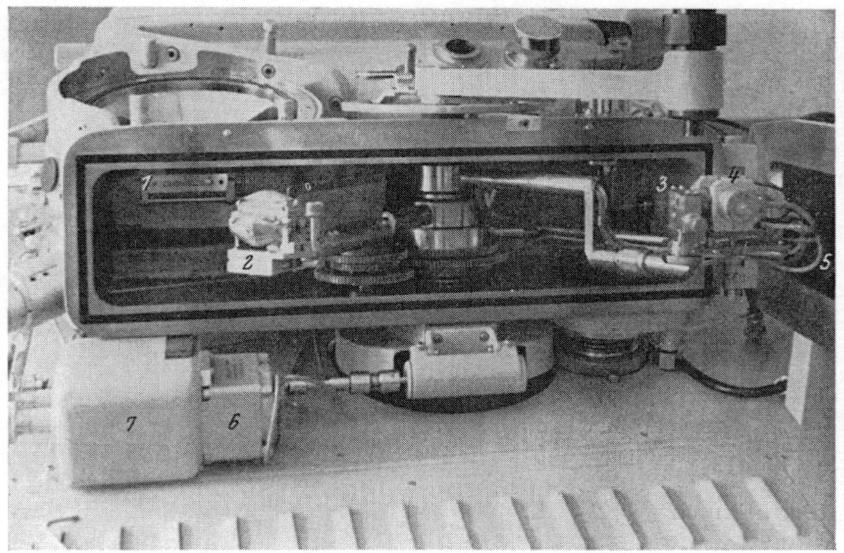

Abb. 40. Goniometersystem des Jeol JXA-3. 1 Mylarfenster (zum elektronenoptischen System), 2 Kristallwechsler, 3 Kollimatorspalt, 4 Gasdurchflußzählrohr, 5 Zählgaszuleitung und -ableitung, 6 Motor für Goniometerscanning mit 7 Getriebekasten.

Abb. 40 zeigt das Goniometersystem eines modernen Gerätes, das mehrere Kristalle eingebaut hat. Vor dem Zählrohr befindet sich der Kollimatorspalt, der z. B. von 0 bis 4 mm kontinuierlich veränderbar ist oder fix, z. B. auf 1,5 mm Weite, eingestellt ist. Selbstverständlich geht die Weite des Kollimatorspaltes in die Impulsausbeute ein, daher müssen Angaben über die absoluten Erfassungsgrenzen (2) auch im Hinblick darauf beurteilt werden. Kristallträger und Zählrohr sind miteinander gekoppelt und bewegen sich entlang der Peripherie des Rowlandkreises mit Geschwindigkeiten, die sich wie 1 : 2 verhalten. Da nach der Braggschen Gleichung der Anwendungsbereich eines jeden Kristalls enge Grenzen hat, muß für jedes Element der günstigste Kristall ausgewählt werden. In den modernen Geräten sind daher stets mehrere Kristalle eingebaut, die entweder fest montiert sind, so daß jedes Goniometer nur für einen bestimmten Wellenlängenbereich verwendbar ist, oder es sind mehrere Kristalle in einem Halter untergebracht und können während des Betriebes ausgewechselt werden. Abb. 41 zeigt den Kristallwechsler, der sogar gestattet, während des Betriebs im Vakuum die Kristalle zu tauschen.

Tabelle 4 gibt eine Übersicht über die in der Elektronenstrahl-Mikroanalyse gebräuchlichsten Kristalle und ihre Anwendungsbereiche, die natürlich von Gerät zu Gerät verschieden sind, da der nutzbare Winkelbereich mit eine Rolle spielt, der wiederum durch die Konstruktion des Goniometers vorgegeben ist. Dadurch ergeben sich geringfügige Verschiebungen im Anwendungsbereich, was jedoch keinen prinzipiellen Unterschied bedeutet.

Abb. 41. Kristallwechsler des Jeol JXA-3. 1 Kristalltrommel, 2 Kristall, 3 Positionsanzeiger.

In die meisten Geräte zur Elektronenstrahl-Mikroanalyse sind mindestens zwei Goniometereinheiten samt den dazugehörigen Verstärker- und Zähleinrichtungen eingebaut, so daß also zwei Elemente gleichzeitig bestimmt werden können. Bei fast allen analytischen Problemen bringt die Möglichkeit der gleichzeitigen Bestimmung von zwei Elementen große zeitliche und nicht zuletzt auch meßtechnische Vorteile: 1. die verschiedenen Elemente werden genau auf demselben Punkt der Probe gemessen, und zwar zur gleichen Zeit, und 2. der sich ausbildende „verunreinigte Fleck“ beeinflußt beide Messungen in gleicher Weise. Eine Voraussetzung für die gleichzeitige Bestimmung mehrerer Elemente ist natürlich, daß beide Elemente mit der gleichen Beschleunigungsspannung anregbar sind und zu auswertbaren Impulsraten führen. Bei zwei weit in der Ordnungszahl auseinanderliegenden Elementen wird man für keines der beiden die optimale Anregungsspannung wählen können, sondern muß einen Kompromiß zwischen Zeitersparnis und erreichbarer analytischer Genauigkeit schließen. Bei der Verwendung zu hoher Anregungsspannungen ergibt sich besonders für leichte Elemente ein großer

Tabelle 4.

Kristall	Wellenlängenbereich [Å]	d [Å]	Ordnungszahl Z → $K\alpha$	Ordnungszahl Z → $L\alpha$
LiF, Gips......	1,0 — 3,77	2,01	22–40	56–92
NaCl	1,41— 5,29	2,81	17–37	37–79
Ge	1,62— 6,11	3,26	15–27	40–70
Quarz	1,1 — 7,9	3,35	18–31	45–79
EDdT*	1,6 — 8,5	4,38	13–28	35–70
ADP**	2,66—10,0	5,31	12–22	33–58
Gips..........	3,0 —14,0	7,6	11–21	33–53
Glimmer	3,6 —18,5	9,96	11–18	29–57
KHP***	6,57—24,76	13,2	8–14	33–39
Ba-Stearat (13)	25,0 —93,0	50,0	5–7	

* EDdT: Äthylendiamin-d-Tartrat.
** ADP: Ammoniumdihydrogenphosphat.
*** KHP oder KAP: saures Kaliumphthalat.

$K\alpha$ $L\alpha$, jeweils 1. Reflexionsordnung.

Anteil an Hintergrundstrahlung, während bei zu geringen Anregungsspannungen die Elemente höherer Ordnungszahl nur schwach angeregt werden und damit die nutzbare Intensität stark abfällt.

Ein Gerät mit zwei voneinander unabhängigen Goniometer- und Zähleinheiten ist daher wohl für alle analytischen Zwecke voll ausreichend. Geräte mit drei und mehr Spektrometern und Zähleinheiten interessieren aber sehr wohl in Verbindung mit Elektronenrechnern, die bereits die Resultate ausdrucken können, aber es scheint noch schwieriger, für drei Elemente gleichzeitig die günstigsten Anregungs- und Meßbedingungen zu finden.

Um die zahlreichen Weiterentwicklungen und Verbesserungen im Spektrometerbau weitgehend ausnützen zu können, entwickelten DAVIDSON und Mitarbeiter (13) die Möglichkeit der „programmierten Analyse", welche die qualitative Untersuchung und die Bestimmung der relativen Elementkonzentrationen wesentlich erleichtert und beschleunigt. Die vollfokussierenden Spektrometer eines Elektronenstrahl-Mikroanalysators können automatisch so gesteuert werden, daß sie verschiedene Analysenvorgänge durchführen:

1. manuelle Steuerung mit Vorwahlmöglichkeit für zwei verschiedene Scanninggeschwindigkeiten;
2. programmierte Aufnahme von Linienprofilen;
3. programmierte Integration der Intensitäten der Analysenstrahlungen.

Auf diese Weise ist es möglich, mit den Spektrometern bei festgelegter Wellenlänge Intensitätsmessungen durchzuführen oder einen gegebenen Wellenlängenbereich abzutasten oder beide Möglichkeiten miteinander zu kombinieren.

ad 1.: Mittels manueller Steuerung können Scanningbeginn und -ende, die Kontrolle der Goniometereinstellung und vorgewählte Scanninggeschwindigkeiten mittels Druckknopfsteuerung getätigt werden. Diese Methode umfaßt alle automatischen Funktionen und ist für Justierungen, zur Aufnahme der Höhe und Form von Spektrallinien, Untersuchungen von Wellenlängenverschiebungen usw. vorgesehen. Bei automatischer Steuerung wird zur Kontrolle der verschiedenen vorgewählten Scanninggeschwindigkeiten und Meßpositionen eine einfache Lochkarte verwendet.

ad 2.: Bei der „Profil-" oder „Scanningmethode" können die Signale der Detektoren auf jeden beliebigen Schreiber oder auch auf Zweikoordinaten-(X-Y-)-schreiber gegeben werden. Im Gegensatz zu der bisher üblichen Methode der Absolutmeßtechnik wird hier ein „Verhältnisschreiber" verwendet, bei dem der Ausschlag (bedingt durch die Meßgröße) in Relation zu einem Systemparameter gebracht wird. Wird z. B. als Systemparameter der Strahlstrom verwendet, der durch einen in den Strahlengang gebrachten Ring gemessen wird, dann sind alle Größen, die dem Strahlstrom proportional sind, konstant. Die Verwendung eines solchen Verhältnisschreibers gestattet auch, den Probenstrom oder die charakteristische Strahlung eines Matrixelementes als Referenzgröße zu verwenden. Zur Aufnahme von Linienprofilen wird die Vorschubgeschwindigkeit des Schreibers beispielsweise konstant gehalten, während die Scanninggeschwindigkeit des Spektrometers automatisch so gesteuert ist, daß zwischen zwei Linien relativ schnell (z. B. mit 5 Å/min), über die programmierte Spektrallinie jedoch langsam (z. B. 0,05 Å/min) gescannt wird. Nach Aufnahme des betreffenden Linienprofils läuft das Spektrometer wieder mit der erhöhten Geschwindigkeit weiter. Diese automatische „Profilmethode" ist speziell für rasche qualitative und semiquantitative Analysen sowie für Vergleiche mit anderen Proben (oder Standards) geeignet. Die erhaltenen Linienprofile der verschiedenen Elemente können nach Intensität und Wellenlänge mit einem vorher aufgenommenen

Standardschreiberdiagramm verglichen werden, analog allen anderen spektrographischen Analysenmethoden. Eine automatische Rückstellvorrichtung erlaubt die Wiederholung der Aufnahme des gewählten Spektrums entweder bei derselben Position der Probe oder es kann nach der automatischen Einschaltung des Schrittscansystems durch ein vom Spektrometer am Endpunkt des gewünschten Spektralbereichs geliefertes Signal eine neue Probenstelle analysiert werden. Während des Rücklaufs des einen Spektrometers kann gleichzeitig ein anderes Spektrometer des Elektronenstrahl-Mikroanalysators zugeschaltet und so der gesamte vom Gerät erfaßbare Wellenlängenbereich für jede Probenstelle automatisch aufgenommen werden.

ad 3.: Die dritte Methode, die „programmierte Integration", ermöglicht die Messung der Intensitäten der Analysenstrahlung aller Spektrometer nach dem oben erwähnten Prinzip zur Durchführung quantitativer Analysen. Gemäß dem gewählten Programm durchläuft das Spektrometer rasch (z. B. mit 5 Å/min) den Wellenlängenbereich zwischen den gewählten Analysenlinien und kommt am Linienmaximum mit einer Genauigkeit von $\pm$ 0,0002 Å zum Stillstand. Bevor das Spektrometer stillsteht, wird es in Bruchteilen einer Sekunde auf etwa 0,05 Å/min verlangsamt. Diese Langsamperiode kann leicht eingestellt und elektronisch gesteuert werden, um eine genaue Einstellung des Linienmaximums zu gewährleisten. Die Anzeige der Röntgenintensität kann in Analog- oder Digitalform erfolgen. Im zweiten Fall kann die Kombination einer elektronischen Uhr und eines Anzeigesystems in Verbindung mit einer Datenübersetzungsanlage und einer elektrischen Schreibmaschine in die programmierte Analyse mit einbezogen werden.

Das alte Gerät der Firma Cameca besitzt z. B. zwei, das neue Gerät MS 46 vier Spektrometer mit je einem fest montierten Kristall. Im japanischen Gerät JXA-3 sind drei Kristalle auf einer Trommel so angebracht, daß sie während des Betriebes im Vakuum ausgewechselt werden können. Dadurch hat man im

Tabelle 5.

Gerät	Zahl der Goniometer	Kristalle	Anmerkung
Jeol „JXA-3"	2	2 × 3 (LiF, Quarz, Glimmer, KAP)	Während des Betriebes im Vakuum auswechselbar, zwei Zähleinheiten
Cameca „alt"	2	2 × 1 (Quarz, Glimmer)	nicht auswechselbar, eine Zähleinheit
Cameca „MS 46"	4	4 × 1 (3 Quarz, Glimmer oder KAP)	nicht auswechselbar, serienmäßig 1 Zähleinheit
AEI „SEM 2"	1	2 × 1 (LiF, Glimmer)	
Cambridge „Geoscan"	2	2 × 3 (LiF, Quarz, Glimmer)	während des Betriebes auswechselbar, 2 Zähleinheiten
ARL „Mark II"	1—3	1—3 × 2 [LiF, NaCl; Quarz, ADP (Ge); KAP, EDdT (Bastearat)]	während des Betriebes auswechselbar, serienmäßig 1 Goniometer 1 Zähleinheit

(Die angeführten Kristalle sind selbstverständlich gegen andere austauschbar).

Wellenlängenbereich von 1,0 bis 24,7 Å immer die Möglichkeit, die günstigsten Kristalle auszuwählen. In Tabelle 5 sind für einige Geräte die derzeitige Zahl der Spektrometer und die verwendeten Kristalle angeführt.

Über die Leistungsfähigkeit eines Spektrometers geben u. a. zwei einfach zu bestimmende Größen einen guten Überblick, das Auflösungsvermögen und das Signal-Hintergrundverhältnis.

Tabelle 6.

Element und Linie	Kristall	Wellenlänge [A]	$\Delta\lambda$ [A]	$\frac{\Delta\lambda}{\lambda}\cdot 10^{-3}$
Mg $K\alpha_{1,2}$	Glimmer	9,9	0,0099	1,0
Al $K\alpha_{1,2}$	Glimmer	8,3	0,0083	1,0
Mo $L\alpha_{1,2}$	Glimmer	5,4	0,0162	3,0
Ti $K\alpha_{1,2}$	Quarz	2,74	0,0033	1,2
Fe $K\alpha_{1,2}$	Quarz	1,93	0,0033	1,7
Cu $K\alpha_{1,2}$	Quarz	1,54	0,0045	2,9
Fe $K\alpha_{1,2}$	LiF	1,93	0,0019	1,0
Cu $K\alpha_{1,2}$	LiF	1,54	0,0028	1,8
Au $L\alpha_{1,2}$	LiF	1,27	0,0037	3,0

Als Auflösungsvermögen wird das Verhälnis $\Delta\lambda/\lambda$ bezeichnet, wobei λ die Wellenlänge der betreffenden charakteristischen Strahlung und $\Delta\lambda$ die sogenannte „Halbwertsbreite" der registrierten Linie bedeutet. Beide Größen werden in Ångströmeinheiten gemessen. Tabelle 6 (2) gibt das Auflösungsvermögen der Spektrometer des JXA-3 für einige Elemente und verschiedene Kristalle wieder. Abb. 42 zeigt eine Schreiberaufnahme (2) zu seiner Bestimmung. Am Beispiel der Titan-$K\alpha$-Linie wurde ein Auflösungsvermögen von $1{,}2 \cdot 10^{-3}$ gefunden. Die Zahlen für das Auflösungsvermögen liegen fast immer im Bereiche von $1 \cdot 10^{-3}$ bis $3 \cdot 10^{-3}$.

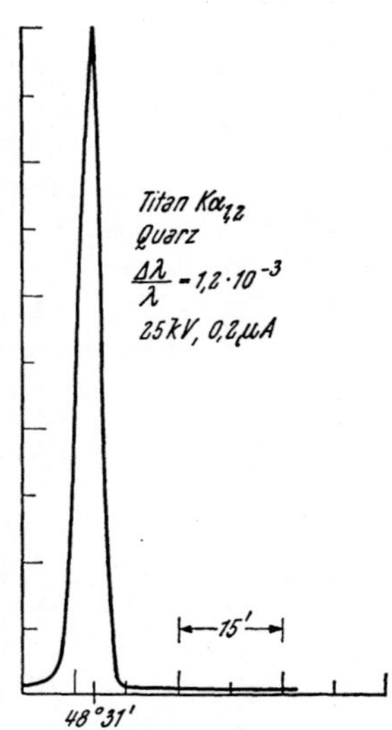

Abb. 42. Bestimmung des Auflösungsvermögens (2).

Das Signal-Hintergrundverhältnis, definiert durch den Quotienten aus gemessener Impulszahl im Linienmaximum (S) und der Impulszahl des Hintergrundes (N), läßt ebenfalls Rückschlüsse auf die Güte des Spektrometers und seiner Kristalle zu. Je sorgfältiger ein Kristall hergestellt (Krümmen und Schleifen) und ausgewählt wird, desto besser wird auch das Signal-Hintergrundverhältnis sein, da weniger Streustrahlung vom Kristall in den Detektor gelangen kann. Fehlerhaft gebogene und geschliffene Kristalle weisen wesentlich größere Halbwertsbreiten und schlechtere Signal-Hintergrundverhältnisse auf. Ein hoher Hintergrund verschlechtert auch die Empfindlichkeit des Spektrometers, denn bei großen Hintergrundintensitäten verschwindet das Linienmaximum bereits bei größeren Elementkonzentrationen in den Schwankungen des Untergrundes. Eine entscheidende Verbesserung des Signal-Hintergrundverhältnisses kann durch Impulshöhendiskriminierung erreicht werden, dabei sinkt jedoch auch die nutzbare Gesamtintensität.

Tabelle 7 (2) zeigt z. B. die mit dem JXA-3 bei 25 kV routinemäßig erreichbaren S/N-Verhältnisse bei integraler und differentieller Impulshöhendiskriminierung. Wenn auch die Impulszahlen für das Elementsignal bei integraler

Tabelle 7.

Linie		Kristall	Integrale Messung		Differentielle Messung	
			S/N	$(S^2/N \cdot i) \cdot 10^5$ [c/min · μA]	S/N	$(S^2/N \cdot i) \cdot 10^5$ [c/min · μA]
Mg	Kα	Glimmer	202	152	1350	301
Al	Kα	Glimmer	280	375	2400	1780
Si	Kα	Glimmer	620	2610	2000	2520
Ti	Kα	Quarz	1150	13390	2988	13410
Cr	Kα	Quarz	850	18200	2060	8250
		LiF	1040	13050	2730	11050
Mn	Kα	Quarz	710	15250	1600	9700
		LiF	1015	14620	1230	9030
Fe	Kα	Quarz	615	13350	1806	19250
		LiF	1000	16850	1740	8550
Co	Kα	Quarz	625	15250	1160	6850
		LiF	730	12120	1740	10700
Ni	Kα	Quarz	568	12500	665	3340
		LiF	610	10500	1600	10650
Cu	Kα	Quarz	245	3100	555	2300
		LiF	570	7750	1280	7600
W	Lα	Quarz	90	1008	—	—
		LiF	116	954	—	—
Au	Lα	LiF	71	444	91	139

Messung höher sind, so ist ebenso das Hintergrundsignal wesentlich höher als bei differentieller Messung; hingegen ist das S/N-Verhältnis bei differentieller Messung günstiger. Tabelle 8 gibt eine kurze Gegenüberstellung der mit den verschiedenen Geräten erzielbaren S/N-Verhältnisse. Die angegebenen Impulsraten sind auf 1 μA absorbierten Strahlstrom und 1 Minute Meßdauer bezogen, als Antikathodenmaterial dienten jeweils die Reinstmetallstandards. Unter diesen Voraussetzungen können die Werte untereinander sofort verglichen werden. Auf die Bedeutung des in der letzten Spalte angeführten S^2/N-Verhältnisses bzw. der „Gütezahl" wird im Kapitel „Erfassungsgrenze" noch näher eingegangen werden.

Tabelle 8.

Linie		Gerät		kV	Kristall	S [c/min]	N [c/min]	S/N	$(S^2/N \cdot i) \cdot 10^5$ [c/min · μA]
Mg	Kα	JXA-3	*i*	25	Glimmer	75300	373	202	152
			d	25	Glimmer	22300	16	1350	301
		Cameca	*d*	25	Glimmer	676000	1350	500	3380
		ARL	*d*	30	4″ R-KAP	21300000	34200	624	133000
Al	Kα	JXA-3	*i*	25	Glimmer	134300	479	280	375
			d	25	Glimmer	74100	31	2400	1780
		Cameca	*d*	25	Glimmer	1025000	1655	620	1720
		ARL	*d*	30	4″ R-KAP	22800000	48000	475	99000
Ti	Kα	JXA-3	*i*	25	Quarz	1163000	1013	1150	13390
			d	25	Quarz	449000	150	2988	13410
		Cameca	*d*	25	Quarz 1011	2700000	2190	1230	33300
		ARL	*d*	30	4″ R-LiF	33180000	65500	505	17500

(Fortsetzung der Tabelle 8)

Linie	Gerät		kV	Kristall	S [c/min]	N [c/min]	S/N	$(S^2/N \cdot i) \cdot 10^6$ [c/min · μA]
Cr Kα	JXA-3	*i*	25	Quarz	2140000	2490	850	18200
		d	25	Quarz	410000	194	2060	8250
	Cameca	*d*	25	Quarz 1011	6620000	6750	980	65000
	ARL		—	—	—	—	—	—
Fe Kα	JXA-3	*i*	25	LiF	1685000	1685	1000	15850
		d	25	LiF	493000	283	1740	8550
		i	25	Quarz	2170000	3550	615	13350
		d	25	Quarz	1045000	565	1806	19250
	Cameca	*d*	25	Quarz 1011	8750000	9640	910	79700
	ARL	*d*	30	4″ R-LiF	36780000	85000	432	159000
Cu Kα	JXA-3	*i*	25	LiF	1362000	2360	570	7750
		d	25	LiF	594000	465	1280	7600
		i	25	Quarz	1232000	5040	245	3100
		d	25	Quarz	414000	740	555	2300
	Cameca	*d*	25	Quarz 1011	9680000	15400	630	61000
W Lα	JXA-3	*i*	25	Quarz	1119000	12480	90	1008
		d	25	Quarz	145000	1440	101	146
	Cameca	*d*	25	Quarz 1021	550000	5500	100	550

Cameca (MS 46), ARL } laut Angabe der Firmen — *i* = integrale Messung, *d* = differentielle Messung

c) Vergleich einiger Geräte.

Zusammenfassend sind in Tabelle 9 für fünf verschiedene Gerätetypen die serienmäßige Ausrüstung und einige charakteristische Merkmale (nach Angaben der Herstellerfirmen, 1964) angeführt.

3. Bedingungen zur Bestimmung der Elemente mit Ordnungszahlen unter 12.

Während die Wellenlängen der K- und L-Serien der Elemente 12 bis 92 im Bereiche von 0,7 bis 10 Å liegen, besitzt die $K\alpha$-Strahlung von Kohlenstoff bereits eine Wellenlänge von 44 Å. Die Schwierigkeiten bei der Analyse der leichten Elemente liegen nun in der Dispersion und Messung derart langwelliger Strahlungen. An Dispersions- und Detektorsysteme müssen höchste Ansprüche hinsichtlich Empfindlichkeit gestellt werden, um die Anregungsspannung gering halten zu können (8 kV und weniger) und um sowohl eine gute Auflösung zu erzielen als auch den Hintergrund durch kontinuierliche Strahlung möglichst gering zu halten.

Zwei Methoden sind zur Trennung und Messung der langwelligen Strahlung der leichten Elemente entwickelt worden:

1. Auftrennung mittels nichtdispersiver Systeme. { Analyse des Summenspektrums / Synthese des Summenspektrums
2. Auftrennung mittels dispersiver Systeme.

1. Die nichtdispersiven Systeme trennen die von der Probe emittierte Strahlung nur durch Impulshöhenanalyse unter Verwendung speziell konstruierter Proportionalzählrohre, die möglichst nahe der Probenoberfläche angebracht sind.

Tabelle 9.

	„JXA-3" v. Jeol (Japan)	Cameca „MS 46" (1964)
I. Elektronenoptik:	alle Geräte besitzen zwei magnetische Linsen	
A. Anregungsspannung	10—50 kV	2—40 kV, kontinuierlich regelbar (alt: 10—35 kV, diskontinuierlich)
B. Strahldurchmesser	1 μm aufwärts	0,2—300 μm
II. Probenraum:		
A. Maximale Probengröße	10 × 8 mm (2 Stück) 25 × 25 mm möglich	1 Stück 112 mm ⌀ und 15 mm hoch oder 2 Stück 25 mm ⌀ (alt: 8 × 8 mm)
B. Mögliche Bewegungsrichtungen	$X \perp Y$	$X \perp Y$
C. Länge der linearen Bewegung	25 × 25 mm	50 × 20 mm (alt: 24 × 14 mm)
D. Rotation	0—360°	—
E. Mechanisches Scanning	1 und 2 μm/min 10 und 20 μm/min 150 und 200 μm/min	2,5, 5, 10, 15, 20 μm/min
F. Reproduzierbarkeit der Bewegung	besser als 1 μm	Totgang geringer als 4 μm (alt: keine Angaben)
III. Röntgenoptik:		
1. Spektrometerzahl	2	4 (alt: 2)
2. Gesamtwellenlängenbereich	0,77—12,7 Å (Na—U)	0,7—12 Å
3. Kristallart	gebogen, vollfokussierend	gebogen, geschliffen, vollfokussierend
4. Radius Rowlandkreis	250 mm	250 mm
5. Kristalle	Glimmer, Quarz, LiF, während des Betriebes auswechselbar	Quarz (1120) nicht (1011) austausch- (1010) bar Glimmer oder Gips (alt: Glimmer, Quarz)
6. Arbeitsweise	Luft oder Vakuum	Vakuum oder Luft
7. Goniometerscanning	2, 1, 1/2, 1/8°/min	Geschwindigkeit wie Probenscanning
8. Abnahmewinkel	15° (neu: 20°)	20° (alt: 16°)
9. Detektoren	2 Gasdurchflußzähler 2 Szintillationszähler	Proportionalzählrohr Gasdurchflußzählrohr

ARL „Mark II“	Cambridge „Geoscan“	AEI „SEM 2“
1—50 kV 2—30 kV*	4—50 kV	5—50 kV
0,3—300 μm 2—3000 μm*	0,5 μm aufwärts	0,25—700 μm
8 Stück 1″ ⌀ × 11/16″ 4 Stück 1½″ ⌀, 1″ Dicke* 1 Stück 3½″ ⌀, 1½″ Dicke*	bis 4,5 × 8 × 1 cm	½ × ½″ bis ½ × 1″
$X \perp Y$	$X \perp Y$, manuell oder mit Servomotor	$X \perp Y$
0,4 × 0,4″ 1½″*	0,25 × 0,25″	—
0—360° in Analysenstellung (auch*)	0—180° in 10°-Stufen	—
2, 8, 96 μm/min 4, 16, 192 μm/min* Diskontinuierlich in 2 bis 20 umschritten*	3—30 μm	möglich
zirka 1 μm	—	—
1—3 2*	1—2	1
0,36—24 (90) Å 1—93 Å*	1—17 Å	0,5—12 Å
gebogen, geschliffen, vollfokussierend	gebogen, geschliffen, vollfokussierend	gebogen, geschliffen, vollfokussierend
4 oder 11″	250 mm	250 mm
zahlreiche Kristalle erhältlich (Glimmer, LiF, Quarz, ADP, KAP, EDdT, Ba-stearat) auswechselbar sowie Ge, NaCl*	Glimmer, Quarz, LiF, im Betrieb auswechselbar	Glimmer, LiF wechselbar
Vakuum	Vakuum	Vakuum oder Luft
0,1 und 0,02 Å/min	⅛, ¼, ½°/min	5, 1, 0,2, 0,4°/min
52,5°	75° (alt 20°)	30°
Exatron (Prop.) Multitron (nicht Prop.)	1 Gasdurchflußzähler (Ar-CO_2) 1 geschl. Proportionalzähler	Durchflußzähler oder Szintillationszähler

* Änderungen im neuen ARL-Gerät „AMX“ 1965 gegenüber „Mark II“.

(Fortsetzung der Tabelle 9.)

	„JXA-3" v. Jeol (Japan)	Cameca „MS 46" (1964)
IV. Lichtoptisches System:	direkte Betrachtungsmöglichkeit während der	
1. Auflösung	besser als 1 μm	0,7 μm
2. Vergrößerung	400 ×	400 ×
V. Scanningsystem:	elektronisch	halbelektronisch, elektronisch (alt: mechanisch)
1. Scanningfläche	bei 25 kV: 330 × 330 μm 180 × 180 μm 90 × 90 μm	100, 200, 300 μm im Quadrat
2. Vergrößerung	300, 600, 1200 ×	200—400 ×
3. Möglichkeiten	2 Röntgenbilder 1 Absorberbild 1 Rückstreubild Bild- und Linienscanning Punktverstellung	Bild Röntgen- oder Rückstrahlbild

Mit Hilfe einer Methode zur Impulshöhenanalyse der Strahlung eng benachbarter Elemente nach DOLBY (14, 15) ist es möglich, nach Justierung der Impulshöhenanalysatoren durch Aufnahme des Spektrums der Reinkomponenten die als Summe gemessenen Intensitäten von Silicium, Aluminium und Magnesium aufzutrennen und gesondert zu bestimmen. Obwohl die drei verschiedenen Linien nur als ein einziges Intensitätsmaximum registriert werden, ist die genaue Form dieser aus den drei Komponenten zusammengesetzten Summenkurve nur durch die relativen Intensitäten dieser drei Komponenten bestimmt. Es genügt nun, an drei geeigneten Stellen dieser Summenkurve die Intensitäten zu messen und daraus die von den einzelnen Komponenten gelieferten Beiträge zu bestimmen. Mit Hilfe eines Analogcomputers können die dazu nötigen Rechenoperationen rasch durchgeführt werden. Die so ermittelten Intensitätswerte können auf dem Bildschirm einer Kathodenstrahlröhre sichtbar gemacht werden, und man erhält auf diese Weise ein Scanningbild der untersuchten Probe. MELFORD und DUNCUMB (39) konnten mit einer ähnlichen Methode die Verteilung von Graphitlamellen in Gußeisen im Scanningbild sichtbar machen. Der Kohlenstoffgehalt liegt jedoch für diese Graphitlamellen bei 100%, jener der meisten Metallcarbide aber nur im Bereich von 10%. Erst wenn es gelingt, auch diese niedrigen Kohlenstoffgehalte mit genügend guter Genauigkeit quantitativ zu erfassen, ist diese Analysentechnik von allgemeinem Interesse.

Der bereits erwähnte Phasenintegrator (S. 32) und das „Concentration mapping" nach HEINRICH (23) können auch hier wertvolle Dienste leisten. Die Funktion des Phasenintegrators ist kurz folgende: Wenn eine Probe, in der auch mehrere Phasen mit unterschiedlicher Konzentration eines kennzeichnenden Elementes enthalten sind, entlang einer Linie mit dem Elektronenstrahl abge-

ARL „Mark II“	Cambridge „Geoscan“	AEI „SEM 2“
Analyse gegeben	Keine direkte Betrachtung während der Analyse	
zirka 1 μm	zirka 1 μm	1 μm
280× Standard 580× möglich 100—1050×*	Einokular 600, 240, 160, 64×	100—400×
elektronisch 40—200 μm im Quadrat* bei 30 kV: 360, 180, 90, 45 μm im Quadrat	elektronisch bei 20 kV bis 2000 μm	elektronisch Scanningplatten drehbar
220, 440, 880, 1760× 62, 124, 248, 495, 990, 1980×*	10 kV 40—1300× 30 kV 70—2300×	100—10000×
Bild Röntgen- oder Rückstrahlbild IBM-Datenschreiber* Programmierungsmöglichkeit (s. S. 59)*	Röntgen- oder Rückstreubild Bild- und Linienscanning Punktverstellung	Röntgen- oder Absorberbild Bild- und Linienscanning Punktverstellung

* Änderungen im neuen ARL-Gerät „AMX“ 1965 gegenüber „Mark II“.

tastet wird, treten am Mittelwertmesser (ratemeter) des Röntgenmeßplatzes Sprünge auf, die der Anzahl der in den einzelnen Phasen angeregten Röntgenquanten proportional sind. Wird diese Spannung als Funktion der Abtastzeit, die wiederum einer bestimmten Abtastlänge auf der Probe entspricht, dargestellt, so erhält man ein Bild des Konzentrationsverlaufes für das gewählte Element längs der Abtastlinie. Mit Hilfe eines Diskriminatorkreises war es möglich, durch zwei kontinuierlich regelbare Schwellen einen gewünschten Spannungsbereich auszuwählen, der einem bestimmten Konzentrationsbereich eines Elementes entspricht. Befindet sich die gemessene Spannung innerhalb des eingestellten Schwellwertbereiches, so kann sie den Diskriminator passieren, ist jedoch die Spannung unter oder über dem Schwellwert, bleibt der Diskriminatorkreis gesperrt. Die am Ausgang des Diskriminators auftretende Spannung wird zum Öffnen eines Schaltkreises benutzt, der die Impulse konstanter Frequenz in eine Zähleinheit einfließen läßt. Die Messung des Phasenintegrators ist also die Zählung der Impulse konstanter Frequenz während der Zeit, in der sich der Elektronenstrahl bei der Analyse auf der zu messenden Phase befindet. Aus dem Verhältnis dieser Zeit zur Gesamtanalysendauer läßt sich sofort der Anteil der gesuchten Phase berechnen. Beim Übergang von der Linearanalyse zur Flächenanalyse mit Hilfe einer Scanning-Einrichtung erhält man den gesuchten Flächenanteil.

Duncumb (18) benützt die umgekehrte Methode, indem er das erhaltene Summenspektrum nicht mittels Impulshöhendiskriminierung analysiert, sondern dieselbe Summenkurve aus den Kurven der Reinstkomponenten synthetisiert. Die Impulshöhenverteilung der Strahlung der unbekannten Probe wird auf ein mehrspuriges Magnetband gespeichert, ebenso die Impulsverteilung der Strahlungen der Reinstkomponenten. Durch Mischung dieser wird dann die von der Probe erhaltene Summenkurve synthetisiert. Diese Methode arbeitet zwar etwas langsamer als die Methode von DOLBY, hat aber den Vorteil, daß nicht nur drei Punkte der Summenkurve der unbekannten Probe mit den Reinstkomponenten verglichen werden, sondern die gesamte Kurve. Die Fehlermöglichkeiten werden geringer, unbekannte Komponenten in der Probe können rascher und besser erkannt werden.

2. Für die Analyse der leichten Elemente mittels dispersiver Systeme war die Entwicklung geeigneter Beugungskristalle und Zählrohrfenster nötig. Die schließlich zur Messung benutzten Intensitäten sind bei dispersiven Systemen wesentlich geringer als bei den nichtdispersiven, da durch Beugung am Kristall und Absorption im Zählrohrfenster große Intensitätsverluste auftreten.

Mit KAP*-Kristallen überstreicht man den Wellenlängenbereich von Si K_α bis O K_α (13), mit Bariumstearat den Bereich von N K_α und B K_α.

Mit KAP-Kristallen und einem Zählrohrfenster aus 6 μm dicker Mylarfolie konnten nicht nur einwandfreie Scanningbilder von in Meteoriten eingeschlossenen Graphitpartikeln (= 100% C) erhalten werden, sondern auch ebenso gute Kohlenstoffscanningbilder der Kohenitphase von Eisenmeteoriten, die nur 6,7% Kohlenstoff enthalten. In einem Steinmeteorit war ein einwandfreies Sauerstoffscanning der Enstatitphase mit 47,8% Sauerstoffgehalt möglich (13).

Da die Zahl der leicht erhältlichen Kristalle ständig im Steigen begriffen ist, scheint es nur eine Frage der Weiterentwicklung der Kristallhalter und Detektoranbringung zu sein, ob für jedes analytische Problem die geeignete Auswahl getroffen werden kann. Für das ARL-Gerät Mark II wurde z. B. die in Tabelle 10 zusammengefaßte Kombination vorgeschlagen, womit der Wellenbereich von 1 bis 100 Å überdeckt werden kann und nunmehr auch Elemente mit Ordnungszahlen unter 12 der Analyse zugänglich sind.

Tabelle 10.

Spektrometer	Kristall*	Wellenlängenbereich [A]	Begründung
1	LiF	1,00— 3,77	sehr gutes Verhältnis zwischen In-
	NaCl	1,41— 5,29	tensität und Auflösung
2	Ge oder	1,62— 6,11	beste Auflösung für $n = 2$**
	SiO_2 (011)	1,67— 6,26	beste Auflösung für $n = 3$ und 4**
	ADP	2,66—10,00	großer Wellenlängenbereich
3	KAP	6,57—24,76	für Bereich SiK_α bis OK_α
	Bariumstearat***	25,00—93,00	für Bereich NK_α bis BK_α

* Alle Kristalle vom Typ Johannson für Fokussierungskreis $r = 10$ cm.
** Ordnung des Spektrums.
*** Kristalltyp Johann, Fokussierungskreis $r = 10$ cm.

Die Tabelle 11 zeigt die Impulszahlen bei Verwendung eines Einschichtkristalls aus Bariumstearat sowie eines KAP-Kristalls und eines Zählrohrs mit besonders dünnen Fenstern. Ein ARL-Standardproportionalzählrohr wurde so abgeändert, daß es ein unterstütztes 2000 Å dickes Fenster aus Nitrocellulose hatte. Das ARL-Impulsverstärker- und Diskriminatorsystem wurde so justiert, daß maximale Signal-Hintergrundverhältnisse erzielt wurden. Sämtliche Zählraten wurden auf 0,1 μA absorbierten Strahlstrom bei 5 kV als Standard bezogen. Der Hintergrund wurde auf beiden Seiten der Linie in einem Abstand von drei

* Saures Kaliumphthalat.

Halbwertsbreiten der Linie gemessen. Während der üblichen Zählzeit von 10 Sekunden trat auf der Probe kein verunreinigter Fleck aus Kohlenstoff auf. Die Empfindlichkeit (limit of detection) kann natürlich bei Verlängerung der Zählzeit auf 100 Sekunden verbessert werden, da keine Verschmutzungseffekte des analysierten Flecks während 2 bis 3 Minuten merkbar werden.

Tabelle 11.

Element*	Wellenlänge Å	Probe	Kristall**	Tatsächliche Ips	$\frac{S_0}{N}$	Standardisierte*** Ips	$\frac{S_0}{N}$
Na	11,909	NaCl	KAP	4800	358	12200	910
F.......	18,307	LiF	KAP	667	221	910	302
O	23,707	$MgSiO_3$	KAP	105	65	220	136
N	31,603	BN	Bariumstearat	70	27	124	47
C	44	Graphit	Bariumstearat	430	62	430	62
B	67	BN	Bariumstearat	145	47	333	109

* Anregungsspannung: 5 kV; absorbierter Strahlstrom: 0,1 μA; Detektor: Durchflußzählrohr mit Nitrozellulosefenster; Zählgas: P-10 bei 150 Torr; Blendenweite: 0,25 mm.

** Fokussierungskreis: $R = 10$ cm.

*** Ergebnisse bezogen auf eine Konzentration von 100%.

Duncumb und Melford (19) konnten unter Verwendung von Bariumstearatkristallen und durch Zuhilfenahme der Monte-Carlo-Rechnung einen Beitrag zur quantitativen Analyse von Elementen der Ordnungszahlen unter 12, insbesondere von Kohlenstoff in Eisen sowie von Kohlenstoff in Titannitriden und Carbonitriden, leisten. Es sei aber auch hier darauf hingewiesen, daß die genannten Autoren über die Unsicherheit der Massenabsorptionskoeffizienten klagen.

4. Mikrodiffraktion (Beugungserscheinungen).

Es war naheliegend, den feingebündelten und mit hoher oder niedriger Energie versehenen Elektronenstrahl, der ja die wesentlichen Eigenschaften einer Welle besitzt, sowohl zur üblichen Beugung beim Durchgang durch dünne Schichten als auch zur Beugung und Reflexion bei dicken Probeschichten zu verwenden. Aus der Natur der Elektronenstrahlen ergeben sich aber von vornherein Schwierigkeiten, die im Gegensatz zu den Röntgenstrahlen schon von der leichteren Absorbierbarkeit herrühren. Beim Durchgang von Elektronenstrahlen durch genügend dünne Proben wird man ein der Röntgenbeugung gleiches oder ähnliches Muster erhalten. Bei der Durchstrahlung von Kristallen erhält man „Laue-Diagramme", bei Durchstrahlung dünner Metallfolien mit Elektronen einheitlicher Geschwindigkeit erhält man Beugungsringe, wie sie mit Röntgenstrahlen an Kristallpulvern erhalten werden, und diese geben — da ein Metall meist aus regellos angeordneten Kriställchen besteht — ebenfalls einen Einblick in den

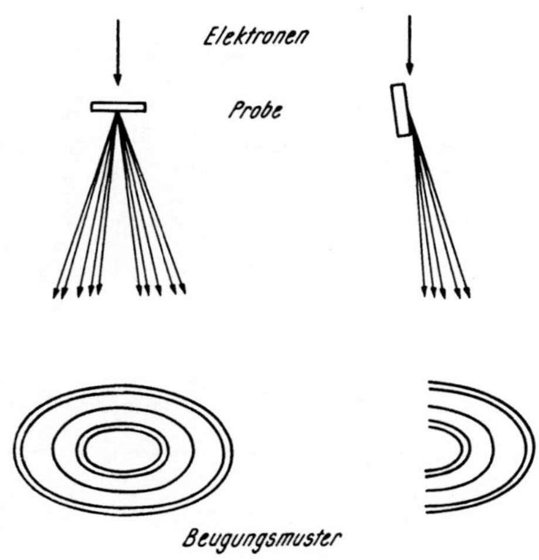

Abb. 43. Mikrodiffraktion (schematisch) (3).

kristallinen Aufbau im kleinsten Bereich. In Zukunft wird wahrscheinlich dieser Technik mehr Beachtung als bisher geschenkt werden müssen. Abb. 43 (3) zeigt schematisch die Vorgänge.

Wird aber an Stelle des Elektronenstrahls die ebenfalls über ein Target (Standardprobe) erzeugbare Röntgenstrahlung zur Untersuchung herangezogen, so können damit wie üblich Einkristall- oder Pulveraufnahmen gemacht werden.

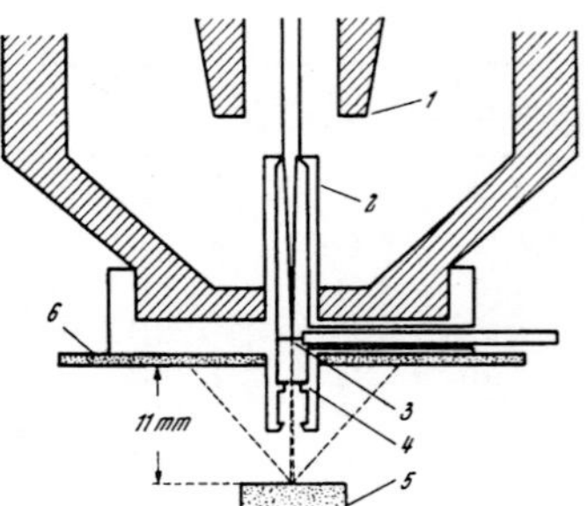

Abb. 44. Mikrodiffraktion nach ICHINOKAWA und UYEDA (25).

ICHINOKAWA und UYEDA (25) haben einen Elektronenstrahl-Mikroanalysator der Firma Akashi u. Co. mit dem in Abb. 44 gezeigten Zusatz verwendet. Das Wesentliche dabei ist ein dünnes Kupfer- oder Wolframtarget (hier nicht im Sinne einer „Probe" zu verstehen), das zwischen Probe und zweiter Fokussierungslinse 1 in Form eines dünnen Plättchens 3 angebracht wird. Der Elektronenstrahl wird auf das Target fokussiert und die daraus austretenden Röntgenstrahlen gehen durch ein als Blende dienendes Loch von 10 μm Durchmesser 4 und treffen auf die Probe 5 auf. Der auf die Probe auftreffende Röntgenstrahl hat etwa 20 μm Durchmesser. In einer Entfernung von 11 mm fällt das zurückgestrahlte Diffraktionsmuster auf den Film 6.

a) Kossellinien.

Die auf Arbeiten von KIKUCHI (26) aufbauenden Arbeiten von KOSSEL (29, 30, 31) erlangen nunmehr erneut große Bedeutung, da nach CASTAING (7), HANNEMAN, OGILVIE und MODRZEJEVSKI (22), und MORRIS (41) der Elektronenstrahl-Mikroanalysator die Anwendung der Kosseltechnik sehr gut zuläßt (35).

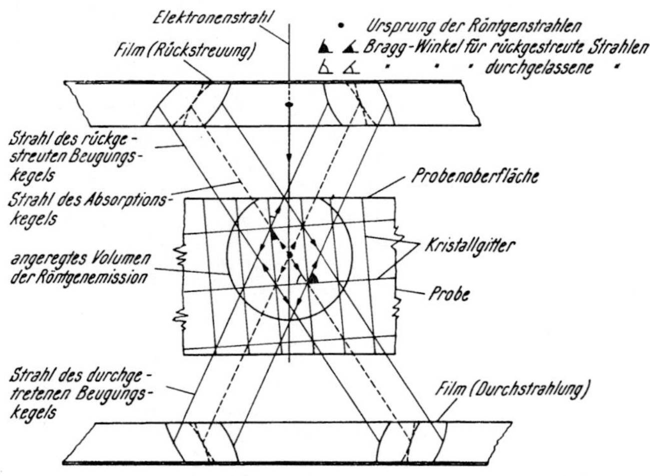

Abb. 45. Entstehung der Kossellinien.

Ein Versuch zur Erklärung ist nach (13) in Abb. 45 dargestellt. Bei der Kombination eines sehr schematisierten zweidimensionalen Querschnitts durch einen Kristall mit der perspektivischen Darstellung zweier schräggestellter Filmplatten wurde etwas zeichnerische Freiheit verwendet, ebenso bei der Annahme komplementärer Reflexionswinkel in den Gitterpunkten. Auf Winkelkorrekturen bezüglich der Wellenlänge und der verschiedenen Reflexionsordnungen wurde verzichtet. Der die Probenoberfläche treffende Elektronenstrahl regt ein im wesentlichen kugelförmiges Gebiet an, aus dem dann in alle Raumrichtungen Röntgenstrahlen emittiert werden. Von einem Ursprungspunkt innerhalb dieses angeregten Gebietes treffen Röntgenstrahlen in verschiedenen Winkeln die Kristallebenen und ergeben Reflexionskegel, wenn die Braggsche Beziehung erfüllt ist. Absorptionskegel werden von den Strahlen gebildet, die nicht reflektiert wurden und den Kristall durchstrahlten. Diese Kegel schneiden die Filmplatten je nach Reflexions- oder Durchstrahlungsmethode in verschiedenen Winkeln und erzeugen am Film so die „Kossellinien". Um eine möglichst vollkommene Kosselfigur zu erreichen, müßte der Film sphärisch um den Kristall angeordnet sein. Praktischer ist jedoch ein flacher Film, der zur Probenoberfläche parallel ist; man erhält dann eine gnomonische Projektion der Kosselfiguren.

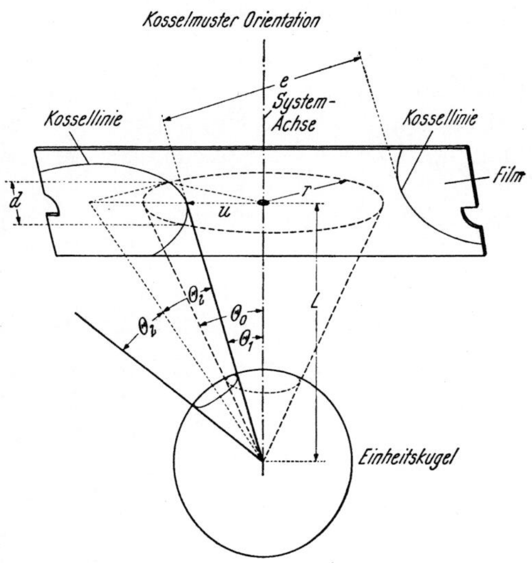

Abb. 46. Zuordnung der Millerschen Indizes.

Die meisten Arbeitsmethoden für Kossellinien mit Hilfe von Mikrosonden wurden für die Durchstrahlungstechnik entwickelt, wobei die optimale Dicke der untersuchten Probe von 6 bis $200 \cdot 10^{-3}$ mm begrenzt ist. Die Dicke der Probe muß sorgfältig so gewählt werden, daß maximale Kontraste am Film bei tragbaren Belichtungszeiten erhalten werden. Die häufigsten Belichtungszeiten liegen im Bereich von 10 bis 15 Minuten, doch wurden laut verschiedenen Berichten auch Zeiten von 1 bis 120 Minuten verwendet (41). Im Gegensatz dazu liegen die Belichtungszeiten mit einer Kamera für Reflexionsaufnahmen zwischen 20 und 60 Sekunden. Eine solche Kamera macht auch die heikle Präparation der dünnen Proben überflüssig.

Die Bestimmung der Orientierung und der Gitterkonstanten einzelner Kristalle ist die wichtigste Anwendung der Kosseltechnik. Untersuchungen von Kristalldeformationen durch hohe Temperaturen und Druck wurden erfolgreich durchgeführt (41). Die Interpretation der Kosselaufnahme erfordert das Indizieren und Zuordnen der Linien sowie die Bestimmung der Gitterkonstanten. Die Methode der reziproken Indizes, die stereographische Projektion (37, 41) sowie die Verwendung des Wulffschen Netzes sind dafür wertvolle Hilfsmittel. Das Hauptproblem der Indizierung einer Kosselaufnahme ist die Bestimmung der Achsen der verschiedenen Kegel und der Zusammenhang dieser Achsenrichtungen mit den Normalen auf die verschiedenen Lagen der Ebenen im Kristall. In Abb. 46 wurde versucht, eine Methode der Zuordnung von Millerschen Indizes zu Kossellinien zu erklären. Es ist eine Methode, die von Wittry (50) hauptsächlich für kubische Systeme vorgeschlagen wurde und welche die Überführung der Ergebnisse in eine stereographische Projektion vermeidet und wirkliche Gitterkonstanten verwendet. Die gnomonische Projektion eines Brechungskegels mit einem halben Öffnungswinkel von θ_2 schneidet einen konstruierten Kreis vom Radius r. Die Strecken u und d können direkt am Film oder von der Vergrößerung der Aufnahme abgelesen werden. Da der Abstand L (Probe—Film) genau gemessen und später z. B. auch durch eine Kalibrierung mittels der projizierten Abstände der charakteristischen K_α- und K_β-Linie verifiziert werden kann, lassen sich die Winkel θ_0 und θ_1 leicht bestimmen. Die Dreiecke aus den Bestimmungsstücken u, r und d werden auf die Oberfläche der Einheitskugel unter Verwendung des bekannten Abstandes L (Film—Probe) projiziert. Die daraus resultierenden sphärischen Dreiecke können mittels der sphärischen Trigonometrie definiert werden, und daraus läßt sich der halbe Öffnungswinkel θ_2 des Brechungskegels ermitteln. Da θ_2 gleichzeitig das Komplement des Braggschen Winkels und $2 \cos \theta_2 = \frac{\lambda}{d}$ ist, ist es möglich, die berechneten Werte mit den zu erwartenden Werten aus Tabellen mit angegebenen Quadratsummen der Millerschen Indizes zu vergleichen. Außerdem ist Voraussetzung, daß die charakteristischen Wellenlängen bekannt sind oder mittels der Spektrometer bestimmt wurden. Wurden die Kossellinien nun erst einmal indiziert, kann die Strecke a gemessen werden, um den Winkel zwischen zwei geeigneten Brechungskegeln zu bestimmen. Dies ist eine genauere Prüfung für die θ-Werte und die Bestimmung der Gitterkonstanten.

5. Mikro-Röntgenabsorptionsmessungen.

Gerade ein Elektronenstrahl-Mikroanalysator mit seinen im Probehalter eingebauten vielen, oft als Reinstelemente vorliegenden Standard- und Vergleichsproben ist für die Zwecke der Röntgenabsorptionsmessung hervorragend geeignet, da diese Standards, unter den Elektronenstrahl gebracht, jede gewünschte leicht zu „reinigende“ monochromatische Röntgenstrahlung zu erzeugen gestatten. Dergestalt wird also jeder Standard zur Antikathode einer „Mikroröntgenröhre“. Das Prinzip der absorptiometrischen Bestimmung eines Elementes y in einer chemischen Verbindung oder in einer Mischung mit anderen Elementen zeigt Abb. 47 (33). Die ausgezogene Kurve gibt den Massenabsorptionskoeffizienten des Elementes y an, der eine Absorptionskante im Wellenlängenbereich zwischen λ_1 und λ_2 hat. Die strichpunktierte Kurve gibt den zusammengesetzten Massenabsorptionskoeffizienten der restlichen Elemente r wieder.

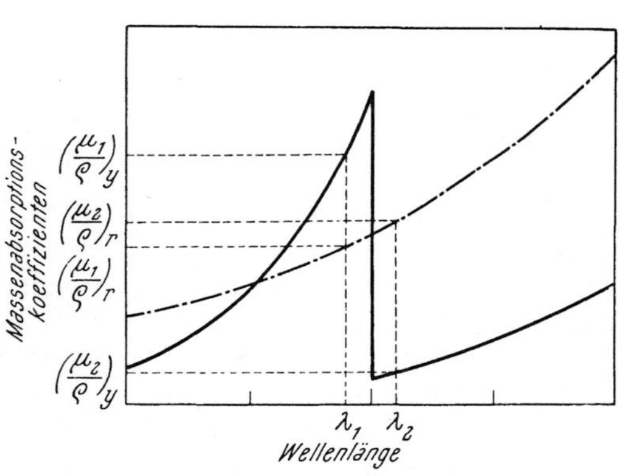

Abb. 47. Prinzip der Analyse mittels Röntgenabsorptionsmessung.

Wenn monochromatische Röntgenstrahlen mit der Wellenlänge λ_1 und der Intensität I_{01} auf den Gegenstand auftreffen, ist die Intensität I_{11} der durchgelassenen Röntgenstrahlen durch

$$I_{11} = I_{01} \exp \left[- \left(\frac{\mu_1}{\varrho} \right)_y m_y - \left(\frac{\mu_1}{\varrho} \right)_r m_r \right] \tag{3.1}$$

gegeben, wobei m_y und m_r die Gewichte pro Flächeneinheit $[g \cdot \mathrm{cm}^{-2}]$ von y und r darstellen. Eine analoge Gleichung wird für Röntgenstrahlen der Wellenlänge λ_2 erhalten:

$$I_{12} = I_{02} \exp \left[-\left(\frac{\mu_2}{\varrho}\right)_y m_y - \left(\frac{\mu_2}{\varrho}\right)_r m_r \right]. \tag{3.2}$$

Wenn m_r in diesen Gleichungen eliminiert wird, kommen wir zu der Formel

$$m_y = \frac{\log \frac{I_{01}}{I_{11}} - \left[\frac{\left(\frac{\mu_1}{\varrho}\right)_r}{\left(\frac{\mu_2}{\varrho}\right)_r} \right] \cdot \log \frac{I_{02}}{I_{12}}}{\left(\frac{\mu_1}{\varrho}\right)_y - \left(\frac{\mu_2}{\varrho}\right)_y \cdot \left[\frac{\left(\frac{\mu_1}{\varrho}\right)_r}{\left(\frac{\mu_2}{\varrho}\right)_r} \right]}. \tag{3.3}$$

Die Intensitäten der Röntgenstrahlen I_{01}, I_{11}, I_{02} und I_{12} werden experimentell bestimmt und die Werte für $\left(\frac{\mu_1}{\varrho}\right)_y$ und $\left(\frac{\mu_2}{\varrho}\right)_y$ aus Tabellen entnommen. Wenn die beiden Wellenlängen λ_1 und λ_2 nahe beieinander liegen, kann der restliche Faktor $\frac{\left(\frac{\mu_1}{\varrho}\right)_r}{\left(\frac{\mu_2}{\varrho}\right)_r}$ durch $(\lambda_1/\lambda_2)\, f(Z\, \lambda_{1,2})$ ersetzt werden, wobei der Exponent einen Wert nahe 3 hat. Der systematische Fehler, der hauptsächlich durch die Fehler bei den Werten des Massenabsorptionskoeffizienten verursacht wird, liegt in der Größenordnung von 2 bis 3%.

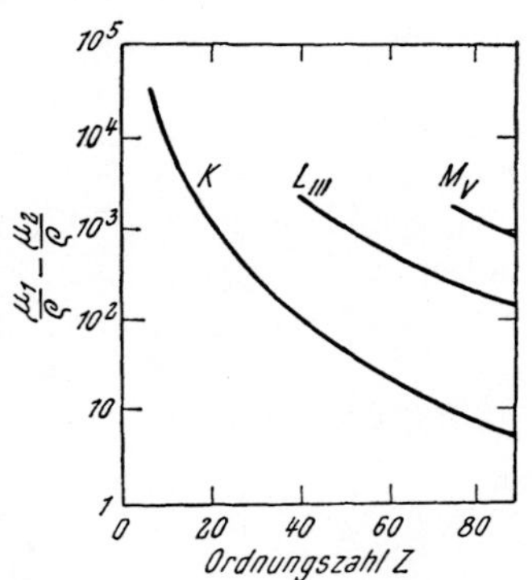

Abb. 48. Unterschied der Massenabsorptionskoeffizienten an den K-, L- und M-Absorptionskanten.

Die Empfindlichkeit der Methode steigt mit der Differenz $(\mu_1/\varrho)_y - (\mu_2/\varrho)_y$; dies ist die absolute Höhe der Absorptionskante. In Abb. 48 sind die Höhen der K-, L_{III}- und M_V-Absorptionskanten als Funktion der Atomnummer des Elementes y dargestellt. Da die Höhen mit fallender Atomnummer und außerdem von der K-Kante zur L_{III}-Kante steigen, ist die Empfindlichkeit für Elemente mit niederer Atomnummer, deren Absorptionskanten im weichen und ultraweichen Wellenlängenbereich liegen, höher. Der kleinste bestimmbare Betrag eines Elementes hängt daher von der Atomnummer und besonders stark von der Genauigkeit ab, mit der die Röntgenstrahlintensitäten bestimmt werden können.

Eingehende Untersuchungen über die Genauigkeit und Empfindlichkeit von Elementaranalysen mit Röntgenstrahlabsorption haben Lindström (1955) (33) und Engström (1962) [laut (33)] beschrieben.

Im Wellenlängenbereich bis zu ungefähr 10 Å werden monochromatische Röntgenstrahlen durch Bragg-Reflexion an einem Kristall wie Quarz oder Glimmer erhalten. Um möglichst hohe Intensitäten monochromatischer Röntgenstrahlen zu erhalten, ist es von Vorteil, die charakteristischen Emissionslinien sowie zylindrisch gebogene Kristalle zu verwenden, also Verhältnisse, wie sie bei der Elektronenstrahl-Mikroanalyse vorliegen. Verwendet man Röntgenemissionslinien auf jeder Seite der Absorptionskante und so nahe der Kante als möglich, so werden mit monochromatischen Röntgenstrahlen von der Wellenlänge λ_1 und λ_2 Kontaktmikroradiogramme aufgenommen (vgl. Abb. 47). Für

Kodak-Photoplatten mit hoher Auflösung ist die Schwärzung der photographischen Emulsion eine lineare Funktion der auftreffenden Röntgenstrahlintensität bis zu einer Schwärzung von ungefähr 0,6 im Wellenlängenbereich unter 6 Å. Bei der Verwendung eines geeigneten Röntgenstrahlentwicklers ist es deshalb möglich, die Verwendung eines Bezugssystems zu umgehen, da die Röntgenstrahlintensitäten direkt durch Mikrophotometrie bestimmt werden können. Eine eingehende Beschreibung des Gerätes und der Methode der Elementaranalyse unter Verwendung der Kontaktmikroradiographie wurde von Lindström (1955) (33) gegeben.

Bei der Kontaktmikroradiographie kann direkte Fluoreszenz im Objekt sekundär zum Absorptionsvorgang die Ergebnisse beeinflussen. Es wurde gezeigt (Hoh und Lindström, 1959) (33), daß in totalen Trockengewichtsbestimmungen Rückstrahlung vollständig zu vernachlässigen ist. Bei Elementaranalysen kann direkte Fluoreszenz die Ergebnisse beeinflussen. Es war jedoch möglich, geeignete Korrekturen zu berechnen, die relativ unabhängig von der Zusammensetzung und der Dicke der Proben sind.

Malissa und Kandler (38) zeigten, daß bei einfachster Versuchsanordnung zumindest das Gerät der Firma JEOL-JXA 3 zur Röntgenabsorptionsmessung eingesetzt werden kann. Dabei wurden direkt am Fenster des Austrittspaltes auf der nicht evakuierten Seite des Spektrometers Küvetten aus Kupfer bzw. Plexiglas mit Mylarfenstern und Schichtlängen von 1 bis 6 mm (Fassungsvermögen etwa 0,2 bis 1,5 ml) mit den entsprechenden Lösungen angebracht. Es konnte eine ausgezeichnete lineare Abhängigkeit der Röntgenstrahlenabsorption von der Konzentration gefunden werden. An Stelle von Küvetten können auch beschichtete Metallfolien oder erstarrte dünngeschliffene Schmelzen als Träger des oder der zu analysierenden Elemente verwendet werden.

6. Kathodenlumineszenz.

Wenn sich in einer Verbindung oder in einem Werkstoff — oder in Mineralen — bestimmte (Spuren-)Elemente als sogenannte „Aktivatoren“ befinden, so kommt es beim Elektronenbombardement zu einer sichtbaren Fluoreszenz, der sogenannten Kathodenlumineszenz (36). Dieser Vorgang wird oft zum Justieren und Fokussieren des Elektronenstrahls herangezogen, wobei ein bedampfter Rubin als Target dient und die auftretende rotviolette Lumineszenz durch das Lichtmikroskop beobachtet wird.

Zur Zeit wird dieses Phänomen analytisch noch kaum ausgewertet, gibt aber doch wertvolle zusätzliche Informationen in Form von Farberscheinungen, wie z. B. Abb. 49 zeigt. Langner (32) gibt Auswertungsmöglichkeiten an, doch liegen noch sehr wenig Daten vor. Garlick (21) befaßt sich bereits mit der Kinetik und den Aussagemöglichkeiten der Lumineszenzerscheinungen.

7. Röntgenmikroskopie.

Langner (32) gibt einen ausführlichen Überblick über die Informationskapazität der Röntgenstrahlmikroskopie und legt sie zwischen Licht- und Elektronenmikroskopie.

Wie bereits auf S. 45 erwähnt, beschrieben Cosslett und Nixon (10, 11) die Verwendung des Elektronenstrahls zur Projektions-Röntgenmikroskopie. Der Vorgang ist kurz folgender: Elektronen werden beim Durchgang durch eine

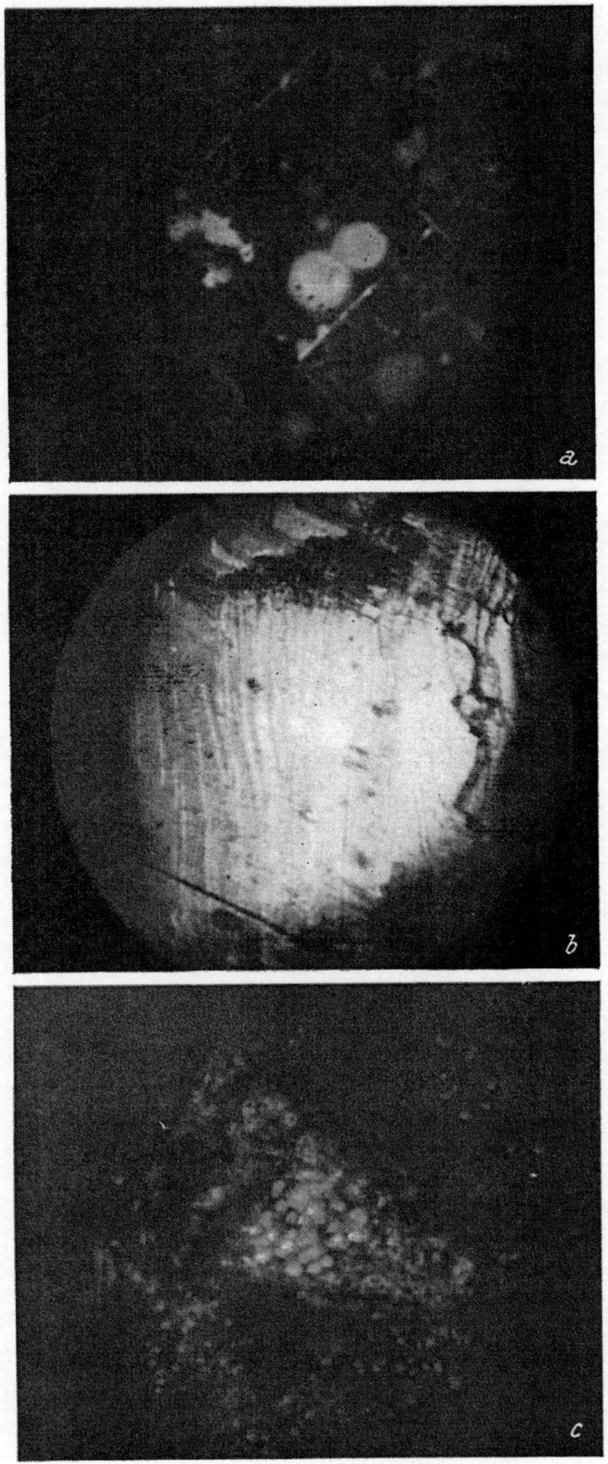

Abb. 49. Kathodenlumineszenz. *a* Rubin, *b* CdS, *c* Kohlenstoff (Diamant).

dünne Metallfolie (Target) in Röntgenstrahlen einheitlicher Wellenlänge umgewandelt. Wenn die genügend dünne Untersuchungsprobe nun knapp hinter das Targetmaterial gebracht wird, so erscheint auf dem hinter der Probe angebrachten Film die Projektion nach den Gesetzen der Röntgenabsorption, ein sogenanntes radiographisches Bild der Probe. Das heißt, es werden z. B. die in den Korngrenzen gegebenenfalls angereicherten relativ schwereren Metalle als dunkle Stellen auftreten.

Daß sich ein Elektronenstrahl-Mikroanalysator auch zur Röntgenmikroskopie eignet, liegt auf der Hand und konnte, wie bereits auf S. 46 erwähnt, erwiesen werden.

Literatur.

(1) ARDENNE, M. von, Naturwiss. **27**, 485 (1939). — (2) ARLT, H. H., Diss., T. H. Wien, 1964.

(3) BIRKS, L. S., Electron Probe Microanalysis. New York-London: Interscience. 1963. S. 170. — (4) BIRKS, L. S., u. E. J. BROOKS, Rev. Sci. Instr. **28**, 709 (1957). — (5) BOROVSKIJ, I. B., Problemy Metalurgii. Moskau: Akad. d. Wiss. d. USSR. 1953, S. 135. — (6) BOROVSKIJ, I. B., u. N. P. ILJIN, Zavod. Lab. **10**, 1234 (1957).

(7) CASTAING, R., Diss., Univ. Paris, 1951; O. N. E. R. A. Publ. Nr. 55. — (8) CASTAING, R., u. A. GUNIER, Proc. 1st Intern. Conf. on Electron Microscopy, Delft 1949. Delft: Martinus Nijhoff. 1950, S. 60. — (9) CASTAING, R., Laboratories **17**, 7 (1956). — (10) COSSLETT, V. E., Proc. 3rd Intern. Symp. X-Ray Optics and X-Ray Microanalysis, Stanford, USA, 1962. New York-London: Academic Press. 1963, S. 1. — (11) COSSLETT, V. E., u. W. C. NIXON, Nature (London) **168**, 24 (1951). — (12) COSSLETT, V. E., u. P. DUNCUMB, Nature (London) **177**, 1172 (1956).

(13) DAVIDSON, E. W., E. FOWLER, H. NEUHAUS u. W. B. SHEQUEN, Pittsburgh Conf. on Analytical Chemistry and Applied Spectroscopy, 1964, Vortrag Nr. 188; Electron Probe Symposium, Electrochemical Society, Washington D. C., Oktober 1964. — (14) DOLBY, R. M., Proc. Phys. Soc. **73**, 81 (1959). — (15) DOLBY, R. M., u. V. E. COSSLETT, wie (10), S. 351. — (16) DUNCUMB, P., Brit. J. Appl. Physics **10**, 420 (1959). — (17) DUNCUMB, P., u. D. A. MELFORD, Proc. 2nd Intern. Conf. on X-Ray Microscopy and X-Ray Microanalysis, Stockholm 1959. Amsterdam: Elsevier. 1960, S. 358. — (18) DUNCUMB, P., wie (10), S. 431. — (19) DUNCUMB, P., u. D. A. MELFORD, Tube Investments Research Lab., Cambridge, Technical Rep. No. 195. Sept. 1965.

(20) ENGSTRÖM, A., Acta Radiol. Suppl. **63**, (1946).

(21) GARLICK, G. F. J., Brit. J. Appl. Physics **13**, 541 (1963).

(22) HANNEMAN, R. E., R. E. OGILVIE u. A. MODRZEJEWSKI, J. Appl. Physics **33**, 1429 (1962). — (23) HEINRICH, K. F. J., Rev. Sci. Instr. **33**, 884 (1962). — (24) HILLIER, J., US Patent Nr. 2418029.

(25) ICHINOKAWA, T., u. R. UYEDA, wie (10), S. 255.

(26) KIKUCHI, S., Proc. Japan Acad. **4**, 534 (1928). — (27) KIMOTO, S., u. H. HASHIMOTO, wie (13), Vortrag Nr. 189. — (28) KIMOTO, S., H. HASHIMOTO u. W. HERT, Mikrochim. Acta [Wien] **1965**, 471. — (29) KOSSEL, W., u. H. VOGES, Ann. Physik **23**, 677 (1935). — (30) KOSSEL, W., Ann. Physik **25**, 512 (1936). — (31) KOSSEL, W., u. H. VOGES, Ann. Physik **26**, 533 (1936).

(32) LANGNER, G., wie (17), S. 31. — (33) LINDSTRÖM, B., wie (10), S. 19. — (34) LONG, J. V. P., J. Sci. Instr. **35**, 323 (1958). — (35) LONG, J. V. P., wie (10), S. 292. — (36) LONG, J. V. P., wie (10), S. 288. — (37) LONSDALE, K., Phil. Trans. Royal Soc. (London) **240**, 219 (1947).

(38) MALISSA, H., u. W. KANDLER, Mikrochim. Acta [Wien] **1966** (in Druck). — (39) MELFORD, D. A., u. P. DUNCUMB, Metallurgia **61**, 205 (1960). — (40) MITSCHE, R., u. H. J. DICHTL, Mikrochim. Acta [Wien] **1965**, 503. — (41) MORRIS, W. B., Master Thesis, Massachusetts Institute of Technology, 1963. — (42) MOSELEY, H., Phil. Mag. (4) **26**, 1024 (1913). — (43) MOSELEY, H., ibidem (4) **27**, 703 (1914). — (44) MULVEY, T., J. Sci. Instr. **36**, 350 (1959). — (45) MULVEY, T., Sci. Rev. Met. **56/2**, 163 (1959).

(46) REGLER, F., Mikrochim. Acta [Wien] **1955**, 213, 671.

(47) SHIRAI, S., u. A. ONOGUCHI, wie (10), S. 477. — (48) SWOBODA, K., R. BLÖCH u. E. PLÖCKINGER, Berg. Hüttenm. Mh. **108**, 391 (1963).

(49) WIESENBERGER, E. Mikrochim. Acta [Wien] **1957**, 527; **1960**, 946. — (50) WITTRY, D. S., Diss., Calif., Inst. Technology, 1957.

IV. Meß- und Auswerteverfahren.

1. Grundlagen.

Die Grundlagen der Messungen und der quantitativen Auswertung sind bei jedem Gerät die Impulsausbeuten bei bestimmter Stellung des oder der Spektrographen.

BIRKS (9) gibt in seinem Buch „X-Ray Spectrochemical Analysis" eine kleine Gegenüberstellung über die noch nachweisbaren absoluten Elementmengen und zeigt, daß für die Röntgenfluoreszenzanalyse unter Verwendung flacher Analysatorkristalle die Nachweisgrenze bei 10^{-6} g, bei gekrümmten Kristallen bei 10^{-8} g und bei der Elektronenstrahl-Mikroanalyse bei 10^{-14} g liegt. Derartige, vorwiegend größenordnungsmäßige, Angaben hängen natürlich sehr stark von der Entwicklung der Meßtechnik und ihrer Geräte ab, setzen aber auch eine Konstanz der Meßbedingungen voraus. Daher sei hier auf diese Frage und auf die Bedeutung der Erfassungs- bzw. Nachweisgrenze eingegangen.

a) Konstanz der Meßbedingungen.

Es ist unmöglich, alle zahlreichen, die Messung beeinflussenden Parameter wie Konstanz der Hochspannungsversorgung der Elektronenkanone und der Zählrohre, überhaupt die Stabilität der Elektronik einzeln routinemäßig zu überprüfen. Einen Hinweis auf das einwandfreie Arbeiten des Gerätes gibt jedoch die Überprüfung der Konstanz des Strahlstroms und des Strahldurchmessers. Beides sind Größen, die ebenfalls von der Gesamtstabilität und Arbeitsweise der Elektronik direkt abhängen.

α) Konstanz des Strahlstroms.

Die Messung der Konstanz des Strahlstroms wird durch Kurzzeitversuche von 10 Minuten und Langzeitversuche von einer Stunde Dauer durchgeführt. Der Strahlstrom wird mittels eines in den Strahlengang gebrachten Faradayschen Käfigs, der an ein Präzisionsmikroamperemeter der Güteklasse 1 angeschlossen ist, gemessen und gleichzeitig mit einem Schreiber registriert. Da die Stabilität des Strahlstroms allein aber keine signifikante Meßgröße ist, muß simultan dazu auch immer der Durchmesser des Strahles gemessen werden, da nur so wenigstens annäherungsweise über die erfaßte Fläche bzw. das analysierte Volumen Aussagen gemacht werden dürfen.

Aus diesen Meßwerten ergibt sich die Stabilität des Gerätes, und die gemessenen Durchmesser vor und nach den Messungen des Strahlstroms müssen innerhalb der für die Durchmesserbestimmung zu fordernden Genauigkeit von $\pm 10\%$ liegen. Für die Strahlstromstärke sollte in den meisten Fällen überhaupt keine Abweichung feststellbar sein.

β) Methoden zur Messung des Strahldurchmessers.

Die Ermittlung des Durchmessers des Elektronenstrahls kann nach drei verschiedenen Methoden erfolgen.

1. Eine Methode besteht darin, den Elektronenstrahl über eine scharfe Phasengrenze zweier verschiedener Metalle zu bewegen. Abb. 50 zeigt das Prinzip dieser Methode.

Der Elektronenstrahl bewegt sich über die Phasengrenze des Metallpaares Kupfer—Nickel. Die dabei emittierte Kupfer- oder Nickel-K_α-Strahlung wird registriert und auf einen Schreiber gegeben. Aus der Entfernung minimaler und maximaler Emission der charakteristischen Strahlung kann der Durchmesser des Gebietes ermittelt werden, aus dem Röntgenstrahlung emittiert wird. Dieses Gebiet ist auf jeden Fall größer als der wahre Durchmesser des Strahls.

Auf dieselbe Weise kann die Intensität der rückgestreuten Elektronen beim Übergang über die Phasengrenze registriert werden. Der so erhaltene Durchmesser kommt dem wahren Durchmesser wesentlich näher, ist aber auch noch zu groß.

2. Der Elektronenstrahl kann mittels eines scharfkantigen Blechs unterbrochen werden, wobei man den Schatten dieser Blechkante auf einem Leuchtschirm beobachtet (Schneidenmethode) (13). Aus der Mindestbewegung dieser Kante bis zur völligen Abdunkelung des Strahls ist dessen Durchmesser errechenbar. Statt dieser Blechkante ist zum Verdunkeln des Strahls auch ein Draht von bekanntem Durchmesser verwendbar. Abb. 51 zeigt das Prinzip der Schneidenmethode.

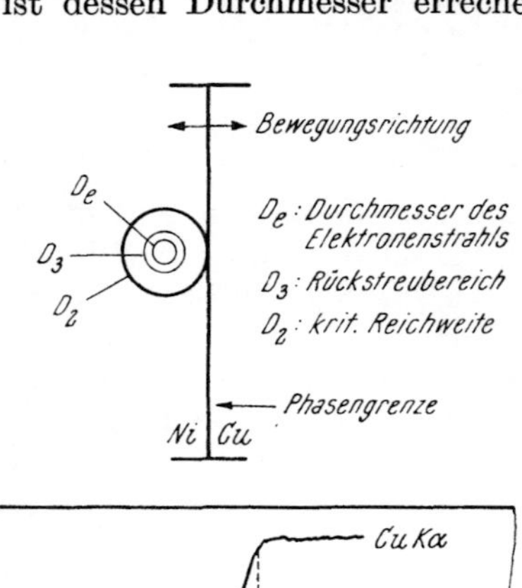

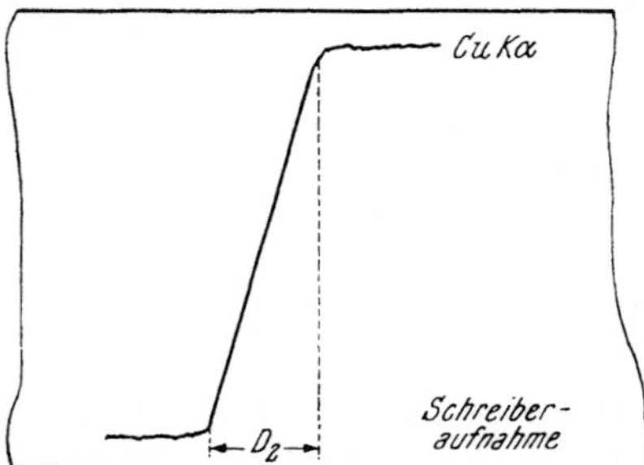

Abb. 50. Bestimmung des Durchmessers des Elektronenstrahls.

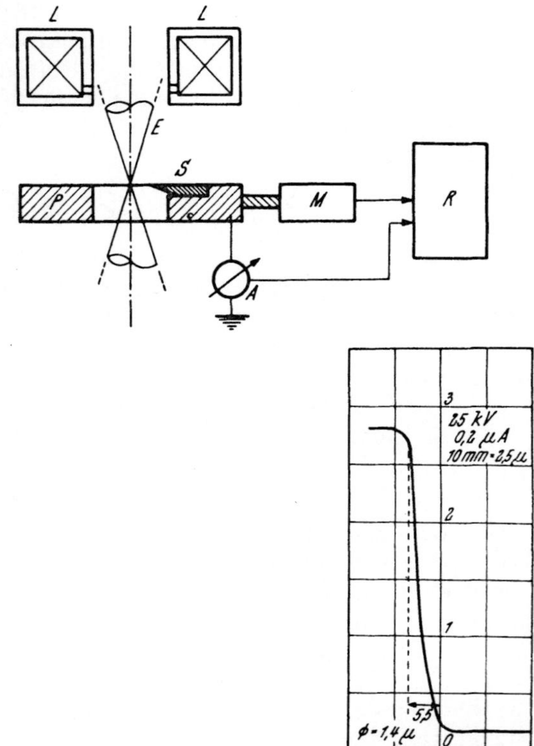

Abb. 51. Prinzip der Schneidenmethode und Schreiberdiagramm. *A* Amperemeter, *E* Elektronenstrahl, *L* elektromagnetische Linsen, *M* Motor, *P* Probenhälter, *R* Schreiber, *S* Schneide.

Die Schneide (*S*) wird durch einen Servomotor (*M*) mit bekannter Geschwindigkeit gegen den Strahl (*E*) hin bewegt. Am Schreiber (*R*) wird gleichzeitig die Intensität der von der Schneide (Kante) absorbierten Elektronen aufgezeichnet. Aus den bekannten Vorschubgeschwindigkeiten für Schneide und Registrierpapier kann der Durchmesser des Strahls dann graphisch ermittelt werden. Bei dieser Methode kommt es insbesondere darauf an, daß sich die Schneide (z. B. eine unmagnetische Rasierklinge) genau in der Höhe des Auftreffpunkts des Elektronenstrahls auf die Probe befindet. Nur so kann bei der Messung der wahre, minimale Durchmesser des Strahls gemessen werden. Dies geschieht durch genaues Fokussieren des lichtoptischen Mikroskops auf die Schneidenkante. Da das Mikroskop meist eine sehr geringe Tiefenschärfe von etwa 1 μm hat, ist der bei der Fokussierung entstehende Fehler gering. Die Kontrolle darüber wird so durchgeführt, daß das Mikroskop genau auf die Schneidenkante fokussiert wird, so daß die optimale Bildschärfe erreicht wird. Darauf wird um bestimmte Beträge einmal in die $+Z$- und einmal in die $-Z$-Richtung fokussiert, so daß der Durchmesser einmal oberhalb des eigentlichen Auftreffpunktes und einmal unterhalb davon gemessen wird. Abb. 52 zeigt, daß eine Fehleinstellung des optischen Mikroskops in der positiven Z-Richtung bis zu 20 μm keinen größeren Einfluß auf den Meßwert hat; die erhaltenen Werte liegen innerhalb der Grenze von $\pm 10\%$, die üblicherweise für die Durchmesserbestimmung gefordert wird (4). Wird aber ein Fehler in der Fokussierung des Mikroskops in Richtung zu tief gemacht, so führen selbst geringe Abweichungen zu beträchtlichen Fehlresultaten. Die geringe Tiefenschärfe des lichtoptischen Mikroskops erlaubt aber leicht das genaue Einjustieren der Schneide, wodurch Fehlmessungen vermieden werden können.

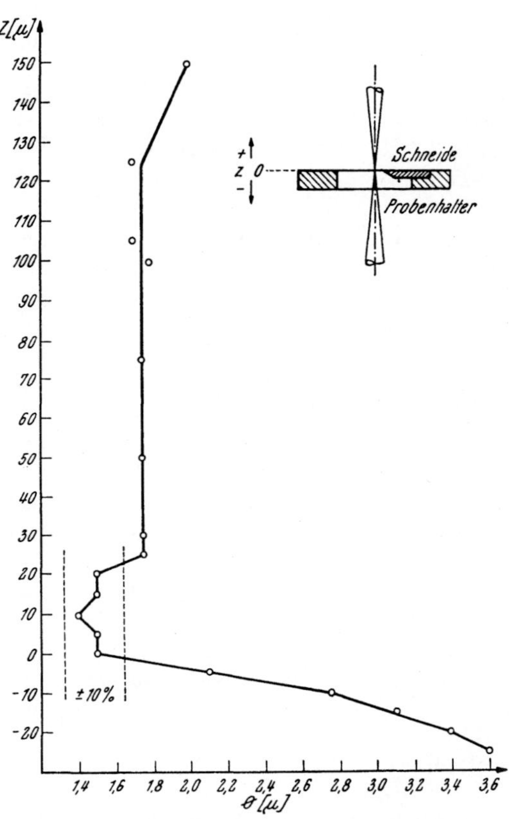

Abb. 52. Abhängigkeit des gemessenen Strahldurchmessers von der Schneidenposition (4).

3. Die einfachste und schnellste Methode zur Durchmesserbestimmung ist zweifellos das Ausmessen des „verunreinigten Flecks" auf der Probenoberfläche. Dieser entsteht auf der Probenoberfläche bei Elektronenbeschuß mehr oder weniger rasch in Abhängigkeit von der Beschaffenheit der Probe, des Strahlstroms und der vorhandenen Verunreinigungen. Verursacht wird diese Erscheinung durch die Polymerisation der stets an der Probenoberfläche adsorbierten organischen Substanzen durch den Elektronenbeschuß. Allein durch die Verwendung von Öl in den Diffusionspumpen ist das Vorhandensein von Spuren organischer Stoffe im elektronenoptischen System stets gegeben. Die Ausbildung dieses Flecks kann durch Erhitzen der Probe auf 250° C oder auch durch Kühlen der Probe verhindert werden. Nicht alle Proben vertragen aber eine derartige Erwärmung, ohne daß bereits Veränderungen in der Struktur der Probe auftreten. Eine Kühlung stößt rein apparativ auf Schwierigkeiten, da der meist sehr kleine frei verfügbare Raum um die Probe die Anbringung dieser Kühlung in der Regel unmöglich macht.

Castaing (16) schlägt zur Entfernung bzw. zur Verhinderung der Ausbildung einer solchen Verunreinigung vor, während des Elektronenbeschusses auf den Auftreffpunkt der Elektronen einen feinen Luftstrom zu leiten. Mulvey (33) schlägt dafür einen Sauerstoffstrahl vor. Durch diese Maßnahmen wird jedoch das Vakuum im elektronenoptischen System stark verschlechtert. Das hat sowohl eine vergrößerte Absorption langwelliger Strahlung als auch eine wesentlich verkürzte Lebenszeit der Wolframkathode zur Folge. In letzter Zeit ist es gelungen, durch Kühlen der Probe die Ausbildung dieser Kohlenstoffschichte zu verlangsamen. Denselben Effekt erreicht man durch Bestrahlen der Probe mit Laserstrahlen (22).

In den meisten Fällen stört jedoch diese Kohlenstoffschichte die Analyse nicht, sie ist vielmehr recht nützlich, da man sofort den Auftreffpunkt des Elektronenstrahls auf der Probenoberfläche erkennen kann und dadurch der Analysenpunkt festgelegt ist.

Störend kann die Kohlenstoffschichte jedoch werden, wenn die verwendete Anregungsspannung nahe der kritischen Anregungsspannung der Analysenlinie liegt, was dann der Fall ist, wenn wegen eines verbesserten Auflösungsvermögens die Spannung und dadurch die Eindringtiefe der Elektronen verringert werden muß. Auch wenn mehrere Elemente an derselben Stelle bestimmt werden müssen, kann sich bereits eine Absorption der längerwelligen Strahlungen störend bemerkbar machen. In diesem Falle müssen dann die Elemente mit niedrigen Ordnungszahlen zuerst bestimmt werden.

Schließlich verhindert diese abgelagerte Kohlenstoffschicht sowohl die qualitative als auch die quantitative Bestimmung des Kohlenstoffs in der Analysenprobe selbst.

Wird nun der Durchmesser des Elektronenstrahls durch das Ausmessen des „verunreinigten Flecks“ bestimmt, so können besonders bei kleinen Strahldurchmessern beträchtliche Fehler auftreten, da sich der Fleck während der Bestrahlung weiter ausbreitet.

Um die Größe dieses Fehlers genauer kennenzulernen, hat ARLT (4) die Abhängigkeit des Durchmessers des „verunreinigten Flecks“ von den verschiedenen Analysenbedingungen, wie Anregungsspannung, Strahlstrom, Bestrahlungsdauer und Targetmaterial, untersucht. Als Targetmaterial dienten Kupfer und Chrom, die jeweils als Reinstmetallstandard vorlagen. Die Bestrahlungszeiten waren für Kupfer 1 und 2 Minuten, für Chrom 2 und 4 Minuten, da nach einer Bestrahlungsdauer von einer Minute auf Chrom überhaupt noch keine Verunreinigung festzustellen war.

Die Durchmesser wurden einmal nach der Schneidenmethode gemessen und zum anderen mit einem Okularmikrometer die erzeugten „verunreinigten Flecken“ im Mikroskop ausgemessen. Die Messung der Stromstärke des Strahlstroms erfolgte mit einem in den Strahlengang gebrachten Faradayschen Käfig.

Aus Abb. 53 ist zu entnehmen, daß besonders bei kleinen Strahldurchmessern das Ausmessen des „verunreinigten Flecks“ zu großen Fehlern führt. In diesen Diagrammen ist das Verhältnis der nach den beiden Methoden erhaltenen Durchmesserwerte zu dem mittels der Schneidenmethode ermittelten aufgetragen. Bei größeren Durchmessern verringert sich der Unterschied zwar stark, doch beträgt der Fehler noch immer bis zu 60%.

Der Einfluß der Bestrahlungszeiten ist praktisch zu vernachlässigen, denn es sind keine Unterschiede in den Durchmessern von „verunreinigten Flecken“ zu bemerken. Der Einfluß der Strahlstromstärke ist nur bei höheren Anregungsspannungen deutlicher ausgeprägt, bei 15 kV Spannung ist praktisch kein Unterschied wahrnehmbar.

Da die Ursache der Ausbildung des „verunreinigten Flecks“ Polymerisationsvorgänge organischer Verunreinigungen sind, die teils an der Probenoberfläche adsorbiert sind, teils aus den vom Pumpenöl stammenden, im elektronenoptischen

System stets vorhandenen organischen Dämpfen herrühren, ist leicht verständlich, daß die Polymerisation um so rascher fortschreitet, je höher die Stromdichte am Auftreffpunkt des Elektronenstrahls ist. Im Falle des Elektronenbeschusses sehr kleiner Flächen tritt außerdem noch ein künstlicher Zustrom organischer Substanz auf diese Fläche hinzu (16). Daher wird bei kleinem Elektronenstrahldurchmesser und infolgedessen hoher Stromdichte der „verunreinigte Fleck“ sich stärker und rascher ausbreiten als bei niederen Stromdichten.

Durch thermische Effekte wird das Auftreten und die Vergrößerung des „verunreinigten Flecks“ kaum verursacht, obwohl durch die kleinen Durchmesser und die relativ großen Strahlströme die Elektronendichte am Auftreffpunkt

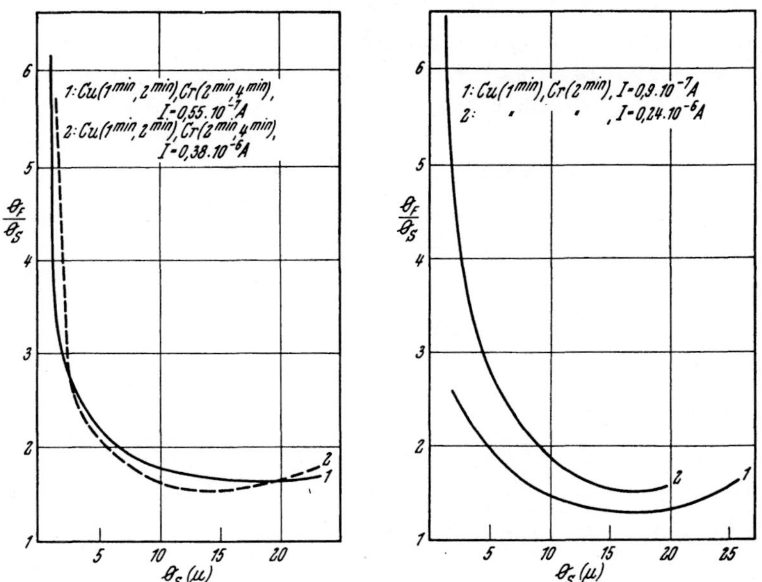

Abb. 53. Vergleich Brennfleck- und Schneidenmethode (4).

bedeutend größer ist als die Elektronendichte auf der Oberfläche der üblichen Röntgenröhren, bei denen die Antikathoden bereits gekühlt werden müssen. Castaing (15) konnte jedoch beweisen, daß für kleine bestrahlte Flächen die Kühlung durch Wärmeableitung in das übrige Probenmaterial völlig ausreichend ist. Unter der Annahme, daß der Elektronenstrahl ein halbkugelförmiges Gebiet von demselben Durchmesser wie der Elektronenstrahl thermisch beeinflußt (ein Durchmesser, der wesentlich zu klein angenommen wurde, der in Wirklichkeit auftretende Temperatureffekt muß also kleiner sein), berechnete Castaing für eine massive Kupferprobe bei 30 kV Anregungsspannung und 0,47 μA Strahlstrom eine Erwärmung der gesamten Probe um weniger als 18° C. Ist das Probenmaterial jedoch thermisch isolierend (im Falle nichtmetallischer Proben), können an der Probe leicht (thermische) Schäden auftreten, wie dies Abb. 21 zeigt, besonders wenn die Bestimmung eines in nur geringen Konzentrationen vorkommenden Elementes die Anwendung hoher Stromdichten erfordert. In diesen Fällen wird die Probe mit einer dünnen leitenden Schichte überzogen (durch Aufdampfen von Metall oder Kohlenstoff), die sowohl den Zweck hat, die thermische Leitfähigkeit zu erhöhen, als auch die Probenoberfläche auf konstantem Potential zu halten, indem elektrostatische Ladungen abgeführt werden.

Noch günstiger liegen die Temperaturverhältnisse bei dünnen metallischen Proben für Durchstrahlungsaufnahmen: bei diesen Proben beträgt die Erwärmung durch den Elektronenbeschuß unter den gleichen Bedingungen wie oben nur zirka 7° C. Es ist daher praktisch unmöglich, daß die Probe im allgemeinen durch den Elektronenstrahl überhitzt werden könnte oder Veränderungen erfährt, die sie für die durchzuführende chemische Analyse unbrauchbar macht. Am Auftreffpunkt selbst aber können die Temperaturverhältnisse ganz anders sein, und es liegt wahrscheinlich zur Zeit nur am „Auflösungsvermögen", bezogen auf Probe und Untersuchungstechnik, ob z. B. Gefügeänderungen wahrnehmbar sind oder nicht. Örtlich müssen aber große Temperatureinflüsse auftreten.

γ) Einfluß der Defokussierung des Strahls.

Arlt (4) hat auch vergleichende Untersuchungen an zwei Geräten durchgeführt. Die Meßbedingungen und die aus je sechs Einzelmessungen errechneten Mittelwerte sind aus Tabelle 12 zu entnehmen.

Tabelle 12.

JXA-3 Cu-Standard, 25 kV 0,38 μA				Cameca Cu-Standard, 20 kV 0,0165 μA	
Imp./60 sec	$\varnothing_S$[μm]	$\varnothing_F$[μm]	$\varnothing_{F/S}$	Imp./100 sec	$\varnothing_F$[μm]
527812	3,2	6,4	2,0	87057	1,7
533719	15,5	22,0	1,47	88009	10,4
524887	26,0	36,0	1,4	87221	19,0
509748	40,7	56,0	1,4	87320	25,0
480359	55,5	82,0	1,47	81708	36,5
449825	71,0	111,0	1,4	69200	49,0
				67600	60,7

$\varnothing_S$: Strahldurchmesser mit Schneidenmethode bestimmt.
$\varnothing_F$: Strahldurchmesser durch Ausmessen des Brennflecks ermittelt.

Man sieht daraus, daß z. B. im japanischen Gerät die Impulsausbeute bis zu Strahldurchmessern von 35 μm, im französischen Gerät bis 25 μm Durchmesser praktisch konstant bleibt. Deutlich ist auch wieder der große Unterschied zwischen Strahldurchmesser nach „Brennfleckmethode" und „Schneidenmethode" erkennbar. Um örtliche Durchschnittsanalysen zu erzielen, kann also der Strahl bis zu 35 bzw. 25 μm Durchmesser defokussiert werden. Erst bei Durchmessern über 35 bzw. 25 μm ist der Elektronenstrahl bereits derart defokussiert, daß den Rowlandbedingungen der vollfokussierenden Spektrometer nicht mehr entsprochen wird, und die Impulsraten sinken rasch ab. Eine andere Art der Defokussierung tritt durch die Ablenkung des Elektronenstrahls beim Abtasten über eine größere Probenoberfläche auf und wird auf S. 98 (Scanning) abgehandelt.

b) Begriff und Bedeutung der Erfassungsgrenze.

Gerade in der Elektronenstrahl-Mikroanalyse zeigt sich die Notwendigkeit, den Begriff der „Erfassungsgrenze", der in der gesamten Mikroanalyse bereits seit Jahrzehnten eine bedeutende Rolle spielt, klar zu definieren und anzuwenden.

Die Empfindlichkeit einer chemischen Reaktion — und um nichts anderes handelt es sich auch bei der analytischen Anwendung des Elektronenstrahls, wobei der Elektronenstrahl hier die Rolle des Reagens übernimmt, mit dem „Reaktionen" durchgeführt werden, indem eben durch Einwirkung dieses „Reagens" auf die Probe von dieser charakteristische Strahlung emittiert wird — ist ein sehr dehnbarer Begriff. Eine Reaktion kann als empfindlich bezeichnet werden, wenn entweder kleine Mengen eines Stoffes erfaßt werden können, oder wenn diese Substanz noch in großer Verdünnung nachweisbar ist, oder auch, wenn ein Stoff neben großen Mengen von Fremdstoffen erkannt werden kann.

Auf jeden Fall ist die Empfindlichkeit eine Funktion des erfaßten Volumens, der erfaßten Menge und der Intensität der auftretenden Erscheinung, die zur Messung der erfaßten Menge herangezogen wird.

Feigl (21) bzw. Schoorl (42) waren die ersten, die für jeden Teilbegriff der Empfindlichkeit eindeutige Bezeichnungen einführten:

Erfassungsgrenze für die Mengenempfindlichkeit;
Empfindlichkeitsgrenze für die Konzentrationsempfindlichkeit;
Grenzverhältnis für die Nachweisbarkeit eines Stoffes *A* neben *B*.

Besonders in der Elektronenstrahl-Mikroanalyse werden durch die verschiedenen „Matrixeffekte", wie selektive Absorption bzw. selektive Verstärkung durch Sekundärfluoreszenz der charakteristischen Strahlung eines Elementes diese Grenzverhältnisse sehr stark beeinflußt, und damit natürlich auch die Erfassungsgrenze und Empfindlichkeitsgrenze.

Feigl definiert die Erfassungsgrenze als diejenige Menge in Mikrogramm, die durch irgend eine Methode analytisch noch nachgewiesen werden kann (21).

Mehr als bei anderen analytischen Methoden tritt aber bei der Elektronenstrahl-Mikroanalyse der Einfluß der „Matrix" der in der Probe noch vorhandenen Begleitelemente hervor: es ist nicht mehr möglich, eine Erfassungsgrenze ohne Berücksichtigung dieser „Matrixeffekte" zu definieren. Man muß nun zwischen „absoluten" Erfassungsgrenzen — d. h. die Erreichung kleinster Elementmengen ohne gleichzeitiges Vorhandensein anderer Begleitelemente in der Matrix — und „relativen" Erfassungsgrenzen, bei Vorhandensein anderer Matrixelemente, unterscheiden. Die Bezeichnungen „absolute" und „relative Erfassungsgrenze" nach Malissa (32) tragen diesen Verhältnissen voll Rechnung. Hatte man z. B. bei der Bestimmung der Erfassungsgrenze in verdünnten wäßrigen Lösungen noch immer nicht ganz ideale Verhältnisse, so bietet die Elektronenstrahl-Mikroanalyse diese sehr wohl, da man hier z. B. die Erfassungsgrenze von Aluminium in einer Aluminiummatrix studieren kann und nicht etwa Aluminium in einer „Wassermatrix", wie bei naßchemischen Nachweisen.

Das spezielle Problem der Erfassungsgrenzen in der spektrochemischen Analyse liegt in der Festlegung und Definition der für die Erfassungsgrenze verantwortlichen Größen. Kaiser (25) benützt statt der Bezeichnung „Erfassungsgrenze" den Ausdruck „Nachweisgrenze", die Definitionen für beide Bezeichnungen sind jedoch die gleichen: jedesmal handelt es sich um eine Mengenempfindlichkeit im Sinne Feigls.

Bildstein (8) bezeichnet als spektralanalytische Erfassungsgrenze den Bereich, in dem sich die Analysenlinie noch deutlich vom Untergrund unterscheidet. Doch ist die Festlegung dieser einen Bedingung, daß sich die Analysenlinie noch deutlich vom Untergrund unterscheiden muß, keine eindeutige, da es dabei jedem Analytiker subjektiv überlassen bleibt, diese Grenze selbst festzulegen.

Kaiser und Specker (26) sowie Birks (9) versuchen, diese allgemeinen Angaben zahlenmäßig zu erfassen und einzuschränken; sie fordern für den sicheren Nachweis eines Elementes, daß die Differenz zwischen analytischer Meßgröße und mittlerem Blindwert um ein bestimmtes Vielfaches größer sein muß als die Standardabweichung der Blindwerte. Das heißt, bezogen auf die Spektralanalyse, daß die Intensität der Analysenlinie um ein bestimmtes Vielfaches größer sein muß als die Standardabweichung der Hintergrundmessung:

$$N_T - N_H = k \cdot \sigma_H \qquad (4.1)$$

N_T = Gesamtimpulszahl im Linienmaximum.
N_H = Impulszahl des Hintergrunds.
σ_H = Standardabweichung der Hintergrundmessung.
k = Konstante.

Der Wert der Konstanten k ist so zu wählen, daß er der geforderten Genauigkeit genügt:

$k = 1$ für 68% Sicherheit,
$k = 2$ für 95% Sicherheit,
$k = 3$ für 99,8% Sicherheit.

Da die gemessenen Impulse einer Gaußschen Normalverteilung unterliegen, ist die theoretische Standardabweichung einer Messung gleich der Wurzel aus der gemessenen Impulszahl:

$$\sigma = \pm \sqrt{N}. \tag{4.2}$$

Nach BIRKS (10), POOLE (38) und KOPINECK (28) ist die Mindestimpulszahl an der Nachweisgrenze für eine 99,8%ige Nachweissicherheit

$$N_T - N_H = 3 \cdot \sigma_H = 3 \cdot \sqrt{N_H}. \tag{4.3}$$

NEFF (34) und DÖRR (18) verwenden zur Bestimmung der Erfassungsgrenze folgende Beziehung:

$$c_g = c_x \cdot \frac{k}{\sqrt{t}} \cdot \frac{f_0}{f_x - f_0} \tag{4.4}$$

c_g = Nachweisgrenze (%).
c_x = Konzentration der Eichprobe (%).
t = Meßdauer.
k = Faktor je nach geforderter Genauigkeit.
f_x = Impulsrate der Eichprobe.
f_0 = Impulsrate der Nullprobe.

Mit der Einführung der Unterscheidungsmöglichkeit zwischen absoluter und relativer Erfassungsgrenze nach MALISSA (32) einerseits und der Möglichkeit, den Mindestunterschied zwischen Meßgröße und Blindwert (bzw. Hintergrund) zahlenmäßig auszudrücken, sind die Voraussetzungen für eine klare Bezeichnungsweise und Definition der Erfassungsgrenze in der Elektronenstrahl-Mikroanalyse gegeben.

Da der eindeutige Nachweis eines Elementes nur dann gegeben ist, wenn die gemessene Impulszahl um einen bestimmten Betrag größer ist als die gemessene Impulszahl des Hintergrundes, so muß, um mit $\sim$ 99%iger Sicherheit sein Vorhandensein feststellen zu können, nach Gl. (4.3) die gemessene Impulsrate um $3 \cdot \sqrt{N_H}$ Impulse größer sein als der gemessene Hintergrund. Da die analysierte Substanzmenge aus der Flächenbeladung und dem Elektronenstrahldurchmesser berechnet werden kann, ergibt sich für die Erfassungsgrenze EG (in Gramm) eines bestimmten Elements:

$$EG\,[\mathrm{g}] = \frac{1}{\sqrt{t}} \cdot \frac{3 \cdot \sqrt{N_H}}{N_0} \cdot F \cdot f, \tag{4.5}$$

worin N_H = Impulszahl des Hintergrundes bei $\pm x'$ vom Linienmaximum/Zeiteinheit (arithmetisches Mittel aus den Impulszahlen die auf jeder Seite des Maximums gemessen wurden).
N_0 = um den Hintergrund korrigierte Impulsrate/Zeiteinheit.
F = Flächenbeladung [g/cm^2].
f = Fläche des Brennflecks [cm^2] ($= r^2 \cdot \pi$).
t = Meßdauer [sec].

Trägt man den Logarithmus der so berechneten Erfassungsgrenze als Funktion des Logarithmus der gemessenen Impulszahlen auf (bzw. als Funktion des Logarithmus der Stromdichte, da die Impulszahlen der Stromdichte direkt proportional sind), so wäre auf Grund der Gleichung (4.5) eine Gerade der Neigung $\operatorname{tg} \alpha = -1$ ($\alpha = 135°$) zu erwarten. Bei geringeren Stromdichten ist dies auch der Fall. Bei höheren Stromdichten ergibt sich jedoch eine Neigung von $\operatorname{tg} \alpha = -\frac{1}{2}$ ($\alpha = \sim 120°$). Das läßt sich theoretisch wie folgt erklären: der gemessene Hintergrund setzt sich aus der Bremsstrahlung (N_B) und dem Zählerrauschen (N_R) zusammen. Bei wachsender Stromdichte steigt nicht nur die Maximalintensität einer Linie, sondern natürlich auch der von der Bremsstrahlung herrührende Anteil des Hintergrundes. Das Zählerrauschen bleibt jedoch konstant.

$$N_H = N_R + N_B. \tag{4.6}$$

Daraus ergibt sich die Erfassungsgrenze

$$EG = \frac{1}{\sqrt{t}} \cdot \frac{3 \cdot \sqrt{N_R + N_B}}{N_0} \cdot F \cdot f. \tag{4.7}$$

Durch Umformung erhält man daraus:

$$EG = \frac{1}{\sqrt{t}} \cdot \frac{3 \cdot \sqrt{N_0 \frac{N_B}{N_0} + N_R}}{N_0} \cdot F \cdot f. \tag{4.8}$$

Das Verhältnis Bremsstrahlung zu Gesamtimpulszahl kann für eine bestimmte Beschleunigungsspannung als konstant betrachtet werden:

$\frac{N_B}{N_0} = K_1$, die konstanten Größen F, f und $\frac{1}{\sqrt{t}}$ können in K_2 zusammengefaßt werden. Die Erfassungsgrenze kann daher für Zwecke der Elektronenstrahl-Mikroanalyse bei einer bestimmten Meßzeit wie folgt definiert werden:

$$EG = K_2 \frac{3 \cdot \sqrt{K_1 + \frac{N_R}{N_0}}}{\sqrt{N_0}}. \tag{4.9}$$

1. Bei hohen Impulsraten (hohen Konzentrationen oder hohen Stromdichten) ist $N_B \gg N_R$, d. h. $N_R : N_0 \ll K_1$, und für die Erfassungsgrenze gilt:

$$EG = \text{prop} \frac{1}{\sqrt{N_0}}, \text{ d. h. } \operatorname{tg} \alpha = -\frac{1}{2}.$$

2. Bei kleinen Impulsraten (z. B. geringen Stromdichten) ist $N_R > N_B$, daher gilt für die Erfassungsgrenze nach Gleichung (4.7) oder (4.8)

$$EG = \text{prop} \frac{1}{N_0}, \text{ d. h. } \operatorname{tg} \alpha = -1.$$

Es ist weiters möglich, durch Korrigieren des gemessenen Hintergrundes für das Zählerrauschen bei geringen Stromdichten die Punkte der 135°-Geraden auf die ursprüngliche $\sim 120°$-Gerade zu bringen und somit die ursprüngliche Proportionalität zu $\frac{1}{\sqrt{N_0}}$ zu beweisen.

Es besteht außerdem die Möglichkeit, durch Berechnung des Quotienten aus Zählerrauschen und Bremsstrahlungshintergrund die Lage der Punkte auf der Kurve zu bestimmen:

$$\frac{N_R}{N_B} \leqslant 0{,}1 \ \ldots \text{ die Punkte liegen auf der } \sim 120°\text{-Geraden.}$$

$$\frac{N_R}{N_B} \geqslant 1{,}0 \ \ldots \text{ die Punkte liegen auf der } 135°\text{-Geraden.}$$

$$1{,}0 \geqslant \frac{N_R}{N_B} \geqslant 0{,}1 \ \ldots \text{ die Punkte liegen auf der Übergangskurve.}$$

α) Messung des Zählerrauschens.

Die Messung des Zählerrauschens erfolgte bei abgeschalteter Hochspannungsversorgung der Elektronenkanone unter Konstanthaltung aller Versuchsbedingungen. In Tabelle 13 sind die mit zwei kommerziellen Geräten erhaltenen Werte und die Standardabweichung in Prozent sowie der höchste und niederste Wert angeführt.

Tabelle 13.

Gerät und Meßzeit	Mittelwert	*s* %	Zähler	Wert		Zahl der Messungen
				max.	min.	
Cameca	42	26	*P* (*l*)	66	23	22 *d*
100 Sekunden	42	19	*DF* (*r*)	56	29	20 *d*
JXA-3	42	20	*DF* (*l*)	59	28	51 *i*
1 Minute	40	26	*DF* (*r*)	61	15	44 *i*

l: linkes Spektrometer.
r: rechtes Spektrometer.
d: differentielle } Meßmethode.
i: integrale }

Die Bestimmung des Zählerrauschens für differentielle Impulshöhendiskriminierung erfolgte mit dem JXA-3-Gerät während 1 Stunde Meßdauer. Es ergaben sich daraus 4 Imp./min für das rechte und 5 Imp./min für das linke Spektrometer.

β) Die Bestimmung der Erfassungsgrenzen durch Absolutmessung.

Während quantitative Analysen in der Röntgenfluoreszenz- und Elektronenstrahl-Mikroanalyse meist als Relativmessungen durchgeführt werden, indem die unbekannte Probe mit einer Standardprobe bekannter Zusammensetzung (Reinstmetallstandard) verglichen und daraus die Prozentgehalte (Standard = = 100%) berechnet werden, wurde die Bestimmung der Erfassungsgrenzen als Absolutmessung durchgeführt: aus der gemessenen Impulszahl einer genau bekannten Substanzmenge kann die Erfassungsgrenze dieser Substanz berechnet werden. In der Röntgenfluoreszenzanalyse bestimmten LIEBHAFSKY und Mitarbeiter (30) unter Verwendung der „3-σ-Grenze" die Erfassungsgrenze von Mangan unter Verwendung einer Röntgenröhre mit Wolframkathode und 50 kV Anregungsspannung. Mangansulfatlösungen bekannten Gehaltes wurden aus einer Mikrometerbürette auf eine Mylarfolie aufgetropft, mittels einer Infrarotlampe eingedampft und dann in der Röntgenfluoreszenzanlage 100 Sekunden lang gemessen. Als minimal noch erfaßbare Menge Mangan erhielt LIEBHAFSKY nach dieser Methode 0,002 μg ($= 2 \cdot 10^{-9}$ g) Mangan.

Zur Bestimmung der Erfassungsgrenzen mit dem Elektronenstrahl-Mikroanalysator wurde nun folgender Weg beschritten: Für die statistische Sicherheit von 99% muß die Impulszahl der minimal erfaßbaren Menge nach (4.3) $3 \cdot \sqrt{N_H}$

betragen (N_H = Impulsrate des Hintergrundes). Das bei einem Elektronenstrahldurchmesser von 2 μm analysierte Volumen beträgt, sofern es sich um eine Halbkugel handelt, etwa 2 μm^3, doch stößt die genaue Bestimmung des analysierten Volumens auf erhebliche Schwierigkeiten, da die charakteristische Strahlung des zu analysierenden Elementes aus einem geometrisch kaum genau definierbaren Volumen stammt, worauf schon im Abschn. II, 4 hingewiesen wurde. Dieses Volumen ist nach Gleichung (2.15) nicht nur vom Strahldurchmesser, sondern ganz besonders vom Material und von den in Gleichung (2.14) genannten Parametern abhängig und wird sich wohl kaum exakt definieren lassen, weshalb auch theoretische Angaben zur quantitativen Analyse noch immer problematisch sind. Der Elektronenstrahl verbreitert sich durch Streuung in der betreffenden Substanz, das analysierte Volumen hat etwa birnenförmige Gestalt. Diese Schwierigkeit der genauen Volumsbestimmung kann nur so ausgeschaltet werden, daß man eine Schicht, die wesentlich dünner ist als die gesamte Eindringtiefe des Elektronenstrahls, bei der Analyse erfaßt. Dann wird nur der oberste, annähernd zylindrische Teil der „Birne" erfaßt. Die Streuung des Elektronenstrahls ist hier noch vernachlässigbar und das analysierte Volumen bzw. die Substanzmenge kann leicht berechnet werden. Die für diese Messung nötigen dünnen Schichten lassen sich sehr leicht durch Aufdampfen des betreffenden Elements auf einen Träger herstellen.

Der Träger dieser Aufdampfschicht muß so gewählt werden, daß durch ihn keine störenden Nebeneffekte auftreten, welche die Messung verfälschen. Castaing und Descamps (16) verwenden bei ihrer Bestimmung der Tiefenverteilung der charakteristischen Strahlung einer Antikathode Elemente als Träger, die dem zu analysierenden Element im Periodensystem möglichst benachbart sind. Die Eigenschaften bezüglich der Streuung des eindringenden Elektronenstrahls sind demzufolge für die beiden Elemente ziemlich gleich. Natürlich müssen die charakteristischen Strahlungen der beiden Elemente mittels des Spektrographen leicht zu trennen sein. Auch darf die charakteristische Strahlung des aufgedampften Elements im Träger keine Fluoreszenzstrahlung erregen.

Unter Berücksichtigung dieser Forderungen wurden folgende Paare ausgewählt: Aluminium mit Magnesium, Kupfer mit Nickel, Wolfram mit Tantal und Gold mit Platin als Träger. Die optimale Flächenbelegung der aufzudampfenden Schichten liegt nach den Versuchsergebnissen von Castaing (16) bei 0,1 bis maximal 0,5 mg/cm²; Werte, die, wie Tabelle 14 zeigt, mit den gefundenen gut übereinstimmen.

Tabelle 14.

Element		mg/cm²	Dicke [μm]	Eindringtiefe	
				kV	μm
Al	a)	0,147	0,54	15	2,5
	b)	0,047	0,17		
Cu	a)	0,33	0,37	12,5	0,56
	b)	0,26	0,29	15	0,8
W	a)	0,14	0,07	15	0,13
	b)	0,18	0,09	20	0,3
Au	a) b)	0,21	0,1	20	0,3

a) Schichtdicke, die zur Messung der Erfassungsgrenze mit dem französischen Gerät verwendet wurde.

b) Schichtdicke, die zur Messung der Erfassungsgrenze mit dem japanischen Gerät JXA-3 verwendet wurde.

Probenbereitung.

Als Träger kam Reinstnickel in Drahtform (2,5 mm ⌀), Magnesium in Bandform, Tantal in Drahtform (1 mm ⌀) und Platin in Blechform zur Verwendung. Diese Träger wurden in Woodmetall eingebettet, geschliffen und mit Diamantpulver poliert. Die zur Bedampfung verwendeten Elemente waren reinstes Elektrolytkupfer, Aluminium 99,99%, Reinstwolfram sowie Gold von 99,999% Reinheit. Die Bedampfung erfolgte in einer Apparatur, wie sie auch bei der Elektronenmikroskopie Verwendung findet. Kupfer und Gold wurden aus einem Molybdänschiffchen verdampft (6), Aluminium wurde in Drahtform auf einen Wolframdraht von 0,3 mm Durchmesser gewickelt. Da sich Aluminium bei höheren Temperaturen mit Wolfram legiert und der Wolframheizdraht bald durchbrennt, mußte er öfters erneuert werden. Die Bedampfung des Magnesiums konnte daher nur schrittweise durchgeführt werden. Für die Bedampfung mit Wolfram wurde ein 0,1 mm starker Wolframdraht über einen 2-mm-Dorn gewendelt (zirka 10 Wendel) und direkt beheizt. Die Verdampfungstemperatur des Wolframs liegt sehr hoch, es verdampft daher nur sehr langsam und der Draht brennt infolge Überhitzung sehr leicht durch. Daher war die Bedampfung des Tantals nur durch öfteres Erneuern der Wolframwendel möglich. Vor der Bedampfung des Tantaldrahtes wurde die Einbettmasse entfernt, da für die Verdampfung von Wolfram sehr hohe Temperaturen nötig sind und für diesen Fall der Schmelzpunkt des Woodmetalls zu tief liegt.

Die genaue Bestimmung der aufgedampften Metallmenge erfolgte durch Mitbedampfen eines dünnen, leichten Glasplättchens, das vor und nach der Bedampfung auf einer Mikrowaage gewogen wurde. Aus der Gewichtsdifferenz und dem Durchmesser der bedampften Fläche ließ sich die Flächenbeladung [mg/cm²] berechnen (Tabelle 14). In der letzten Spalte der Tabelle ist die für die betreffenden Elemente nach WITTRY (zit. 14; 45) berechnete Eindringtiefe angegeben. Selbst bei den geringsten, in den Versuchen verwendeten Anregungsspannungen liegen die berechneten Eindringtiefen wesentlich höher als die Schichtdicke des aufgedampften Metalls. Es konnte somit angenommen werden, daß annähernd der obere, noch zylindrische Teil des von den Elektronen durchdrungenen Gebietes erfaßt wurde.

Um kleine Inhomogenitäten in der Oberfläche bei der Analyse auszuschalten, wurde der Elektronenstrahl auf 10 bis 20 μm defokussiert. Natürlich sind der Möglichkeit, den Strahl zu defokussieren, durch die Spektrometeranordnung Grenzen gesetzt. Je größer der Durchmesser des Elektronenstrahls wird, desto weniger genau werden die geometrischen Bedingungen des Rowlandkreises erfüllt. Dies kann bei vollfokussierenden Spektrometersystemen zu erheblichen Fehlmessungen führen. Die Randzonen des analysierten Gebietes liefern dann eine geringere Impulszahl für die Gesamtintensität als das Zentrum. Daher ist, bevor derartige Untersuchungen angestellt werden, die Frage zu klären, inwieweit der Elektronenstrahl defokussierbar ist, ohne daß die Analysengenauigkeit darunter leidet (siehe auch Tabelle 12).

Nachfolgend werden beispielsweise die Meßbedingungen zur Bestimmung der Erfassungsgrenzen für Jeol JXA-3 angegeben.

Auf den bedampften Proben wurden je 5 Messungen von je einer Minute Dauer vorgenommen. Vor und nach jeder Meßreihe wurde die Konstanz des Strahlstroms mittels Faraday-Käfigs gemessen. Ebenso erfolgte vor und nach der Meßreihe die Bestimmung des Strahldurchmessers nach der Schneidenmethode. In Tabelle 15 sind für Jeol JXA-3 die Meßbedingungen wie: Analysenlinie, Wellenlänge λ, Position für die Hintergrundmessung und verwendete Kristalle angeführt. Der Hintergrund wurde meistens bei $\pm 1°$ auf beiden Seiten des Linienmaximums gemessen. Nur bei Wolfram stört eine Tantallinie, der Hintergrund wurde daher bei $+ 20'$ gemessen.

Tabelle 15.

Element	Linie	λ [Å]	Linien-maximum	Hintergrund	Kristall	Meßspannungen
13 Al	$K\alpha_{1,2}$	8,337	49° 24′	$\pm 1°$	Glimmer	15, 20, 25
29 Cu	$K\alpha_{1,2}$	1,541	26° 34′	$\pm 1°$	Quarz	15, 20, 30
74 W	$L\alpha_1$	1,476	26° 26′	$+ 20'$ $- 1°$	Quarz	20, 30
79 Au	$L\alpha_1$	1,27	36° 56′	$\pm 1°$ $\pm 1°$*	LiF	20, 30*

* Gold wurde bei 30 kV sowohl mit integraler als auch differentieller Impulshöhendiskriminierung gemessen. Alle anderen Elemente wurden nur integral gemessen.

Für Gold mußte im JXA-3 ein LiF-Kristall verwendet werden, da der Reflexionswinkel für $AuL_{\alpha 1}$ und Quarz nicht mehr im Arbeitsbereich des Goniometers liegt.

γ) Zusammenfassender Vergleich von Erfassungsgrenzen (31).

Unter Heranziehung der vorher genannten Meßbedingungen wurden nun in zahlreichen Versuchsreihen die Erfassungsgrenzen ermittelt und in Tabelle 16 die Ergebnisse für den japanischen Elektronenstrahl-Mikroanalysator JXA-3 und das französische Gerät der Cameca zusammengefaßt und einander gegenübergestellt. Für eine bestimmte Stromdichte sind für alle untersuchten Elemente die Erfassungsgrenzen angeführt und somit direkt vergleichbar. Man sieht, daß die Erfassungsgrenzen der untersuchten Elemente für eine Methode und ein Gerät innerhalb einer Zehnerpotenz im Bereich von 10^{-13} g liegen. Die mit beiden Geräten erreichbaren Erfassungsgrenzen liegen ebenfalls innerhalb einer Zehnerpotenz. Miteinander direkt vergleichbar sind natürlich nur die Erfassungsgrenzen, bei denen der Durchmesser des Elektronenstrahls durch Ausmessen des „verunreinigten Flecks“ bestimmt wurde. Die für JXA-3 mit der Schneidenmethode bestimmten Strahldurchmesser ergeben schließlich Erfassungsgrenzen, die ungefähr um einen Faktor 2 besser sind als die mittels Ausmessen des verunreinigten Flecks bestimmten.

Tabelle 16.

Element	kV	JXA-3 *EG* [10^{-13}g]	Cameca *EG* [10^{-13}g]
Al	15	1,44	0,24
	20	2,87	—
	25	6,74	1,55
Cu	12,5	—	1,00
	15	4,17	—
	20	2,48	0,31
	30	2,50	0,39
W	20	5,47	0,93
	30	3,92	0,93
Au	20	6,04	2,22
	30	4,80	1,65

Der Wert dieser Tabelle liegt nicht so sehr im Vergleich der absoluten Zahlen, die sich ja durch Umbau und Einbau neuer Teilsysteme in einen Mikroanalysator gewaltig ändern können, sondern in der Darstellung der Größenordnung der erfaßten Elementmengen. Die sichere Bestimmung von etwa 0,1 Picogramm eines Elementes muß als ein gewaltiger Fortschritt in der gesamten analytischen Chemie bezeichnet werden.

Aluminium: Die Anregungsenergie der AlK_α-Linie beträgt 1,6 kV. Nach der Erfahrung liegt die optimale Anregungsspannung der charakteristischen Strahlung eines Elements bei der 2- bis 3fachen Mindestanregungsspannung der betreffenden Analysenlinie. Die optimale Anregungsspannung für Aluminium sollte demnach bei etwa 6 kV liegen. Die bei dieser Spannung erzielbaren Strahlströme und damit auch die Impulsraten sind jedoch sehr gering. Die Impulsraten unterscheiden sich kaum vom Zählerrauschen. Die Erfassungsgrenze von Aluminium wird bei steigender Beschleunigungsspannung immer schlechter, die größte Empfindlichkeit ist bei niederen Spannungen zu erwarten. Die Erfassungsgrenzen für JXA-3 bei 15, 20 und 25 kV verhalten sich wie 1 : 1,3 : 3; für das Cameca-Gerät bei 15 und 20 kV wie 1 : 6,5.

Kupfer: Die Anregungsenergie der CuK_α-Linie liegt bei 9,0 kV, die für diese Linie optimale Anregungsspannung ist demnach ungefähr 25 kV. Die Erfassungsgrenzen bei 20 und 30 kV sind auch nur wenig verschieden. Bei 15 bzw. 12,5 kV ist die Anregung zu gering und die Empfindlichkeit sinkt.

Die Erfassungsgrenzen für JXA-3 bei 15, 20 und 30 kV verhalten sich wie 1 : 0,6 : 0,6; für das Cameca-Gerät bei 12,5, 20 und 30 kV wie 1 : 0,3 : 0,4.

Wolfram: Die Anregungsenergie der WL_α-Linie ist 12,1 kV. Die Erfassungsgrenze erreicht den kleinsten Wert bei Anregungsspannungen von 30 kV. Die Erfassungsgrenzen für JXA-3 verhalten sich bei 20 und 30 kV wie 1 : 0,7; für das Cameca-Gerät bei denselben Anregungsbedingungen wie 1 : 1.

Gold: Die Anregungsenergie der AuL_α-Linie beträgt 14,4 kV, die optimalen Erfassungsgrenzen liegen daher bei ungefähr 30 kV. Das Verhältnis der Meßwerte für JXA-3 bei 20 und 30 kV ist 1 : 0,8; für das Cameca-Gerät 1 : 0,75. Die Erfassungsgrenzen für JXA-3 und Cameca verhalten sich bei 20 und 30 kV wie 2,8 : 1; bei Anwendung der differentiellen Impulshöhendiskriminierung kann die Erfassungsgrenze nicht wesentlich verbessert werden.

Sowohl die mit dem japanischen Gerät JXA-3 als auch die mit dem französischen Gerät Cameca erreichbaren Erfassungsgrenzen liegen also ungefähr innerhalb einer Zehnerpotenz. Zwischen den beiden Geräten besteht demnach kein großer Unterschied in der Empfindlichkeit, was auf Grund der sehr ähnlichen Geometrie der beiden Geräte auch zu erwarten war.

c) Signal-Hintergrundverhältnisse und „Gütezahlen" (4, 5).

Aus Gleichung (4.5) für die Erfassungsgrenze wird, wenn für das Glied $\frac{\sqrt{N_H}}{N_0}$ das Glied $\left(\frac{S^2}{N}\right)^{-1/2}$ gesetzt wird, wobei S das Bruttosignal und N das Hintergrundsignal ist, Gleichung (4.10) und hat in dieser Form die allgemeine Gültigkeit für die „Erfassungsgrenze":

$$EG = \frac{1}{\sqrt{t}} \cdot 3 \underbrace{\frac{\sqrt{N_H}}{N_0}}_{(S^2/N)^{-1/2}} \cdot F \cdot f. \qquad (4.10)$$

Sie zeigt, daß die Erfassungsgrenze der Wurzel aus dem „S^2/N-Verhältnis" umgekehrt proportional sein muß. Je größer diese Kennzahl ist, desto geringer ist die Erfassungsgrenze, desto kleinere Substanzmengen können noch erfaßt werden. Das Verhältnis der beiden Größen ist daher ein direktes Maß für die Empfindlichkeit eines Gerätes und man kann sie daher ohne weiteres als „Gütezahl" oder „Gütefaktor" des betreffenden Gerätes bezeichnen.

Das „Signal-Hintergrundverhältnis" S/N ist für eine bestimmte Beschleunigungsspannung eine konstante Größe, denn Intensität am Linienmaximum (S) und Intensität des Bremsstrahlhintergrunds (N) sind direkt proportional dem Strahlstrom i:

$$S = k_1 \cdot i \text{ und } N = k_2 \cdot i; \tag{4.11}$$

daraus

$$S/N = k_1/k_2 = \text{konstant.} \tag{4.11a}$$

Bezieht man nun die Kennzahl S^2/N noch auf eine Einheitsstromstärke, so ist auch diese „Gütezahl" für eine gegebene Anregungsspannung eine konstante Größe, welche die mit dem betreffenden Gerät erreichbare Empfindlichkeit charakterisiert. Daß das Verhältnis S^2/N für die Empfindlichkeit eines Gerätes wesentlich ausschlaggebender ist als das Verhältnis S/N, gibt Tabelle 17 sehr anschaulich wieder: einerseits wird gezeigt, daß bei konstantem S/N-Verhältnis die Erfassungsgrenzen (hier in % angegeben) über einen großen Bereich variieren können, andererseits, daß bei immer schlechter werdenden S/N-Verhältnissen die Erfassungsgrenzen gleich gut bleiben, da sich die „Gütezahlen" nicht ändern.

Tabelle 17.

S [c/min · i]	N [c/min · i]	S/N	$S^2/N \cdot i$ [c/min · i]	EG (%)
10^3	10^1	10^2	10^5	0,95
10^4	10^2	10^2	10^6	0,30
10^5	10^3	10^2	10^7	0,09
10^3	10^0	10^3	10^6	0,3
10^4	10^2	10^2	10^6	0,3
10^5	10^4	10^1	10^6	0,3

Ein gutes S/N-Verhältnis sagt noch nichts aus über die erreichbaren Erfassungsgrenzen, da auch die Zahl der dabei gemessenen Impulse eine Rolle spielt. Es bringt daher keinerlei Vorteile mit sich, wenn man versucht, durch zu starke Impulshöhendiskriminierung das S/N-Verhältnis auf Kosten der nutzbaren Intensität zu verbessern, weil dadurch auch die für die Empfindlichkeit maßgebende Größe sinkt.

Doch dürfen Unterschiede in den Gütezahlen keinesfalls überbewertet werden: die Erfassungsgrenzen verhalten sich umgekehrt proportional den Quotienten aus der Wurzel der entsprechenden $(S^2/N \cdot i)$-Verhältnisse:

$$EG_1 : EG_2 = \sqrt{(S^2/N \cdot i)_2} : \sqrt{(S^2/N \cdot i)_1} \tag{4.12}$$

In Tabelle 18 sind dazu einige Zahlenwerte angeführt.

Tabelle 18.

$\frac{(S^2/N \cdot i)_1}{(S^2/N \cdot i)_2}$	$\frac{EG_2}{EG_1}$
1	1
2	0,7
3	0,58
4	0,5
5	0,45
10	0,33
30	0,18
100	0,1

Das heißt also, daß eine Änderung der Gütezahlen um 100% nur eine Verbesserung (bzw. Verschlechterung) der Erfassungsgrenzen um zirka 30% bewirkt.

Berücksichtigt man jedoch, daß jeder Gerätetyp für einen anderen „Arbeitsbereich“ bezüglich der routinemäßig verwendeten Strahlstromstärken ausgelegt ist, so ergibt sich eine wesentlich bessere Übereinstimmung der erreichbaren Erfassungsgrenzen. Der „Arbeitsbereich“ des japanischen JXA-3 liegt z. B. bei Strahlstromstärken von etwa 0,3 μA, der „Arbeitsbereich“ des französischen Geräts hingegen liegt bei um eine Zehnerpotenz niedrigeren Stromstärken, nämlich etwa bei 0,03 μA.

Für einen mittleren Strahldurchmesser von 2 μm ergeben sich folgende praktischen Stromdichten (I_D) für die Praxis:

$$\text{JXA-3:} \quad 10\ \text{A} \cdot \text{cm}^{-2},$$

$$\text{Cameca:} \quad 1\ \text{A} \cdot \text{cm}^{-2}.$$

Bei Vergleich der Geräte unter diesen Voraussetzungen unterscheiden sich die Werte der Erfassungsgrenzen im jeweiligen Arbeitsbereich, für den die einzelnen Geräte ausgelegt sind, nur mehr um einen Faktor von maximal 2 und liegen, wie Tabelle 19 zeigt, für alle untersuchten Elemente stets im Bereiche von 0,2 bis $2{,}0 \cdot 10^{-13}$ Gramm.

Tabelle 19. Erfassungsgrenzen.

Element	kV	*EG* für JXA-3 [10^{-13}g]	*EG* für Cameca [10^{-13}g]
Al	15	0,72	0,24
	20	0,91	—
	25	2,14	1,55
Cu	12,5	—	1,00
	15	1,32	—
	20	0,79	0,31
	30	0,79	0,39
W	20	1,73	0,93
	30	1,24	0,93
Au	20	1,92	2,22
	30	1,52	1,65

Bei praktischer Analysendurchführung erhebt sich sehr häufig die Frage, welcher Gehalt eines Elementes in einem bestimmten Material noch nachgewiesen werden kann. Da nützt die absolute Erfassungsgrenze — die mehr als Gütemerkmal des Gerätes gedacht ist — sehr wenig, denn es müssen die materialspezifischen Eigenschaften jetzt viel stärker berücksichtigt werden. Meist muß bei dieser Frage auch Antwort über die Verteilungsform der Komponenten, wie dies im Kapitel II, 7 angeführt ist, gegeben werden, denn während es bei der Makroanalyse meist von untergeordneter Bedeutung ist, ob ein Element mehr oder weniger gleichmäßig über das zu analysierende Volumen verteilt ist, ist gerade dieser Punkt hier wesentlich. BLÖCH (12) konnte z. B. Titan in Form von Ti (C, N) in einem unstabilisierten 18/8-Stahl nachweisen, obwohl durch die chemische Routineanalyse kein Titan gefunden wird, und schätzte auf Grund der Häufigkeit des Vorkommens von Ti (C, N)-Partikelchen den Titangehalt auf wenige ppm.

Zur Bestimmung der Nachweisgrenze eines Elementes A in einem anderen Element B werden hauptsächlich zwei Methoden angewendet:

1. Die Methode mit reinen Elementen, wobei die Intensität der Linie des Elementes A sowie der dazugehörige Hintergrund auf dem Element A und B gemessen werden. Durch Berücksichtigung der verschiedenen notwendigen Korrekturen kann man die Nachweisgrenze ermitteln.

2. Die Methode der verdünnten homogenen Lösung, wobei eine bekannte, aber niedrige Konzentration C_0 des Elementes A im Element B vorliegt, so daß durch Messung von Linienintensität und Hintergrund direkt die Nachweisgrenze errechenbar ist. In der vorliegenden Arbeit wurde die zweite Methode angewendet, da für gewisse Elemente die Korrekturen relativ unsicher sind.

Die Nachweisgrenze ist nach Clayton (17) so festzulegen, daß die Intensität der Linie einen Abstand vom Hintergrund von mindestens 3 Standardabweichungen aufweist, d. h.

$$S - N \geqslant 3\sqrt{N} \tag{4.13}$$

S = Intensität auf der Linie.
N = Intensität des Hintergrundes.

Für die Nachweisgrenze in % ergibt sich bei Bestimmungen nach Methode 2

$$C_{\min} = C_0 \frac{3 \cdot \sqrt{N}}{(S - N)} \tag{4.14}$$

C_0 = Gewichtsprozent in A in Legierung.
S = Impulszahl auf der Linie des Elementes A.
N = Hintergrund auf Legierung.

Die Nachweisgrenze eines Elementes in Stahl wird nun abhängig von:

1. Art des Elementes,
2. Art der verwendeten Spektrallinie (K- oder L-Linie),
3. Spektrometersystem einschließlich Austrittswinkel der Röntgenstrahlen,
4. Sondenstromstärke ($\sim i^{-1/2}$),
5. Beschleunigungsspannung,
6. Meßzeit ($\sim t^{-1/2}$),
7. bei Impulshöhendiskriminierung von der relativen Fensterbreite und nicht zuletzt von der
8. zeitlichen Stabilität der Meßanordnung.

Die Versuchsbedingungen waren wie folgt: Die zylindrischen Proben von 7 mm ⌀ und 7 mm Höhe hatten jeweils Legierungsgehalte unter 2% mit Ausnahme des P-Standards (Fe_3P) mit 15,6% P und waren weitgehend homogen; ihre Oberfläche war diamantpoliert. Es wurde eine Mikrosonde vom Typ Cameca verwendet. Die Sondenstromstärke wurde konstant auf 50 nA gehalten. Die beiden vollfokussierenden Spektrometer mit einem Rowlandkreisradius von 250 mm arbeiteten unter Hochvakuum im langwelligen Bereich mit einem Glimmerkristall vom Johann-Typ und einem Gasdurchflußzählrohr, im kurzwelligen Bereich hingegen mit einem Quarzkristall vom Johansson-Typ und einem Proportionalzählrohr. Ein Linearverstärker Rochar wurde mit einer unteren Schwelle von 5 V, einer Fensterbreite von 2 V und jeweils optimaler Verstärkung (d. h. maximale Zählrate) betrieben. Die Zählzeit betrug 100 Sekunden. Die Messungen wurden bei 15, 18, 20, 25 und 30 kV Beschleunigungsspannung durchgeführt. Für Elemente mit weichen Röntgenstrahlen wäre eine

Messung mit Beschleunigungsspannungen unter 15 kV von Interesse gewesen, doch konnte mit dem zur Verfügung stehenden Gerät unter 15 kV die gewählte Stromstärke von 50 nA nicht mehr erreicht werden.

Für 8 Elemente sind in Tabelle 20 die mit Hilfe der vorhin angegebenen Definitionsgleichung (4.14) errechneten Nachweisgrenzen in Abhängigkeit von der Spannung angeführt. Die Messungen an Fe_3P konnten in einem Kamazit mit $\sim$ 0,07% P bestätigt werden.

Tabelle 20.

Element	Konzentration in Probe %	Nachweisgrenze C_{min} bei Spannung %				
		15 kV	18 kV	20 kV	25 kV	30 kV
SiKα	1,20	0,053	0,053	0,062	0,185	
PKα	15,6 (Fe_2P)	0,032	0,029	0,034	0,116	
CrKα	1,17	0,031	0,024	0,023	0,019	0,012
MnKα_1	0,27	0,032	0,029	0,022	0,015	0,015
CoKα_1	0,23	0,048	0,033	0,028	0,016	0,012
NiKα_1	1,23	0,045	0,040	0,024	0,019	0,014
CuKα_1	$\sim$ 0,12	0,046	0,044	0,024	0,019	0,014
MoLα_1	1,49	0,086	0,087	0,105	0,285	(0,77)

Aus der Zusammenstellung ist zu entnehmen, daß für eine gegebene Sondenstromstärke die größte Nachweisempfindlichkeit für die Elemente in Eisennähe (d. h. Cr bis Cu) bei hohen Beschleunigungsspannungen liegt, während für die Elemente Si, P und Mo (L_α), deren charakteristische Röntgenstrahlen wesentlich weicher sind, die optimalen Nachweisbedingungen im Spannungsbereich von 15 bis 18 kV liegen.

Der Hintergrund selbst wird in der Praxis durch eine Mittelung zweier Messungen beiderseits der Hauptlinie bestimmt; dieses Verfahren wurde auch bei den vorliegenden Messungen angewendet. Es können jedoch Fälle auftreten, in denen der Unterschied zwischen links- und rechtsseitigem Hintergrund größer ist als die für die Nachweisgrenze maßgebliche Größe $3 \cdot \sqrt{N_H}$. Dann kann nur ein sorgfältiges Studium des Hintergrundverlaufes auf der niedriglegierten Probe und auf einer Reineisenprobe eine Klärung bezüglich des in Rechnung zu stellenden Hintergrundes herbeiführen.

R. BLÖCH (12) versucht unter Zuhilfenahme der JÖNNSON- und KULENKAMPF-KRAMERS-Gleichungen, eine Erklärung für die beobachtete Abhängigkeit der Nachweisgrenze von der Beschleunigungsspannung zu geben, und untersucht getrennt die Abhängigkeit der Intensität der charakteristischen Strahlung einerseits und des Bremsstrahlungshintergrundes andererseits von der Beschleunigungsspannung.

Für die Elemente Si und P mit einer Anregungsspannung von 1,8 bzw. 2,1 kV und Mo mit 2,5 kV (für L_{III}) scheint die Lage der beobachteten optimalen Beschleunigungsspannung von zirka 18 kV befriedigend geklärt. Bei den Elementen Cr bis Cu mit Anregungsspannungen von 6 bis 9 kV liegt der für die Nachweisgrenze optimale Spannungsbereich außerhalb des untersuchten Gebietes und dürfte mit 50 bis 80 kV zu veranschlagen sein.

So hohe Spannungen lassen sich jedoch mit den meisten Mikrosonden nicht erreichen, außerdem würde die Eindringtiefe der Elektronen sehr groß werden. Im übrigen müssen hier wegen der Unklarheiten im Hinblick auf die Elektronenstrahl-Mikroanalyse noch zahlreiche grundlegende Untersuchungen durchgeführt werden, bevor endgültige Aussagen gemacht werden dürfen.

2. Analysendurchführung.

a) Qualitative Analyse.

Zur Durchführung qualitativer Analysen wird der Elektronenstrahl auf den zu analysierenden Punkt auf der Probenoberfläche gesetzt und mit dem Spektrometer mittels Servomotors automatisch der gesamte erfaßbare Wellenlängenbereich abgetastet. Die von den Zählrohren aufgenommene Strahlung wird über das Ratemeter auf einen Schreiber gegeben; aus der bekannten Abtastgeschwindigkeit des Spektrometers und der bekannten Vorschubgeschwindigkeit des Registrierpapiers können dann die aufgezeichneten Linien identifiziert werden. Hier bietet die Möglichkeit der gleichzeitigen Verwendung zweier Spektrometer mit jeweils verschiedenen Kristallen große Vorteile, da die verschiedenen Kristalle ihre beste Empfindlichkeit in verschiedenen Wellenlängenbereichen haben. Auf diese Weise kann eine qualitative Analyse in einem Arbeitsgang durchgeführt werden: leichte und schwere Elemente werden simultan bestimmt, allerdings mit der Einschränkung der günstigsten Anregungsbedingungen, die für leichte und schwere Elemente oft weit auseinanderliegen. Daher muß der Einsatz mehrerer Spektrometer gleichzeitig mit Vorsicht erfolgen (siehe auch Beispiel auf S. 117).

b) Quantitative Analyse.

Für quantitative Analysen bestehen die Möglichkeiten,

1. einen Punkt,
2. eine Linie (Konzentrationsprofile),
3. eine Fläche und schließlich
4. Volumseinheiten

zu untersuchen.

α) Punktanalyse.

Bei der Punktanalyse wird der Elektronenstrahl auf den im lichtoptischen Mikroskop oder auf dem Absorberbild (S. 130) ausgewählten Punkt auf der Probenoberfläche gesetzt und die Intensität der charakteristischen Strahlung der zu analysierenden Elemente in der Probe mit der Intensität der charakteristischen Strahlung derselben Elemente in Reinstform verglichen. Unter der Bedingung Reinstmetallstandard = 100% lassen sich dann in erster Näherung die Gehalte der gesuchten Elemente berechnen. Matrixeffekte können durch rechnerische Korrekturen berücksichtigt werden.

β) Linienanalyse.

Interessiert die Verteilung eines Elementes in der Probenoberfläche über eine gewisse Strecke hin (z. B. bei Diffusionszonen, Schichtdickenbestimmungen), so stehen verschiedene Möglichkeiten zur Verfügung:

1. die Aneinanderreihung mehrerer quantitativer Punktanalysen,
2. das mechanische Linescanning und Registrierung am Schreiber (mechanoautomatisches Konzentrationsprofil),
3. das elektronische Linescanning und Registrierung am Oszillographenschirm (elektro-automatisches Konzentrationsprofil).

Unter „Linescanning" versteht man das Abtasten der Probenoberfläche entlang einer geraden Linie, wobei beim mechanischen Linescanning die Probe mittels eines Servomotors mit genau bekannten Geschwindigkeiten unter dem feststehenden Elektronenstrahl bewegt oder im Falle des elektronischen Linescannings der Elektronenstrahl mittels elektronisch gesteuerter Ablenkung über die feststehende Probe hinbewegt wird. Mittels beider Methoden erhält man eine Übersicht über die Konzentrationsveränderungen innerhalb der Probenoberfläche über eine gewünschte Richtung hin. Diese Schreiberaufnahmen und auch das Bild am Leuchtschirm der Kathodenstrahlröhre können qualitativ oder nach vorhergehender Eichung durch Punktanalysen auch quantitativ ausgewertet werden. Praktisch alle bisher angegebenen (und nicht immer übereinstimmenden) Korrekturformeln beziehen sich nur auf Punktanalysen; quantitative Aussagen — insbesondere von den unter 3. genannten Profilen — sind mit besonderer Vorsicht zu verwenden.

γ) Flächenanalyse.

Um rasch qualitativ eine Übersicht über die Verteilung von Elementen in (heterogenen) Proben zu erreichen — für sogenannte „topographische Analysen" —, dient die „Bild-Scanningmethode" (Bildraster). Keinesfalls kann diese Methode die exakte quantitative Punktanalyse ersetzen, doch erleichtert sie wesentlich das Studium der Elementverteilung, das Auffinden von Heterogenitäten in der Probenoberfläche, die im Lichtmikroskop sehr oft nicht zu erkennen sind, und bringt so neben einer großen Zeitersparnis oftmals wertvolle Erkenntnisse mit sich.

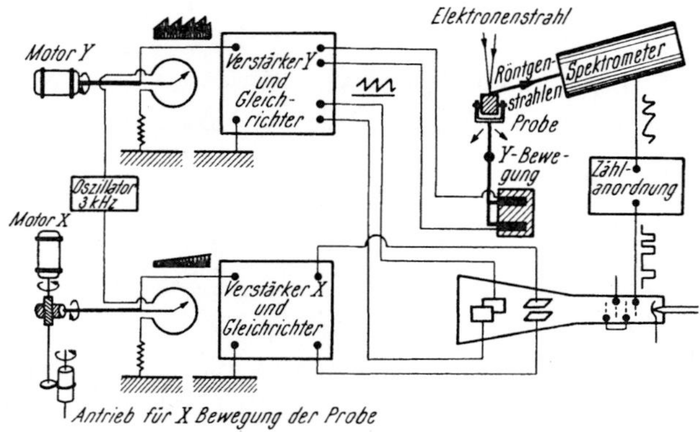

Abb. 54. Prinzip des mechanischen Scanning.

Das Prinzip dieser Scanningmethode ist einfach: mit dem Elektronenstrahl wird ein bestimmtes Gebiet auf der Probenoberfläche zeilenförmig abgetastet. Die vom Elektronenstrahl getroffenen Punkte in der Probe emittieren charakteristische Strahlung mit Intensitäten, die der Zusammensetzung der Probe in jedem dieser getroffenen Punkte entsprechen. Diese Strahlungsintensität wird in jedem Punkt gemessen und mit ihr die Helligkeit des Kathodenstrahls einer Oszillographenröhre, der synchron mit dem die Probe abtastenden Elektronenstrahl über den Bildschirm bewegt wird, moduliert. Jedem ankommenden Impuls entspricht somit ein Lichtblitz auf dem Bildschirm der Röhre. Man erhält auf diese Weise ein Rasterbild von der Verteilung des gewünschten Elements innerhalb der vom Elektronenstrahl überstrichenen Fläche.

Folgende Methoden können zur Erzielung solcher Scanningbilder angewandt werden:

mechanisches Scanning (Abrastern),
halbelektronisches Scanning (Abrastern),
elektronisches Scanning (Abrastern).

Bei der Methode des mechanischen Scanning wird die Probe unter dem feststehenden Elektronenstrahl sowohl entlang der X- als der Y-Achse fortbewegt. Abb. 54 zeigt schematisch das Prinzip des mechanischen Scanning (40). Die Bewegung der Probe muß natürlich mit höchster Präzision erfolgen. Die

Geometrie des Rowlandkreises bleibt bei dieser Methode stets gewahrt: Strahlungsquelle, Kristall und Zählrohr befinden sich stets auf der Peripherie des Fokussierungskreises. Dadurch wird ein Abfall der nutzbaren Intensität vermieden, der stets entsteht, wenn der Elektronenstrahl von der Peripherie des Rowlandkreises abweicht. Je nach Größe der abgetasteten Fläche und der gewählten Abtastgeschwindigkeit kann die Dauer des Abtastens für die gewählte Fläche von weniger als einer Minute bis zu 3 Stunden betragen. Das am Oszillographen erscheinende Bild kann daher nicht mit freiem Auge betrachtet werden, da seine Nachleuchtzeit viel zu gering ist. Das Bild muß in diesem Falle photographisch festgehalten werden. Durch die lange Verweilzeit des Elektronenstrahls an jedem Analysenpunkt können jedoch auch noch geringere Konzentrationen gut sichtbar gemacht werden.

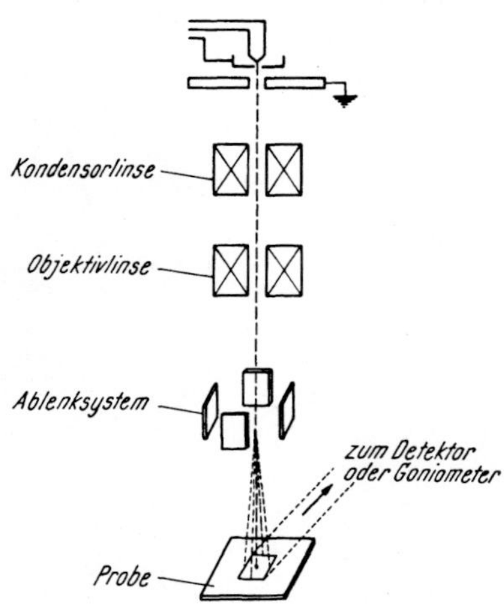

Abb. 55. Elektronisches Scanning (Prinzip).

Das elektronische Scanning bedient sich der Ablenkung des Elektronenstrahls durch (vier) Scanningspulen, wie dies Abb. 55 darstellt, die unter der Objektivlinse im elektronenoptischen System angebracht sind. Die Probe wird bei dieser Methode nicht bewegt. Die Abtastgeschwindigkeit ist bei diesem System wesentlich größer. Im allgemeinen können Flächen von 70 × 70 μm bis 330 × 330 μm innerhalb von 8 Sekunden mittels elektromagnetischer Ablenkung des Elektronenstrahls abgetastet werden. Die Größe der abgetasteten Fläche auf der Probenoberfläche ist bei dieser elektronischen Ablenkmethode natürlich abhängig von der verwendeten Beschleunigungsspannung. Bei 25 kV beträgt sie z. B. im JXA-3 330 × 330 μm, 170 × 170 μm und 80 × 80 μm. Das Bild dieser abgetasteten Fläche erscheint auf dem Bildschirm einer Kathodenstrahlröhre; dies entspricht einer Vergrößerung von 300×, 600× und 1200×.

Tabelle 21.

kV	$\overline{BEH}$ [μm]
10	524
15	410
20	360
25	334
30	294
35	250

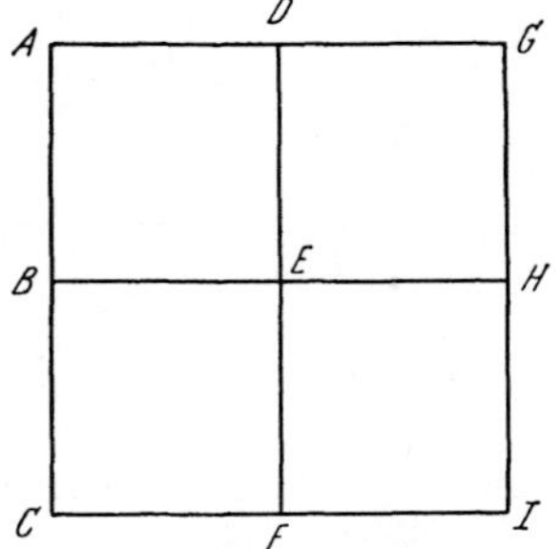

Abb. 56. Messung der Intensitätsverteilung über eine Scanningfläche von 330 × 300 μm (E entspricht den geometrischen Bedingungen des Rowlandkreises).

Um die Abhängigkeit der Scanningfläche von der Beschleunigungsspannung festzustellen, hat ARLT (4) bei verschiedenen Anregungsspannungen die Größe der Abweichung des Elektronenstrahls gemessen (= Strecke $\overline{BEH}$ in Abb. 56), die z. B. dann von Bedeutung ist, wenn im Scanningbild die genaue Größe irgendwelcher Erscheinungen festgestellt werden soll (z. B. Schichtdickenmessungen). Wie groß die Abhängigkeit der Abtaststrecke $\overline{BEH}$ von der Beschleunigungsspannung ist, geht aus Tabelle 21 hervor.

Durch die wesentlich größere Abtastgeschwindigkeit beim elektronischen Scanning ist die Verweilzeit des Elektronenstrahls auf jedem Punkt geringer und die Anzeigeempfindlichkeit sinkt gegenüber dem mechanischen Scanning. Der Vorteil liegt in der Schnelligkeit der Methode und in der Möglichkeit, das Bild am Bildschirm sofort betrachten zu können.

Die geometrischen Bedingungen des Rowlandkreises sind bei dieser Methode also nicht mehr streng erfüllt. Die Abweichung des Elektronenstrahls von der Peripherie des Fokussierungskreises macht sich in einer Verringerung der regi-

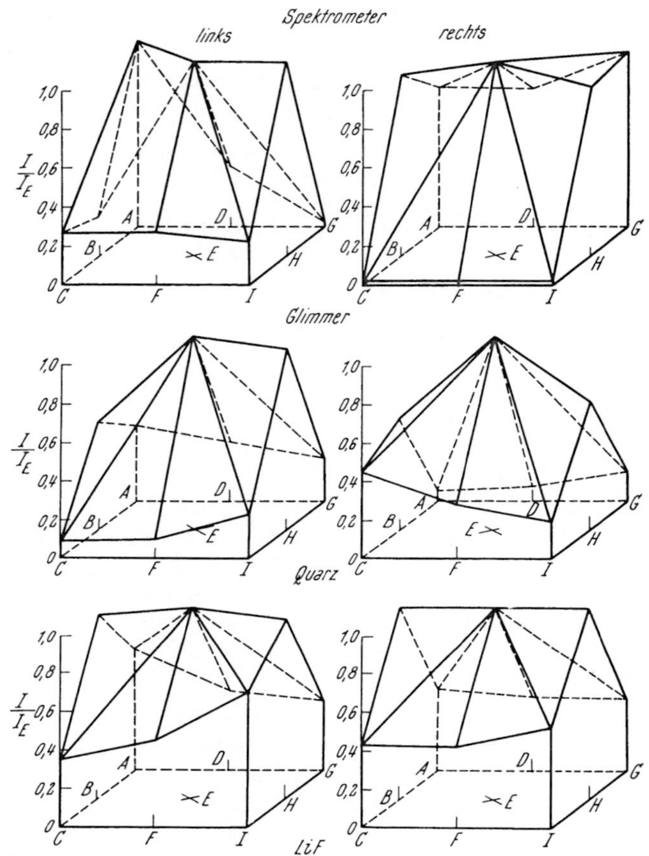

Abb. 57. Intensitätsverteilung (Fläche 330 × 330 μm).

strierten Intensität bemerkbar, die natürlich um so größer wird, je größer die abgetastete Fläche ist.

So wurde auf einer Scanningfläche von 330 × 330 μm bei 25 kV Beschleunigungsspannung in den aus Abb. 56 ersichtlichen Punkten die Intensität nach Beugung an verschiedenen Kristallen gemessen. Als Target diente der Reinstkupferstandard.

Wie Abb. 57 zeigt, sind die Intensitätsschwankungen recht beträchtlich, und an manchen Stellen fällt die gemessene Intensität bis auf 1% der im Punkt E (Zentralpunkt) gemessenen. Je kleiner jedoch die abgetastete Fläche ist, desto weniger fallen natürlich auch diese Intensitätsverluste ins Gewicht. Die Abb. 58 zeigt Scanningaufnahmen von Kupfer mit verschiedenen Kristallen bei gleichbleibender Scanningfläche.

Homogenisierung der Ausleuchtung ist auch durch Verkleinern der Scanningfläche erreichbar; Abb. 59 läßt erkennen, daß Quarz bei einer Fläche von 80 × 80μm eine vollkommen homogene Ausleuchtung ergibt, LiF sogar noch bei einer Fläche von 170 × 170μm. Bei Glimmer hingegen ist bei der CuK_{α}^{III}-Linie auch bei einer Fläche von 80 × 80μm die Ausleuchtung noch nicht einwandfrei, doch kann durch Wahl der geeigneten Analysenlinie auch bei Glimmer innerhalb dieser Flächen eine bessere Intensitätsverteilung erzielt werden.

Die Methode des halbelektronischen Scanning vereinigt nun die Geschwindigkeit des elektronischen Scanning mit dem Vorteil des mechanischen, stets den geometrischen Bedingungen des vollfokussierenden Spektrometers zu genügen. Das elektronische Scanning erfolgt bei dieser Methode in einer Richtung parallel zu den Erzeugenden des Analysatorkristalls, in dieser Richtung tritt keine Defokussierung auf. In der dazu senkrechten Richtung wird die Probe mechanisch bewegt. Eine Fläche von 400 × 400 μm kann mit dieser halbelektronischen Scanningmethode in 6 Sekunden abgetastet werden. Durch das rasche Abtasten ist die Empfindlichkeit dieser Methode natürlich nicht mehr so groß wie die des rein mechanischen Scanning. Abb. 60 zeigt die Gegenüberstellung eines mit dem Elektronenstrahl-Mikroanalysator MS 46 der Firma Cameca nach beiden Methoden durchgeführten Scanning auf einem Reinstkupferstandard bei 25 kV Anregungsspannung. Als Analysatorkristall diente Quarz, die Scanningfläche betrug 400 × 400μm. Auf dem elektronischen Bild sieht man deutlich die Defokussierung durch das Absinken der Intensität der Strahlung, das Bild mittels halbelektronischen Scannings zeigt über die gesamte Fläche eine vollkommen gleichmäßige Ausleuchtung.

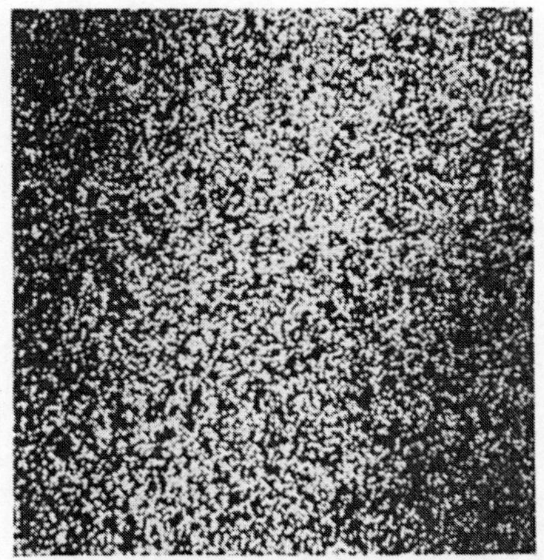
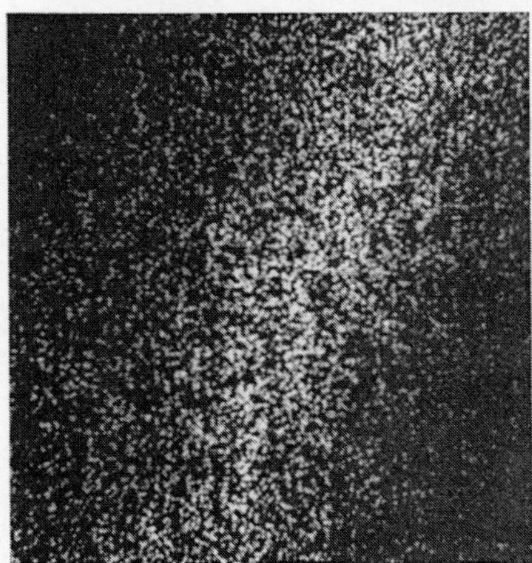
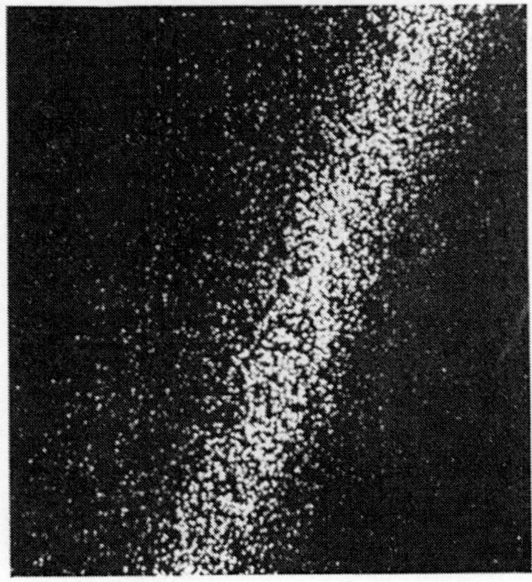

Abb. 58. Scanningaufnahmen von Kupfer mit verschiedenen Kristallen bei 25 kV und 0,3 bis 0,4 μA; Scanningfläche 330 × 330 μm (4) (v. l. n. r. Glimmer, Quarz, LiF).

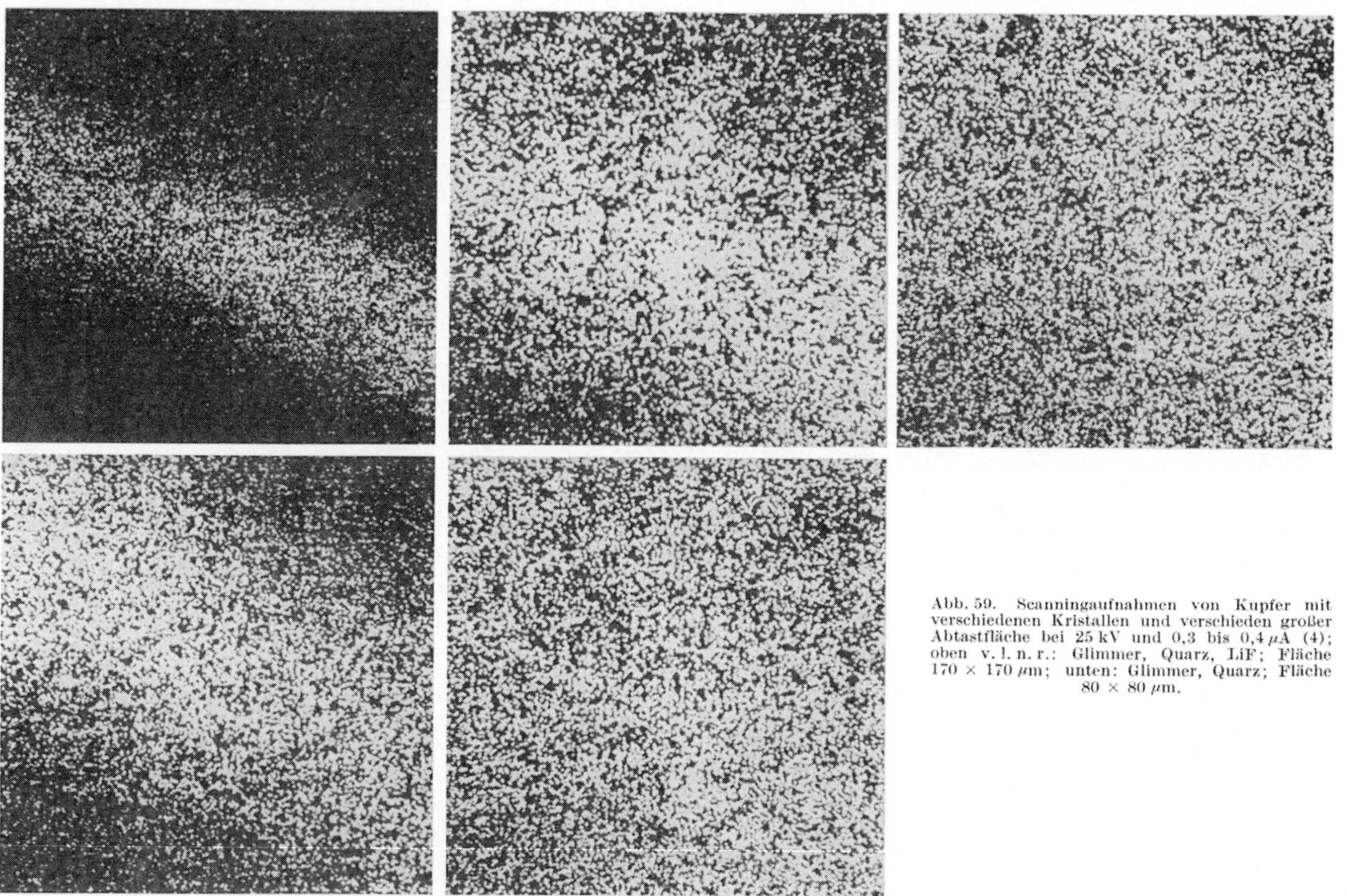

Abb. 59. Scanningaufnahmen von Kupfer mit verschiedenen Kristallen und verschieden großer Abtastfläche bei 25 kV und 0,3 bis 0,4 μA (4); oben v. l. n. r.: Glimmer, Quarz, LiF; Fläche 170 × 170 μm; unten: Glimmer, Quarz; Fläche 80 × 80 μm.

Die Helligkeit des Elektronenstrahls in einer Kathodenstrahlröhre kann aber nicht nur mittels der registrierten Intensität der charakteristischen Strahlung der in der Probe vorhandenen Elemente moduliert werden, sondern auch durch die Intensität der von der Probe rückgestreuten oder absorbierten Elektronen. Im ersten Fall erhält man ein Bild der Verteilung bestimmter, mittels der Spektro-

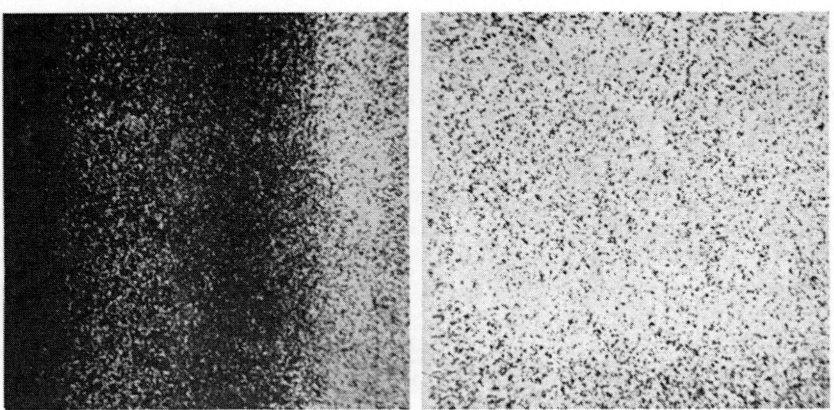

Abb. 60. Scanningbilder mit MS 46. CuKα, 25 kV, 400 × 400 μ; links elektronisch, rechts halbelektronisch.

meter auswählbarer Elemente in der Probenoberfläche. In den beiden anderen Fällen ergibt sich ein Bild, dessen Hell- und Dunkeleffekte einen Überblick über die Verteilung schwerer und leichter Elemente in der Probe geben. Wie Abb. 61 zeigt, absorbieren die leichten Elemente mehr Elektronen als schwere Elemente, sie erscheinen im Bild daher hell.

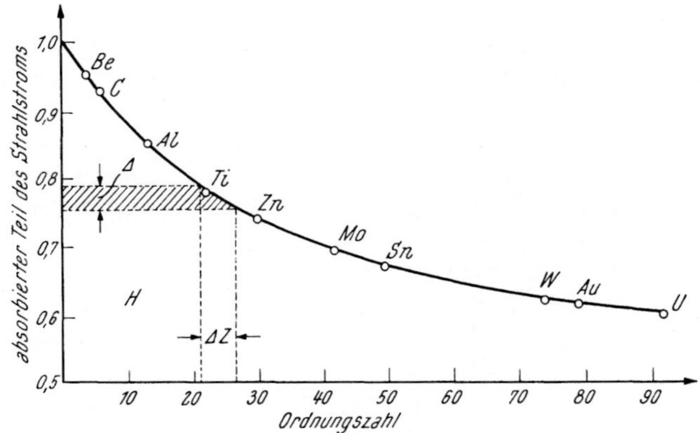

Abb. 61. Elektronenabsorption in Abhängigkeit von der Ordnungszahl.

Zwei Theorien versuchen diese Erscheinung zu erklären: im Bereiche hoher Ordnungszahlen die Diffusionstheorie (7, 24), im Bereiche der leichteren Elemente die Streutheorie (20). Bei schweren Elementen dringen die auftreffenden Elektronen nicht allzuweit in das Probenmaterial ein und diffundieren in der Probe sofort in alle Richtungen. Der Anteil der aus der Probenoberfläche wieder austretenden Elektronen ist groß, bei Uran werden bis zu 50% der einfallenden

Elektronen wieder rückgestreut. Die starke Elektronenabsorption der leichten Elemente läßt sich mit dieser Theorie schlecht in Einklang bringen.

Bei Elementen mit kleiner Ordnungszahl dringen die Elektronen wesentlich tiefer ein und müssen, um zur Probenoberfläche zurückzukehren, eine größere Strecke zurücklegen. Je länger diese Wegstrecke ist, desto größer ist auch die Wahrscheinlichkeit, daß im Verlaufe dieser Rückbewegung das Elektron durch elastische Stöße mit den Atomen des Probenmaterials aus seiner Bahn abgelenkt wird und die Oberfläche nicht mehr erreicht.

ARCHARD (1) faßt diese zwei Erklärungen nicht einander widersprechend, sondern einander ergänzend auf: beide Vorgänge, Diffusion und Streuung der Elektronen, treten stets gemeinsam auf, doch wird im Bereiche der schweren Elemente, durch die geringe Eindringtiefe der Elektronen bedingt, auch die Möglichkeit der Streuung geringer, die Diffusion der Elektronen in der Probe ist für die auftretenden Effekte ausschlaggebend. Bei den leichten Elementen ist die Streuung der vorherrschende Vorgang.

Wie aus Abb. 61 ersichtlich, ist die Änderung der Intensität der absorbierten Elektronen bei den leichten Elementen am größten, während sie gegen schwerere Elemente hin abnimmt. Die Kontraste im Absorberbild werden daher für zwei in der Ordnungszahl benachbarte Elemente um so schwächer, je höher deren Ordnungszahlen sind. Um trotzdem gute Bildkontraste zu erzielen, kann mittels geeigneter elektronischer Schaltung der große Anteil des „Hintergrundes" unterdrückt werden, so daß nur die Differenz der Intensität der absorbierten Elektronen für die Bilderzeugung zur Wirkung kommt. Nach geeigneter Verstärkung können auch eng benachbarte Elemente wie z. B. die Anreicherung von Chrom in der Ferritphase eines Chrom-Nickelstahls deutlich sichtbar gemacht werden (S. 130).

Doch sind Rückstreu- und Absorberbild auch von der Oberflächenbeschaffenheit der Probe abhängig: kleine Vertiefungen wirken wie Faradaykäfige und erscheinen im Absorberbild ebenfalls hell. Durch Auftrennen dieser beiden Einflüsse, wie es die Methode von KIMOTO (27) erlaubt (siehe auch S. 53, 123), können sowohl die Unterschiede in der Zusammensetzung als auch die Oberflächentopographie betrachtet werden. PHILIBERT und WEINRYB (35) verwenden diese Abhängigkeit der Intensität der absorbierten Elektronen von der Oberflächenbeschaffenheit, um auf diese Weise Bruchflächen zu untersuchen und deren Struktur sichtbar zu machen.

POOLE und THOMAS (39) bestimmen durch Messung der Intensität der absorbierten Elektronen in einer Probe deren Zusammensetzung mit guter Genauigkeit, wobei jedoch die mittlere Ordnungszahl der Probe und der Reinstmetallstandards genügend weit auseinanderliegen müssen. Die quantitative Analyse einer Fläche erfolgt entweder durch die Übertragung der Impulse bei sehr langsamem mechanischem Scanning oder durch Aneinanderreihung von dem Auflösungsvermögen und der Probenhomogenität angepaßten Punktanalysen, wie dies im Beispiel S. 119 gezeigt wird.

δ) Dreidimensionale Analyse.

Eine echte dreidimensionale Analyse als solche ist kaum durchführbar, denn das würde — wenn man vom einfachen Monitoring absieht — heißen, daß die Beschleunigungsspannung und die Stromstärken je nach aufgefundenen Komponenten und Matrix kontinuierlich geändert werden müßten und auch die Korrekturen laufend geändert würden. Theoretisch ist dies aber möglich, auch praktisch für geringe Schichtdicken, aber es ist die Frage, ob der sich ergebende Aufwand lohnt.

Es wird daher vielmehr auf eine dreidimensionale *Darstellung* von Linien- und Flächenanalysen hinauslaufen. Eine der einfachsten Möglichkeiten ist z. B. das Eindrücken von Mikrohärteprüfkörpern und das Ausmessen der Tiefe, Durchführung von Flächen- oder Linienanalysen, nachfolgendes Abpolieren der bereits untersuchten Fläche, abermaliges Ausmessen des ursprünglichen Eindruckes und damit Erfassung der Tiefe usw.

3. Quantitative Analyse und ihre Probleme.

Seit Castaing (14) die Elektronenstrahl-Mikroanalyse in die analytische Chemie einführte, sind die Durchführung quantitativer Bestimmungen und die damit zusammenhängenden Fragen im Brennpunkt des Interesses und der Diskussion, da eine Reihe von Faktoren das Endergebnis wesentlich beeinflussen. Da die Elektronen je nach Beschleunigung und Element immer bis zu einer gewissen Tiefe in die Probe eindringen, liegt auch der wahre Entstehungsort der Röntgenstrahlen zum größten Teil unter der Probenoberfläche. Eine gewisse Vorstellung davon erhält man, wenn man bedenkt, daß z. B. Elektronen mit 30 kV zu 99% bzw. 96% Aluminiumschichten von 100 bzw. 500 Å durchstoßen. Es werden also die austretenden Röntgenstrahlen unterschiedliche Weglängen (in Abb. 13 angedeutet) passieren und demgemäß und den vorhandenen Elementen entsprechend verschiedene Korrekturen an dem ursprünglichen Meßdatum anzubringen sein, bevor ein analytischer Befund erhoben werden kann.

Bei Geräten mit Austrittswinkeln um 20° oder weniger werden weiche Strahlen (leichte Elemente) eine beträchtliche Absorption erfahren, im umgekehrten Fall wird aber die Fluoreszenzkorrektur eine große Rolle spielen. Auf alle Fälle werden quantitative Analysen immer noch aus der Relation Röntgenintensität zu Gewichtsprozent gewonnen.

Die mathematische Berücksichtigung der das analytische Ergebnis beeinflussenden Größen wäre verhältnismäßig einfach, wenn, wie u. a. Archard (3) ausführt, zwei wesentliche Voraussetzungen zuträfen:

1. daß jede durch Elektronen hervorgerufene Ionisation lediglich ein Quant $K\alpha$-Strahlung liefert und
2. daß sich jedes Elektron geradlinig in der Probe fortbewegt.

Da schon keine dieser Bedingungen erfüllt wird und außerdem andere Wechselbeziehungen hinzukommen, müssen oft umständliche Korrekturen angebracht werden, deren Umfang schon allein aus der Aufzählung der annähernd tatsächlichen Verhältnisse hervorgeht. Denn

a) einige Elektronen erzeugen durch Ionisation anderer als der K-Schale sogenannte „Auger-Elektronen",

b) nicht jede K-Strahlung ist $K\alpha$-Strahlung,

c) einige Elektronen werden bereits — ohne zur Wirkung zu kommen — nach kürzester Wegstrecke rückgestreut,

d) ein Teil der $K\alpha$-Strahlung erscheint auf Grund der Absorption der kontinuierlichen Bremsstrahlung als zusätzliche Fluoreszenzstrahlung,

e) die Elektronen wandern nicht entlang einer geraden Linie.

So ist zu verstehen, daß alle Korrekturformeln auf einer Reihe von Annahmen aufbauen und daß — obwohl seit der ersten großen Veröffentlichung durch Castaing (15) mehr als 15 Jahre verflossen sind — noch keine alle Interessierten (am wenigsten den Analytiker) befriedigende Unterlage geschaffen werden konnte.

Im Gegenteil: Es scheint, daß durch die verschiedenen Arbeitsgruppen schon allein durch die Wahl verschiedener Symbole für gleiche Erscheinungen weitgehende Unübersichtlichkeit eingetreten ist. Es ist das große Verdienst von Philibert, eine zusammenfassende theoretische Darstellung gegeben zu haben (36). Da auch er noch von vielen Annahmen ausgeht und da es nicht Sinn dieses Buches sein kann, verschiedene Meinungen wiederzugeben, werden hier ohne weiteren Kommentar die zur Ermittlung der *Analysendaten* wichtigsten Formeln und Tabellen wiedergegeben. Duncumb und Shields (19) haben ebenfalls den großen Wert der Castaingschen Interpretationen aufgezeigt, so daß auch hier vorwiegend diese herangezogen wurden. Da aber weiters hinsichtlich der Massenabsorptionskoeffizienten auch in den neuesten Tabellen Unterschiede von 20 und mehr Prozent aufscheinen, wird hier auf die Anführung der zur Korrektur notwendigen Tabellen gänzlich verzichtet und es dem Leser bis zu dem Zeitpunkt, wenn es durch neue Messungen oder durch eine Konvention einheitliche Werte gibt, überlassen, welchem Tabellenwerk er den Vorzug gibt. Auf S. 111 wird auf die Folgen der Verwendung verschiedener Grundwerte, wie z. B. der Massenabsorptionskoeffizienten, hingewiesen.

Die Anwendung von Korrekturen auf die erhaltenen Impulsraten ist der zeitraubendste Faktor (außer mitunter der Probenherstellung) und muß immer der Fragestellung (dem Element) und dem Gerät (z. B. Abnahmewinkel) angepaßt sein. Wenn es sich nur um die Verfolgung der Verteilung eines Elementes handelt, also um die relativen Konzentrationsänderungen entlang eines vorgewählten Weges in der gleichen Matrix, kann auf die Errechnung absoluter Elementgehalte überhaupt verzichtet werden (S. 119 ff.).

Üblicherweise wird man etwa wie folgt vorgehen:

1. Wenn die Probe völlig unbekannt ist, wird mit Hilfe des oder besser der zur Verfügung stehenden Spektrometer mit verschiedenen Analysatorkristallen eine qualitative Untersuchung unter genauer Winkelmarkierung durchgeführt. Dann wird nach Punkt 2 oder 3 weiterverfahren.
2. Wenn in Relation zur untersuchten Probe geeignete Vergleichsstandards vorhanden sind, können die Konzentrationen direkt aus den entsprechenden Intensitätsverhältnissen sehr genau abgeschätzt werden. Bei sich wiederholenden Analysen gleichen Materials ist es daher angezeigt, Eichstandards zu schaffen und Eichkurven aufzustellen.
3. Wenn Punkt 2 nicht erfüllt werden kann, müssen Rechenoperationen, wie sie nachfolgend aufgezeigt sind, durchgeführt werden.

a) Einführung.

Ursprünglich wurde in der Röntgenfluoreszenzanalyse eine Mischung der Probe mit dem gesuchten Element als Antikathode verwendet und die emittierte, charakteristische Linie gemessen. Anschließend wurde dann dieser Mischung ein Referenzelement B (mit sehr ähnlicher Atomnummer) so lange zugesetzt, bis dessen charakteristische Linie die gleiche Intensität hatte wie jene von Element A. Castaing (15) hat schon deutlich darauf hingewiesen, daß hier zwei Nachteile auftreten. Einmal ist diese Technik sehr mühsam, zum anderen werden aber Intensitäten zweier verschiedener Strahlungen von verschiedenen Wellenlängen gemessen, die obendrein auch noch von der Matrix verschieden stark absorbiert werden können. Dazu kommt noch das unterschiedliche Verhalten dieser Strahlungen gegenüber Kristall und Zählgerät.

Unter Berücksichtigung dessen und unter der Voraussetzung, daß die Eichprobe von sehr ähnlicher physikalischer und chemischer Beschaffenheit wie die

Untersuchungsprobe ist, führt BIRKS (11) mit Vorbehalt für Elektronenstrahl-Mikroanalyse die Vergleichsmethode an. Dabei werden die Intensitäten des gesuchten Elements in der unbekannten Probe I_u und in der Eichprobe I_s gemessen und in folgende Gleichung eingesetzt:

$$\frac{W_u}{W_E} = \frac{I_u}{I_s} \quad \text{bzw.} \quad W_u = \frac{I_u}{I_s} \cdot W_E, \tag{4.15}$$

wobei W_E die bekannte Elementmenge in der Eichprobe ist und W_u jene in der unbekannten Probe.

Dies setzt natürlich den kaum zu realisierenden Fall vollständiger Probenhomogenität in jeder Hinsicht voraus, gibt aber in vielen Fällen gute Resultate und führt bei konsequenter Durchführung zu Eichkurven.

Dies war auch der Grund, warum CASTAING (15) zu Reinelementen als Standards griff und Intensitätsvergleiche an identischen Strahlungen durchführte. Dabei wird die Konzentration des Elementes A in einer Legierung abgeleitet vom Vergleich der Intensität I_A der charakteristischen Strahlung des Elements A in der Legierung und der Intensität $I_{(A)}$ der gleichen Strahlung des Reinelementes unter identischen Bedingungen. Dann ist in erster Näherung

$$\frac{I_A}{I_{(A)}} = C_A. \tag{4.16}$$

Diese sogenannte „*1. Näherung*" gilt, solange die Atomnummern der Elemente, aus denen die Probe besteht, gleich oder wenigstens sehr ähnlich der oder den Atomnummer(n) der Vergleichsstandards sind, und besagt: *die Massenkonzentration des Elements A ist gleich dem Verhältnis der Intensitäten der charakteristischen Linien von A in Probe und Standard.*

Hierbei wird die Strahlungsabsorption in der Probe und die Sekundärfluoreszenz aus der Probe (unter anderem) bewußt vernachlässigt, da ja die Forderung nach Eichproben (und in der Folge nach Eichkurven) damit aufgestellt ist. In der Praxis arbeitet dieses Verfahren auch zufriedenstellend.

Für eingehendere Untersuchungen wird aber die Verzögerung der eindringenden Elektronen unter anderem nicht zu vernachlässigen sein und wird in der „zweiten Näherung" nach CASTAING berücksichtigt. Die Bremsung der Elektronen entlang ihres Eindringweges ist eine Funktion ihrer Energie und der mittleren Atomnummer der Probe und ist für jedes Element (Legierung) empirisch zu bestimmen. Es gilt dann folgende Formel

$$\frac{I_A}{I_{(A)}} = \frac{\alpha_A \cdot C_A}{\Sigma \alpha_i \cdot C_i} \tag{4.17}$$

CASTAING bezeichnet α als „spezifischen Bremsfaktor" („specific deceleration power"), PHILIBERT bezeichnet α nur mehr als „coefficient de la deuxième approximation" (36).

Bei einer aus den Elementen A und B bestehenden Probe erhalten wir, da $C_A + C_B = 1$ ist und $\frac{I_A}{I_{(A)}} = k_A$ nach (4.16) also folgende Gleichung:

$$k_A = \frac{\alpha_A \cdot C_A}{\alpha_A \cdot C_A + \alpha_B \cdot C_B} = \frac{\alpha_A \cdot C_A}{C_A\,(\alpha_A - \alpha_B) + \alpha_B}. \tag{4.18}$$

Daraus folgt wiederum, daß α eine maßgebende Rolle spielt. Wenn also $\alpha = \frac{\alpha_B}{\alpha_A}$ ist, so erhalten wir

$$k_A = \frac{C_A}{(1 - \alpha)\,C_A + \alpha}. \tag{4.19}$$

Wie auch Abb. 62 zeigt, ist das Verhältnis $\frac{I_A}{I_{(A)}}$ eine Funktion von C_A, und es gelten folgende Möglichkeiten:

a) $\alpha < 1$, d. h. $\alpha_A > \alpha_B$; die Konzentrationen werden zu hoch gemessen („leichte“ Elemente in einer „schweren“ Matrix).

b) $\alpha > 1$, d. h. $\alpha_A < \alpha_B$; die Konzentrationen werden zu niedrig gemessen („schwere“ Elemente in einer „leichten“ Matrix).

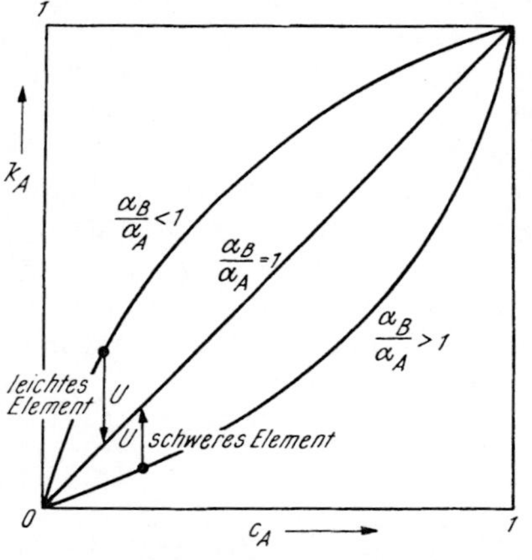

Abb. 62. Beziehung zwischen dem Verhältnis der angeregten Intensitäten k_A und der Konzentration C_A. (Die Pfeile bezeichnen die Richtung der Änderung bei steigender Anregung U) (36).

c) $\alpha = 1$, dann gilt wieder die „1. Näherung“ nach CASTAING.

Diese Ausführungen allein zeigen schon, daß es nahezu unmöglich ist, auch nur für binäre Legierungen die „α-Koeffizienten“ für alle Elementkombinationen anzugeben.

b) Rechenoperationen zur Konzentrationsermittlung.

Das Problem besteht [ohne auf theoretische Begründungen nach PHILIBERT (36) einzugehen] darin, ausgehend von den gemessenen austretenden Intensitäten, über das Verhältnis der primär erzeugten Intensitäten $k_A = \frac{I_A}{I_{(A)}}$ schließlich die wahre Konzentration C_A zu ermitteln. Die letzte Operation ist sofort möglich, wenn keine große Differenz zwischen den Atomnummern besteht, da in diesem Fall $C_A = k_A$ ist. Die erste Operation ist komplexer, da man von den gemessenen Intensitäten auf die primär austretenden und von diesen wieder auf die primär erzeugten Intensitäten umrechnen muß. Daher erhält man nach PHILIBERT (36) das folgende Schema:

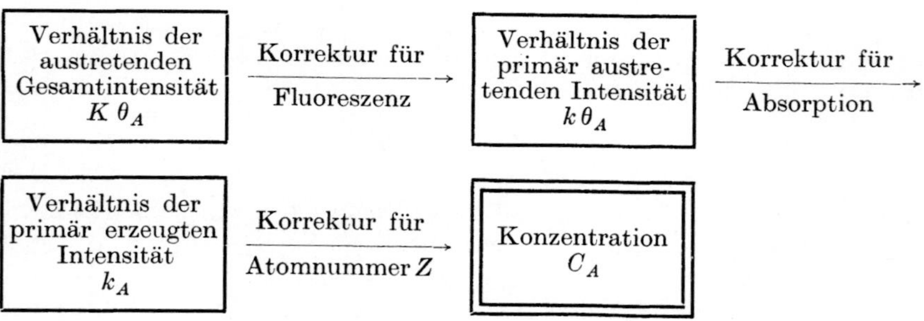

Wir besprechen zunächst die Korrekturen für Fluoreszenz und Absorption. Bevor wir die Ausdrücke zusammenstellen, mit denen man die Rechnung durchführen kann, treffen wir nach PHILIBERT (36) einige Feststellungen:

1. In den verschiedenen Formeln treten verschiedene Faktoren auf, die eine Funktion der Zusammensetzung der Legierung sind (besonders die Absorptionskoeffizienten). Man muß daher die Zusammensetzung kennen, damit man die Korrektur(en) berechnen kann. Wenn die Korrektur klein ist, kann man die Rechnung mit den gemessenen Gesamtintensitäten $K\theta_A$ machen; wenn sie aber

im Gegensatz dazu groß ist, wird man nur einen angenäherten Wert erhalten, und man muß daher eine Methode der sukzessiven Näherungen anwenden.

Leider können bei einer komplexen Antikathode die verschiedenen Korrekturen die Resultate einer solchen Methode stark streuen lassen. Deshalb ist es besser, die Rechnung umgekehrt zu machen, d. h. also von rechts nach links in dem obigen Schema. Man geht von der Konzentration C_A aus und berechnet die verschiedenen Korrekturen, um das entsprechende Verhältnis der austretenden Intensitäten $K\theta_A$ zu bekommen.

Wir unterscheiden 2 Fälle:

a) Nach der Überprüfung der experimentellen Resultate und der Vorzeichen der Korrekturen macht man sich ein ungefähres Bild der Zusammensetzung. Nachdem man die Korrekturen für die Grenzzusammensetzungen berechnet hat, kann man durch Interpolation von der gemessenen auf die wahre Konzentration zurückrechnen.

b) In vielen Fällen wird man daran interessiert sein, eine theoretische Eichkurve für die üblichen binären Legierungen und Kurvenscharen für die ternären Legierungen aufzustellen. Man wählt eine Reihe von Konzentrationen c_i und berechnet das entsprechende Verhältnis der austretenden Intensitäten $K\theta_i$ und trägt graphisch $\Delta k_i = k_i - K\theta_i$ als Funktion von $K\theta_i$ auf. Es ist dann ein leichtes, für einen tatsächlich gemessenen Wert der Intensitäten $K\theta_0$ die nötige Korrektur Δk_0 aus der Kurve abzulesen.

2. Die Formeln für die Fluoreszenzkorrekturen beziehen sich auf die primär aus der Probe (oder Standard) austretenden Intensitäten, d. h. auf solche, die bereits eine Absorption hinter sich haben. Das obige Schema zeigt, wie die Rechnung in beiden Richtungen möglich ist, wobei sich die Formeln auf $K\theta_A$ und k_A beziehen. Wenn man von den wahren Konzentrationen ausgeht, muß man zunächst die Absorptionskorrektur berechnen und danach erst die Korrektur für die Fluoreszenz, um die austretenden Intensitäten zu erhalten. Wenn man aber umgekehrt von den Messungen ausgeht, berechnet man zuerst die Fluoreszenz und dann die Absorption.

3. In vielen Fällen ist nur eine Korrektur von Bedeutung und wird berechnet. Dies trifft z. B. für die Absorptionskorrektur in binären Legierungen zu. Wenn jedoch die Korrektur für die Fluoreszenz eines Elements B durch die charakteristische Strahlung von A sehr wichtig ist, darf man die Absorptionskorrektur für das Element B nicht vernachlässigen, auch wenn sie noch so gering ist.

Ein weiteres Problem, das hier kurz gestreift werden soll, ist die Uneinheitlichkeit und Ungenauigkeit der der Berechnung zugrunde liegenden Werte. Es wird daher dringend notwendig — wenn nicht anders möglich über eine Konvention —, einheitliche Daten zur Verfügung zu stellen.

Sehen wir beispielsweise, wie in Tabelle 22, die Angaben für die Absorptionskoeffizienten der $K\alpha$-Strahlung in einer hypothetischen Fe-Cr-Legierung 50/50 und die weiteren Folgen an.

Schon diese wenigen Werte zeigen Unterschiede bis zu 20%. Dazu kommen aber noch weitere empirische Faktoren, z. B. für die von Gerätetyp zu Gerätetyp verschiedenen Abnahmewinkel der Röntgenstrahlung oder die aus einer Reihe von Annahmen ermittelten Faktoren für Elektronenstreuung bzw. Röntgenemission.

Um überhaupt Rechnungen durchführen zu können, muß man sich konsequent einer Richtung anschließen. Hier ist es die von Castaing-Philibert; die theoretischen Hintergründe für die vorgeschlagenen Korrekturfaktoren haben hier bei deren rechnerischer Anwendung keine große Bedeutung.

Tabelle 22.

Absorptionsverhältnis	PHILIBERT (36)	BIRKS (11)	SAGEL (41)	THEISEN (44)	HEINRICH (23)
$\mu_{\text{Fe K}\alpha}^{\text{in Fe}}$	71	76	72,8	74	71,4
$\mu_{\text{Fe K}\alpha}^{\text{in Cr}}$	445	460	490	455	474,2
$\mu_{\text{Cr K}\alpha}^{\text{in Fe}}$	115	125	115	116	113
$\mu_{\text{Cr K}\alpha}^{\text{in Cr}}$	90	107	89,9	97	88,2
$\mu_{\text{Fe K}\alpha}^{\text{in FeCr}}$	258	268	281,4	264,5	272,8
$\mu_{\text{Cr K}\alpha}^{\text{in FeCr}}$	102,5	116	102,5	106,5	100,6

Summarisch kann also die *Korrektur* wie folgt durchgeführt werden:

$$\text{K}\theta = \left[\frac{I_A}{I_{(A)}}\right]_{\text{gemessen}} = C_A - \Delta C_{\text{abs}} + \Delta C_f + \Delta C_{fc}. \tag{4.20}$$

Dabei bedeuten:

$\text{K}\theta$ = Austretende Gesamtintensität bei einem Abnahmewinkel θ.
I_A = Strahlungsintensität der Probe.
$I_{(A)}$ = Strahlungsintensität des Standards.
C_A = Massenkonzentration des Elementes A.
ΔC_{abs} = Absorptionskorrektur.
ΔC_f = Fluoreszenzkorrektur für Linienspektrum nach PHILIBERT (36).
ΔC_{fc} = Fluoreszenzkorrektur für kontinuierliches Spektrum nach PHILIBERT (36).

Die Formel für die *Absorptionskorrektur* lautet

$$1.\quad \Delta C_{\text{abs}} = k_A \cdot \left[1 - \frac{f(\chi)_{\text{Probe}}}{f(\chi)_{\text{Standard}}}\right], \tag{4.21}$$

wobei

k_A = Verhältnis der angeregten Strahlungsintensitäten in Probe und Standard.
$f(\chi) = \frac{F(\chi)}{F(0)}$ = Verhältnis der austretenden zur anregenden Strahlung; muß nach (4.22) berechnet werden.

$$\frac{1}{f(\chi)} = \left(1 + \frac{\chi}{\sigma}\right) \cdot \left[1 + \frac{h}{1+h} \cdot \frac{\chi}{\sigma}\right] \tag{4.22}$$

$\chi = \mu/\sin\theta = \mu \cdot \operatorname{cosec}\theta$.
μ = Massenabsorptionskoeffizient [aus Tabellen von (11, 29, 44)].
σ = Lenardsche Konstante als Funktion der Beschleunigungsspannung (35) (aus Tabelle 23).
h = const. A/Z^2 [const. nach PHILIBERT (36) = 1,2,
THEISEN (43) = 3,0,
CASTAING (37) = 3,5].
θ = Abnahmewinkel, je nach Gerät.

Für die Berechnung der *Fluoreszenzkorrektur,* die allerdings vorläufig nur für die K-Serien gilt und für die L-Serien noch komplizierter wird, findet Gleichung (4.23) Anwendung:

$$2.\quad \Delta C_f = (k_A - C_{\text{abs}}) \cdot \frac{I_f^A}{I_A} \tag{4.23}$$

I_f^A = Intensität der Fluoreszenzstrahlung bei Anregung durch die charakteristische Strahlung des Elementes A in der Probe.

I_A = wie oben.

Die Zusammenhänge gehen aus folgenden Ausführungen und Gleichungen hervor:

$$\frac{I_f^A}{I_A} = \frac{\omega_K^B}{2} \cdot C_B \left(\frac{r-1}{r}\right)_A \cdot \frac{A}{B} \cdot \frac{\nu A}{\nu B} \cdot \frac{\mu_B^A}{\mu_B^{AB}} \left[\frac{\lg(1+u)}{u} + \frac{\lg(1+v)}{v}\right] \quad (4.24)$$

$$\text{mit: } u = \mu_A^{AB} / \mu_B^{AB} \sin\theta = \chi_A / \mu_B^{AB}$$

$$v = \sigma / \mu_B^{AB}.$$

I^A ist die primär austretende Intensität der Analysenlinie $K\alpha_1$, d. h. auf Grund einer direkten Anregung, I_f^A die sekundär austretende Intensität derselben K-Linie, herrührend von der Fluoreszenz durch die K-Linien des Elements B. Man sieht, daß die Emission der Fluoreszenz von A der Fluoreszenzausbeute ω_K^B von B — und nicht von A — und der Konzentration an B proportional ist. Das kommt daher, daß wir I_f^A auf die Intensität I_A bezogen haben und nicht auf die anregende Intensität I^B. ν^A und ν^B bezeichnen die Frequenzen der Absorptionskanten, r das Verhältnis der Absorptionskoeffizienten beiderseits der K-Kante (A) (man erhält es im allgemeinen durch die empirische Beziehung $r = E_K/E_L$), ω_K die Fluoreszenzausbeute des K-Niveaus, μ_x^y den Massenabsorptionskoeffizienten der $K\alpha_1$-Linie (x) im Element oder der Legierung y.

Die Gleichung (4.24) enthält zwei Faktoren.

Der erste:

$$P = 1/2\,\omega_K^B \left(\frac{r-1}{r}\right)_A \cdot \frac{A}{B} \cdot \frac{\nu^A \cdot \mu_B^A}{\nu^B} \quad (4.24\text{a})$$

hängt nur von den Eigenschaften der zwei Elemente A und B ab, der zweite

$$Q = C_B \left\{\frac{\lg\left[1 + \frac{\mu_A^{AB}}{\mu_B^{AB}/\sin\theta}\right]}{\mu_A^{AB}/\sin\theta} + \frac{\lg\left[1 + \frac{\sigma}{\mu_B^{AB}}\right]}{\sigma}\right\} =$$

$$= \frac{C_B}{\mu_B^{AB}} \left\{\frac{\lg(1+u)}{u} + \frac{\lg(1+v)}{v}\right\} \quad (4.24\text{b})$$

ist eine Funktion

1. der Zusammensetzung der Legierung C_A, μ_A^{AB} und μ_B^{AB},
2. der Anregungsspannung durch den Term $\sigma(V)$ (36) (vgl. Tabelle 23),
3. des Austrittswinkels θ.

Tabelle 23.

Anregungsspannung (kV)	σ	Anregungsspannung (kV)	σ	Anregungsspannung (kV)	σ	Anregungsspannung (kV)	σ
8	11800	15	5900	22	3200	29	1950
9	10650	16	5350	23	2950	30	1820
10	9600	17	4850	24	2725	31	1700
11	8700	18	4450	25	2550	32	1600
12	7850	19	4075	26	2375	33	1515
13	7100	20	3725	27	2200	34	1425
14	6450	21	3450	28	2075	35	1340

Für den Fall, daß mehrere Elemente $B, C \ldots$ die Fluoreszenz von A anregen, muß man die verschiedenen Terme $I_f^A(B)$, $I_f^A(C) \ldots$ einzeln berechnen. Zur Berechnung der Fluoreszenzkorrektur weiß man, daß das gemessene Verhältnis der Intensitäten von Probe und Standard gleich ist.

$$\mathrm{K}\theta_A = \frac{I_A + I_f^A}{I_{(A)}} = \frac{I_m^A}{I_{(A)}}. \tag{4.25}$$

$I_{(A)}$ ist die Intensität der gleichen Linie des Standards unter den gleichen Bedingungen. Es gilt aber:
$I_A/I_{(A)} = k\theta_A$ ($= C_A$ in der 1. Näherung und bei Vernachlässigung der Absorption).

Daraus folgt

$$\frac{I_m^A}{I_{(A)}} = \mathrm{K}\theta_A = \frac{1 + I_f^A/I_A}{I_{(A)}/I_A} = C_A \text{ (oder } k\theta_A\text{)} \left(1 + \frac{I_f^A}{I_A}\right). \tag{4.26}$$

Experimentell mißt man $\mathrm{K}\theta_A$ und errechnet I_f^A/I_A; daraus erhält man $k\theta_A$ oder C_A, wenn die Absorptionskorrektur zu vernachlässigen ist und die 1. Näherung gilt; oder man berechnet umgekehrt $\mathrm{K}\theta_A$ für Legierungen, deren Konzentration C_A man kennt, nach Gleichung (4.12); das Verhältnis I_f^A/I_A ist dann durch Gleichung (4.24) gegeben.

3. $\Delta C_{fc} = \dfrac{(k_A - \Delta C_{\text{abs}}) + k_f \cdot F_A}{1 + F_A}$ = Fluoreszenzkorrektur für das kontinuierliche Spektrum. (4.27)

Die Fluoreszenz, die von der Strahlung des charakteristischen Spektrums angeregt wird, ist in Probe und Standard meist verschieden. Es ist also nötig, sie zu berechnen, um die gemessenen Intensitäten korrigieren zu können. Der Effekt tritt nur auf, wenn die Atomnummern der Elemente sehr verschieden sind. Ist das nicht der Fall, dann ist die Intensität des kontinuierlichen Spektrums (proportional Z) in Probe und Standard gleich, und die Intensität der Fluoreszenz von A wird proportional der Konzentration C_A sein. Die Gesamtemission ist also proportional C_A, und man braucht keine Korrekturen anzubringen.

Aus der Gleichung

$$\mathrm{K}\theta = \left[\frac{I_A}{I_{(A)}}\right]_{\text{gemessen}} = \frac{\left[\dfrac{I_A}{I_{(A)}}\right]_{\text{primär austretend}} + k_f \cdot F^A}{1 + F^A}, \tag{4.28}$$

wobei $k_f = \dfrac{I_{fc}^A}{I_{fc}^{(A)}}$ und $F^A = I_{fc}^{(A)}/I_{(A)}$ und k_f das Verhältnis der Fluoreszenzintensitäten bei Anregung durch das kontinuierliche Spektrum in der Probe (I_{fc}^A) und im Standard ($I_{fc}^{(A)}$) und F^A das Verhältnis von Fluoreszenzausbeute durch das kontinuierliche Spektrum im Standard zur Gesamtstrahlungsintensität im Standard bedeuten und jeweils gemessen werden müssen, gehen die Zusammenhänge zwischen gemessener und zu verwertender Intensität hervor. (Es sei hier auch auf die Arbeit von ARCHARD und MULVEY (2) hingewiesen.) Man muß bei der Korrektur den durch Fluoreszenz hervorgerufenen Strahlungsmehranteil von der Gesamtintensität abziehen und den durch die Absorption verlorengegangenen hinzuzählen.

Die nachfolgenden Rechenbeispiele sind unter Verwendung der Zahlen von PHILIBERT (36) auch um andere Zahlenbeispiele erweitert, um das vorher Gesagte besser zu veranschaulichen.

α) Rechenbeispiele.

Meist ist nur eine einzige Korrektur überwiegend. Betrachten wir z. B. die Fe-Cr-Legierungen. Die Absorptionskoeffizienten für die K_α-Linien lauten nach Tabelle 22:

$$\mu_{Fe}^{Fe} = 71 \text{ bzw. } 76 \qquad \mu_{Cr}^{Fe} = 115 \text{ bzw. } 125$$

$$\mu_{Fe}^{Cr} = 445 \text{ bzw. } 460 \qquad \mu_{Cr}^{Cr} = 90 \text{ bzw. } 107.$$

Die K_α-Linie von Fe wird vom Cr sehr stark absorbiert. Wir müssen also für das Fe eine Absorptionskorrektur berechnen. Nehmen wir die Legierung 50/50. Die Absorptionskoeffizienten, die man berücksichtigen muß, sind die der Linie Fe-$K_{\alpha 1}$ in Fe, nämlich 71 bzw. 76 und in der Legierung, nämlich

$$\mu_{Fe}^{FeCr} = 71 \cdot 0{,}5 + 445 \cdot 0{,}5 = 258 \text{ bzw. } 76 \cdot 0{,}5 + 460 \cdot 0{,}5 = 268.$$

Wir nehmen für $\operatorname{cosec} \theta = 3{,}52$, das entspricht dem Austrittswinkel der Fe-K_α-Linie für einen Spektrographen mit Quarzkristall nach Castaing. In Tabelle 23 findet man $\sigma = 1820$ bei 30 kV, $h = 0{,}10$ für Fe, $h = 0{,}105$ für Fe-Cr ($\bar{Z} = 25$). Die Rechnung kann also wie folgt angelegt werden:

	Standard			Probe		
μ	71	bzw.	76	258	bzw.	268
χ	250	bzw.	268	908	bzw.	943
$\frac{\chi}{\sigma}$	0,1374	bzw.	0,147	0,499	bzw.	0,52
$1 + \frac{\chi}{\sigma}$	1,1374	bzw.	0,147	1,499	bzw.	1,52
$\frac{h}{h+1} \cdot \frac{\chi}{\sigma}$	0,0125	bzw.	0,0134	0,0474	bzw.	0,048
$1 + \frac{h}{1+h} \cdot \frac{\chi}{\sigma}$	1,0125	bzw.	1,0134	1,0474	bzw.	1,048
$\frac{1}{f(\chi)}$	1,1525	bzw.	1,1624	1,57	bzw.	1,60
$\frac{f(\chi)_{Leg.}}{f(\chi)_{Stand.}}$			0,735	bzw.	0,720	
$k\theta_{Fe}$			36,75	bzw.	36,00%	

Für eine Eisenkonzentration $C_{Fe} = 50\%$ mißt man daher bei 30 kV: $K\theta_{Fe} = 0{,}735 \cdot 0{,}5 = 36{,}75\%$ bzw. $0{,}72 \cdot 0{,}5 = 36{,}00\%$; das erfordert also eine Korrektur von $C = +\,13{,}25$ bzw. $+\,14{,}00\%$, die man an den Meßwerten anbringen muß. Dieser Korrekturunterschied wäre nicht außerordentlich groß (ungefähr 2 Relativprozent); wenn man hingegen noch die unterschiedlichen Angaben für den h-Parameter berücksichtigt — Theisen (43) gibt z. B. dafür unter der Bezeichnung ξ für $h = 3 \cdot A/Z^2$ an —, dann erhält man an Stelle von 36,75 bzw. 36,00% sogar 37,50% oder eine Korrektur von nur $+\,12{,}50\%$ absolut, um wieder 50% Eisen zu erhalten.

Abgesehen davon, daß bei Mehrstoffsystemen die Rechenoperationen schwieriger werden, zeigt schon dieses kleine Beispiel, daß die Aufstellung von Eichkurven vorderhand noch die einfachere, wenn vielleicht anfangs auch noch die zeitraubendere, so doch die sicherere Methode sein wird.

Führt man immer wieder eine ähnliche Rechnung für eine Reihe binärer Fe-Cr-Legierungen aus, so kann man eine Eichkurve zeichnen, in der die Korrektur ΔC als Funktion des Meßwerts aufgetragen ist. Man erhält so eine Kurve, die eine sehr schnelle Berechnung der Korrektur für jede Fe-Cr-Legierung gestattet. Abb. 63 zeigt solche Kurven für 20 und 30 kV.

Infolge der starken Absorption der K_α(Fe)-Linie durch das Cr werden dessen Atome eine Fluoreszenzstrahlung aussenden. Die mit der $CrK_{\alpha 1}$-Linie gemessenen Werte für $K\theta_{Cr}$ müssen daher eine negative Korrektur erhalten. Unsere Formeln erlauben eine Umrechnung von $K\theta_{Cr}$ auf $k\theta_{Cr}$. Praktisch ist $k\theta_{Cr} = C_{Cr}$, da die Absorptionskorrektur für die $CrK\alpha$-Linie sehr klein ist, wie die Werte für die Absorptionskoeffizienten zeigen. Es soll also nur die Fluoreszenzkorrektur berechnet werden.

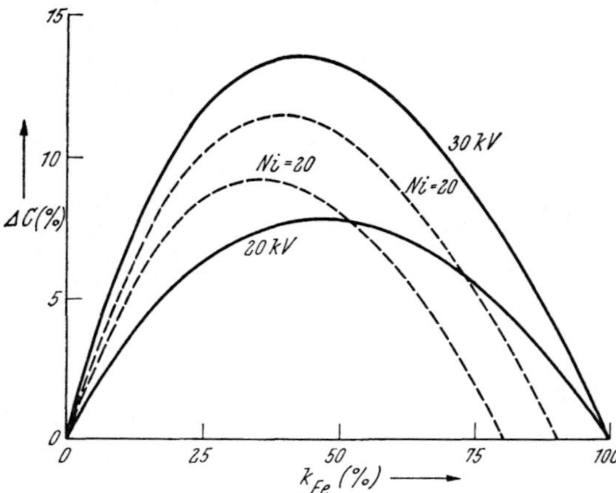

Abb. 63. Berechnete Korrekturkurven für die Absorption von Fe ($K\alpha$-Linie) in Fe-Cr-Legierungen bei 20 und 30 kV. [Die gestrichelten Kurven zeigen die Veränderungen durch einen Zusatz von 10 bis 20% Ni an Stelle von Cr (bei 30 kV). Bei der ternären Legierung Fe-Cr-Ni muß man noch die Fluoreszenz des Fe berücksichtigen (36).]

Es wurde bereits festgestellt, daß die Beziehung (4.24), mit der man I_f^A/I^A berechnen kann, einen Faktor P (4.24a) enthält, der von der Konzentration, von der Beschleunigungsspannung und vom Austrittswinkel unabhängig ist, und einen zweiten Faktor Q (4.24b), der von diesen drei Variablen abhängt.

Es ist sehr interessant, ein für allemal den Faktor P für die üblichen Legierungen zu berechnen.

$$P_{AB} = \frac{1}{2} \cdot \omega_K^B \cdot \left(\frac{r-1}{r}\right)_A \cdot \frac{A}{B} \cdot \frac{\nu A}{\nu B} \cdot \mu_B^A. \qquad (4.29)$$

Das fluoreszierende Element hat immer die Bezeichnung A. Die Tabelle 24 enthält auszugsweise die P-Werte für 3 Elementenpaare, bei denen die Fluoreszenz nach Duncumb und Shields (19) besonders stark ist.

Tabelle 24.

Legierungspaar	Element A	P_{AB}
Cr-Fe	Cr	48,41
Fe-Ni	Fe	50,56
Ni-Zn	Ni	48,12

Es bleibt also noch der variable Faktor auszurechnen. Wir nehmen wieder die Legierung Fe-Cr 50/50 und benötigen dazu:

$$\mu_{Fe}^{Leg} = 71 \cdot 0{,}5 + 445 \cdot 0{,}5 = 258.$$

$$\mu_{Cr}^{Leg} = 115 \cdot 0{,}5 + 90 \cdot 0{,}5 = 102{,}5.$$

$$\chi_{Cr} = 3{,}44 \cdot 102{,}5 = 352{,}6.$$

cosec $\theta = 3{,}44$ für die CrK_α-Linie unter den vorher angegebenen Bedingungen. Der variable Faktor lautet also für 30 kV:

$$Q = C_{Fe}\left\{\frac{\lg(1+\chi_{Cr}/\mu_{Fe})}{\chi_{Cr}} + \frac{\lg(1+\sigma/\mu_{Fe})}{\sigma}\right\}$$

$$= 0{,}5\left\{\frac{\lg_e(1+352{,}6/258)}{352{,}6} + \frac{\lg_e(1+1820/258)}{1820}\right\}$$

$$= 0{,}5\cdot(2{,}445+1{,}147)\cdot 10^{-3}$$

$$= 1{,}796\cdot 10^{-3}.$$

Daraus folgt:

$$\frac{I_f^{Cr}}{I^{Cr}} = 48{,}41\cdot 1{,}796\cdot 10^{-3} = 0{,}0869$$

und

$$K\theta_{Cr} = 0{,}5\,(1+0{,}0869) = 54{,}35\%$$

$$\Delta C = -4{,}35\%.$$

Man muß eine negative Korrektur von 4,35% absolut auf den Meßwert von 54,35% anbringen. Wenn man die Rechnung für eine Reihe von Legierungen durchführt, erhält man eine Eichkurve ähnlich jener in Abb. 63.

Sehen wir uns nun den Einfluß eines dritten Elements an. Wir betrachten eine ternäre Legierung Cr-Ni-Fe und wenden uns zunächst der Fluoreszenz des Cr zu. Mit

$$\mu_{Fe}^{Cr} = 445 \quad \text{und} \quad \mu_{Ni}^{Cr} = 316$$

sieht man, daß eine Substitution von Fe durch Ni die Fluoreszenz von Cr erniedrigen würde. Man muß die Korrektur also in zwei Stufen durchführen:

1. Absorption von Cr in der ternären Legierung (sie ist nicht mehr wie in der binären zu vernachlässigen).

2. Die Fluoreszenz von Cr; diese letzte Rechnung teilt sich wieder in zwei Etappen, da man ja die beiden Paare Cr-Fe und Cr-Ni betrachten muß.

Wir betrachten z. B. die Legierung: Fe = 50%, Cr = 25%, Ni = 25%. Die Absorption der CrK_α-Linie wird durch die Anwesenheit von Ni verstärkt:

$$\mu_{Cr}^{Cr} = 90,\ \mu_{Cr}^{Fe} = 115,\ \mu_{Cr}^{Ni} = 146.$$

Daraus folgt:

$$\mu_{Cr}^{Leg} = 90\cdot 0{,}25 + 115\cdot 0{,}5 + 146\cdot 0{,}25 = 116{,}5.$$

Man erhält ohne weiteres für 30 kV ($\sigma = 1820$, cosec $\theta = 3{,}44$): $k\theta_{Cr} = 23{,}9$; das ergibt eine Korrektur für die Absorption von $\Delta C = 1{,}1\%$. Wir gehen nun auf die Fluoreszenzkorrektur über. Wir betrachten zunächst das Paar Fe-Cr, halten aber fest, daß sich die Absorptionskoeffizienten im variablen Faktor Q auf die ternäre Legierung beziehen:

$$\mu_{Cr}^{Leg} = 116{,}5 \qquad \chi_{Cr} = 3{,}44\cdot 116{,}5 = 400{,}5$$

$$\mu_{Fe}^{Leg} = 71\cdot 0{,}5 + 445\cdot 0{,}25 + 90\cdot 0{,}25 = 169{,}2.$$

Daraus ergibt sich:

$$Q = 0{,}5\left\{\frac{\lg_e(1+400{,}5/169{,}2)}{400{,}5} + \frac{\lg_e(1+1820/169{,}2)}{1820}\right\} = 2{,}198\cdot 10^{-3}$$

und

$$\left[\frac{I_f^{\mathrm{Cr}}}{I^{\mathrm{Cr}}}\right]_{\mathrm{FeCr}} = P_{\mathrm{CrFe}} \cdot 2{,}198 \cdot 10^{-3}$$

$$= 48{,}41 \cdot 2{,}198 \cdot 10^{-3} = 0{,}1063.$$

Wir sehen uns nun den Effekt des Paares Cr-Ni an (Element B ist hier das Ni und der Term C_B des variablen Faktors ist gleich 0,25). Man erhält

$$\mu_{\mathrm{Cr}}^{\mathrm{Leg}} = 116{,}5 \qquad \chi_{\mathrm{Cr}} = 400{,}5$$

und weiter:

$$\mu_{\mathrm{Ni}}^{\mathrm{Leg}} = 316 \cdot 0{,}25 + 397 \cdot 0{,}50 + 61 \cdot 0{,}25 = 292{,}7.$$

Der variable Faktor ist also gleich:

$$Q = 0{,}25 \left\{ \frac{\lg_e (1 + 400{,}5/292{,}7)}{400{,}5} + \frac{\lg_e (1 + 1820/292{,}7)}{1820} \right\} = 0{,}804 \cdot 10^{-3}.$$

Die Tabelle 22 gibt zwar nicht den Faktor P_{CrNi} an, doch kann man ihn leicht berechnen:

$$P_{\mathrm{CrNi}} = \frac{1}{2} \cdot \omega_{\mathrm{K}}^{\mathrm{Ni}} \cdot \left(\frac{r-1}{r}\right)_{\mathrm{Cr}} \cdot \frac{\mathrm{Cr}}{\mathrm{Ni}} \cdot \frac{\lambda_{\mathrm{Ni}}}{\lambda_{\mathrm{Cr}}} \cdot \mu_{\mathrm{Ni}}^{\mathrm{Cr}} \text{ (siehe auch (4.29))}$$

$$= \frac{1}{2} \cdot 0{,}389 \cdot \frac{8}{9} \cdot \frac{50{,}1}{58{,}69} \cdot \frac{1{,}488}{2{,}07} \cdot 316 = 34{,}75.$$

Daraus folgt:

$$\left[\frac{I_f^{\mathrm{Cr}}}{I^{\mathrm{Cr}}}\right]_{\mathrm{CrNi}} = 34{,}75 \cdot 0{,}804 \cdot 10^{-3} = 0{,}0280$$

und endlich:

$$\left[\frac{I_f^{\mathrm{Cr}}}{I^{\mathrm{Cr}}}\right]_{\mathrm{CrFeNi}} = 0{,}1063 + 0{,}0280 = 0{,}1343$$

und

$$K_\theta^{\mathrm{Cr}} = k\theta_{\mathrm{Cr}} (1 + 0{,}1343) = 0{,}239 \cdot 1{,}1343 = 27{,}15\% \text{ (siehe auch (4.26))}.$$

Die Korrekturen für Absorption und Fluoreszenz sind also — 1,1% bzw. + 3,25% relativ zur wahren Konzentration.

Bemerkungen.

1. Es ist interessant, den Wert $I_f^{\mathrm{Cr}}/I^{\mathrm{Cr}} = 0{,}134$ mit demjenigen zu vergleichen, den man ohne Ni in der Legierung finden würde, wenn Cr in derselben Konzentration vorliegt, d. h. für eine binäre Legierung

$$\mathrm{Fe} = 0{,}75 \quad \mathrm{Cr} = 0{,}25.$$

Man findet leicht ein Verhältnis $I_f^{\mathrm{Cr}}/I^{\mathrm{Cr}}$, das größer ist als in der ternären Legierung, und zwar 0,165 statt 0,134.

2. Es ist der Mühe wert, analoge Rechnungen wie oben für eine Reihe von Legierungen, bei denen einmal das Cr, einmal das Ni und einmal das Fe konstant ist, durchzuführen. Man erhält so Eichkurven, mit deren Hilfe man leicht vom Meßwert $K\theta$ auf die wahre Konzentration zurückzurechnen im Stande ist.

3. Offensichtlich sind in diesen CrFeNi-Legierungen die einzigen nötigen Korrekturen jene, die wir berechnet haben, mit Ausnahme der Korrektur für die Fluoreszenz durch das kontinuierliche Spektrum und jener für die Atomnummern.

4. Bei den ternären Legierungen müssen noch die Korrekturen, bezogen auf zwei andere Elemente, berechnet werden. Für das Fe kann man genauso vorgehen wie für Cr (Absorption in der Legierung, danach Fluoreszenz, beschränkt auf das Paar Fe-Ni). Für Ni muß man nur die Absorption korrigieren.

5. Auch bei leichten Legierungen wendet man analoge Rechnungen an. Die Fluoreszenz ist wieder maximal bei Elementpaaren, deren Atomnummern um 1 differieren (und nicht um 2, wie bei Cr, Fe, Ni). Dies ist der Fall z. B. bei einer ternären Legierung aus Si, Al, Mg. Der hauptsächlichste Unterschied liegt in den hohen Werten der Absorptionskoeffizienten, und Schwierigkeiten können in der Unsicherheit dieser Werte ihren Grund haben.

Man vermindert in jedem Fall die Streuung der Korrektur, wenn man bei kleinen Spannungen arbeitet.

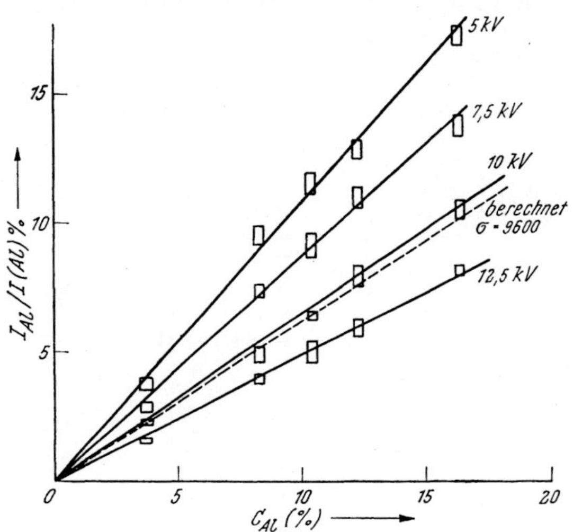

Abb. 64. Änderung der gemessenen Konzentration an Al (Verhältnis der austretenden Intensitäten) in einer Fe-Al-Legierung als Funktion der Anregungsspannung (37).

6. Wenn die Atomnummern der Bestandteile sehr weit auseinanderliegen, muß man auch für die Fluoreszenz durch das kontinuierliche Spektrum und für den Effekt der Atomnummern korrigieren. Wir haben gesehen, daß es keine allgemein anwendbare Methode für die letzte Berechnung gibt. Man kann anwenden:

a) Die empirische Eichung: Abb. 64 (36) zeigt, wie das Verhältnis der gemessenen Konzentration $K\theta_A$ zur wahren Konzentration C_A mit der Anregungsspannung in Eisen-Aluminium-Legierungen schwankt. Alle Effekte sind also mit dieser Eichung „eliminiert". Ihre Zusammenstellung macht die Richtung der Schwankungen mit der Anregungsspannung klar, wie dies Abb. 62 für leichte und schwere Elemente zeigt.

b) Die genaue Berechnung der verschiedenen Korrekturen, wie Absorption und Fluoreszenz, gefolgt von einer Berechnung des Effekts der Atomnummern. Man kann anwenden:

α) den Koeffizienten α der 2. Näherung entweder aus einer Eichung oder aus dem Verhältnis der Faktoren für die Bremsung und für die Rückstreuung.

β) eine Eichkurve k_A/C_A.

Literatur.

(1) Archard, G. D., J. Appl. Physics **32**, 1505 (1961). — (2) Archard, G. D., u. T. Mulvey, Proc. 3rd Intern. Symp. X-Ray Optics and X-Ray Microanalysis, Stanford, USA, 1962. New York-London: Academic Press. 1963, S. 393. — (3) Archard, G. D., Proc. 2nd Intern. Symp. X-Ray Microscopy and X-Ray Microanalysis, Stockholm 1960. Amsterdam-London-New York-Princeton: Elsevier. 1960, S. 331. — (4) Arlt, H. H., Dissertation. Technische Hochschule Wien, 1964. — (5) Arlt, H. H., u. R. Blöch, Mikrochim. Acta [Wien] **1965**, 447. — (6) Auwärter, M., Ergebnisse der Hochvakuumtechnik und der Physik dünner Schichten. Stuttgart: Wiss. Verlagsges. 1957, S. 67.

(7) Bethe, H. A., Proc. Amer. Phil. Soc. **78**, 573 (1938). — (8) Bildstein, H., Dissertation. Technische Hochschule Wien, 1956. — (9) Birks, L. S., X-Ray Spectrochemical Analysis. New York-London: Interscience. 1959. — (10) Birks, L. S.,

wie (9); S. 54. — (11) Birks, L. S., Electron Probe Microanalysis. New York-London: Interscience. 1963. — (12) Blöch, R., Mikrochim. Acta [Wien] **1965**, 440.

(13) Castaing, R., u. A. Guinier, Microscopy, Delft 1949. Den Haag: Martinus Nijhoff. **1950**, S. 60. — (14) Castaing, R., Advances in Electronics and Electron Physics **13**, 317 (1960). — (15) Castaing, R., Thesis. Universität Paris, **1951**; O. N. E. R. A. Publication No. 55: „Application des sondes électroniques à une methode d'analyse ponctuelle chimique et cristallographique". — (16) Castaing, R., u. J. Descamps, J. phys. radium **16**, 304 (1955). — (17) Clayton, D. B., J. B. Smith u. I. R. Brown, J. Inst. Met. **90**, 224 (1961/62).

(18) Dörr, F. H., Glastechn. Ber. **34**, 175 (1961). — (19) Duncumb, P., u. P. K. Shields, wie (2), S. **329**.

(20) Everhart, T. E., J. Appl. Physics **31**, 1483 (1960).

(21) Feigl, F., Qualitative Analyse mit Hilfe von Tüpfelreaktionen. Leipzig: Akadem. Verlagsges. **1938**, S. 4. — (22) Franks, A., Privatmitteilung.

(23) Heinrich, K. F. J., Privatmitteilung. — (24) Holliday, J. E., u. E. I. Sternglass, J. Appl. Physics **28**, 1189 (1957).

(25) Kaiser, H., Z. Arbeitsgemeinschaft f. Forschung d. Landes Nordrhein-Westfalen **9**, 51 (1952). — (26) Kaiser, H., u. H. Specker, Z. anal. Chem. **149**, 58 (1956). — (27) Kimoto, S., u. H. Hashimoto, Pittsburgh Conf. on Analytical Chemistry and Appl. Spectroscopy, 1964, Vortrag Nr. 189. — (28) Kopineck, H. J., Rev. Univ. Mines **4**, 214 (1961).

(29) Liebhafsky, H. A., H. G. Pfeiffer, E. H. Winslow u. P. D. Zemany, X-Ray Absorption and Emission in Analytical Chemistry. New York-London: Wiley. 1960, S. 314. — (30) Liebhafsky, H. A., H. G. Pfeiffer u. P. D. Zemany, wie (3), S. 321.

(31) Malissa, H., u. H. H. Arlt, Radex-Rundschau **1964**, 204. — (32) Malissa, H., Mikrochem. **38**, 33 (1951). — (33) Mulvey, T., wie (3), S. 375.

(34) Neff, H., Rev. Univ. d. Mines **4**, 164 (1961).

(35) Philibert, J., u. E. Weinryb, wie (2), S. 471. — (36) Philibert, J., Métaux **39**, 157, 216, 325 (1964). — (37) Philibert, J., wie (2), S. 379. — (38) Poole, D. M., Appl. Mat. Rev. **1963**, 31. — (39) Poole, D. M., u. M. Thomas, J. Inst. Met. **90**, 228 (1962).

(40) Rouberol, I. M., M. Tong, E. Weinryb u. J. Philibert, Mém. Sci. Rev. Mét. **59**, 305 (1962).

(41) Sagel, K., Tabellen zur Röntgen-Emissions- u. Absorptions-Analyse. Berlin-Göttingen-Heidelberg: Springer-Verlag, 1959. — (42) Schoorl, N. A., Z. anal. Chemie **46**, 658 (1907).

(43) Theisen, R., Analyse d'une méthode de calculs de correction du microanalyseur électronique, Communauté Européenne de l'Energie Atomique Bruxelles, 1961, EUR-I-1. — (44) Theisen, R., Quantitative Electron Microprobe Analysis. Berlin-Heidelberg-New York: Springer-Verlag, 1965.

(45) Wittry, D. B., J. Appl. Physics **29**, 420 (1959).

V. Untersuchungsbeispiele.

An Hand einiger typischer Untersuchungen sollen die große Einsatzmöglichkeit der Elektronenstrahl-Mikroanalyse aufgezeigt und die verschiedenen Analysentechniken erläutert werden.

1. Qualitative Analyse.

Je nach Ausrüstung des Instrumentes können qualitative Untersuchungen nach folgenden Prinzipien durchgeführt werden:

a) Röntgenfluoreszenz,
b) Elektronenabsorption,
c) Kathodenlumineszenz (wenn eine entsprechende Optik eingebaut ist).

Darüber hinaus kann die qualitative Analyse auch noch in Form der Punktanalyse — sinnvoll aber nur bei a) und c) oder entlang einer Strecke (line scanning) oder über eine Fläche bei den Fällen a) und b) — durchgeführt werden.

a) Qualitative Punktanalyse.

Bei der qualitativen Punktanalyse wird der Elektronenstrahl fix auf einen kleinen Bereich eingestellt. Die dort erzeugten Röntgenstrahlen werden dann — je nach Spektrometeranzahl — über den oder die spezifischen Kristalle zerlegt und gemäß dem verfügbaren Bereich registriert. Auf Grund der physikalischen Gesetze wird bei der Auswertung der Spektrogramme immer darauf zu achten sein, daß zur sicheren Identifizierung bei Auftreten charakteristischer Linien höherer Ordnung auch die Linien niederer Ordnung vorhanden sein müssen.

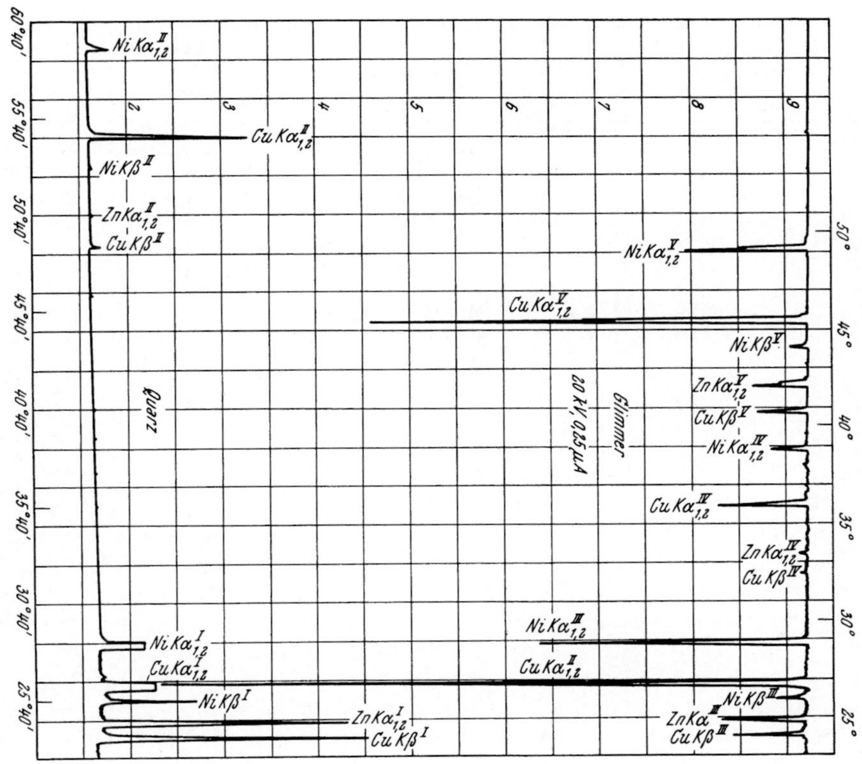

Abb. 65. Qualitative Analyse (Cu-Ni-Zn-Legierung) (2).

Da es aber wegen der unterschiedlichen Abnahmewinkel und anderer apparatspezifischer Eigenheiten durchaus möglich ist, daß ein Kristall nicht den ganzen theoretisch möglichen Winkelbereich abtasten kann, und weil es noch keinen Kristall gibt, der allein den Wellenbereich für alle Elemente überdecken könnte, ist es vorteilhaft, zwei oder mehr Spektrometer gleichzeitig zum Einsatz zu bringen und eine automatische Kristalldreheinrichtung sowie Winkelmarkierung zur Verfügung zu haben.

Beispiel 1: Zur qualitativen Analyse des Grundmaterials eines Brillengestells wurden nach Einbettung, Schleifen und Polieren bei einer Beschleunigungsspannung von 20 kV und einer Stromstärke von 0,28 μA die mit den Kristallen Quarz und Glimmer erfaßbaren Wellenlängenbereiche von 1,1 bis 7,9 Å bzw. 3,6 bis 19,0 Å abgetastet, wobei theoretisch über die K-Serie die Elemente mit der Ordnungszahl 11 bis 18 und über die L-Serie jene mit Ordnungszahlen 29 bis 57 bzw. bei Glimmer die Elemente 18 bis 31 über die K-Serie und 45 bis 79 über die L-Serie erfaßt werden.

Diese beiden Kristalle gaben unter anderem das in Abb. 65 wiedergegebene Spektrogramm, wozu die in Tabelle 25 angeführten Winkelstellungen ($2\,\theta$), Röntgenstrahlungen, Wellenlängen und Elemente gehören. Bei der Auswertung muß selbstverständlich auf mögliche Koinzidenzen Rücksicht genommen werden, aber da beide Kristalle Strahlung vom identischen Anregungspunkt erhalten, ist es sehr unwahrscheinlich, daß es keine Unterscheidungsmöglichkeit geben soll.

Tabelle 25.

Analysatorkristall: Glimmer			Element		Analysatorkristall: Quarz		
$2\,\theta$	$n \cdot \lambda$	Strahlung und Ordnung			Strahlung und Ordnung	$n \cdot \lambda$	$2\,\theta$
22° 28′	3,878	$K\beta_1$ 3.	Zn	Zn	$K\beta_1$ 1.	1,293	22° 16′
24° 10′	4,168	$K\beta_1$ 3.	Cu	Cu	$K\beta_1$ 1.	1,389	23° 58′
24° 54′	4,297	$K\alpha_1$ 3.	Zn	Zn	$K\alpha$ 1.	1,433	24° 44′
26° 04′	4,491	$K\beta_1$ 3.	Ni	Ni	$K\beta_1$ 1.	1,497	25° 50′
26° 46′	4,612	$K\alpha_1$ 3.	Cu	Cu	$K\alpha_1$ 1.	1,537	26° 34′
28° 54′	4,967	$K\alpha$ 3.	Ni	Ni	$K\alpha_1$ 1.	1,655	28° 38′
32° 24′	5,557	$K\beta_1$ 4.	Cu	Cu	$K\beta_1$ 2.	2,779	49° 04′
33° 26′	5,729	$K\alpha_1$ 4.	Zn	Zn	$K\alpha$ 2.	2,867	50° 44′
35° 58′	6,149	$K\alpha$ 4.	Cu	Ni	$K\beta_1$ 2.	2,994	53° 08′
38° 50′	6,623	$K\alpha$ 4.	Ni	Cu	$K\alpha$ 2.	3,077	54° 44′
40° 50′	6,947	$K\beta_1$ 5.	Cu	Ni	$K\alpha$ 2.	3,312	59° 18′
42° 10′	7,167	$K\alpha$ 5.	Zn				
42° 16′	7,180	$K\alpha_2$ 5.	Zn				
44° 08′	7,485	$K\beta_1$ 5.	Ni				
45° 26′	7,687	$K\alpha$ 5.	Cu				
49° 06′	8,279	$K\alpha$ 5.	Ni				

Wie diese Tabelle und die Abb. 65 zeigen, gibt Quarz im Winkelbereich $2\,\theta = 20°$ bis $60°$ von Zn, Cu und Ni die K_α- und K_β-Strahlung der 1. und 2. Ordnung wieder, während Glimmer im gleichen Bereich die Strahlung der 3. bis 5. Ordnung aufweist. Diese drei Elemente konnten also an mehr als 20 charakteristischen Linien nachgewiesen werden, was einer mit keiner anderen Methodik erreichbaren Analysensicherheit gleichkommt. Es handelt sich demnach im vorliegenden Falle um eine Kupfer-Nickel-Zink-Legierung.

Weitere diesbezügliche Beispiele lassen sich leicht finden. Es ist vornehmlich die Frage der Probenahme- und Präparationstechnik, die zu guten qualitativen Aussagen und selbstverständlich nur dann zu einwandfreien Analysen führen, wenn die Probeneigenheiten und die Gesetze der Röntgenfluoreszenzanalyse berücksichtigt werden. Nach BIRKS (3) haben PETERSON und OGILVIE erfolgreich Farbpigmente von Ölgemälden untersucht und dabei mit einer Injektionsnadel zylindrische Probekörperchen (die den Wert eines Gemäldes nicht vermindern) entnommen, dann Nadeln mit Probe nach metallographischen Gesichtspunkten eingebettet, abgeschliffen und hierauf wie vorher skizziert der qualitativen Analyse unterworfen, wobei in zwei der drei deutlich erkennbaren Farbschichten Titandioxid einwandfrei nachgewiesen werden konnte, womit bewiesen wurde, daß das Gemälde nicht vor der Anwendung von Titandioxid als Farbkörper geschaffen worden sein konnte.

In Form von Punktanalysen kann auch die noch sehr wenig angewandte Kathodenlumineszenz herangezogen werden. Abb. 49 zeigt die Farbeigenschaften eines Rubins und die von Cadmiumsulfid. Einschlüsse in Eisenwerkstoffen und ähnliches können mit dieser Methode sehr leicht erfaßt und erkannt werden.

sofern das Gerät über eine lichtmikroskopische Einrichtung verfügt. Die noch wenig ausgebauten theoretischen und praktischen Grundlagen wurden in jüngster Zeit von GARLICK (8) neuerlich in den Vordergrund gerückt.

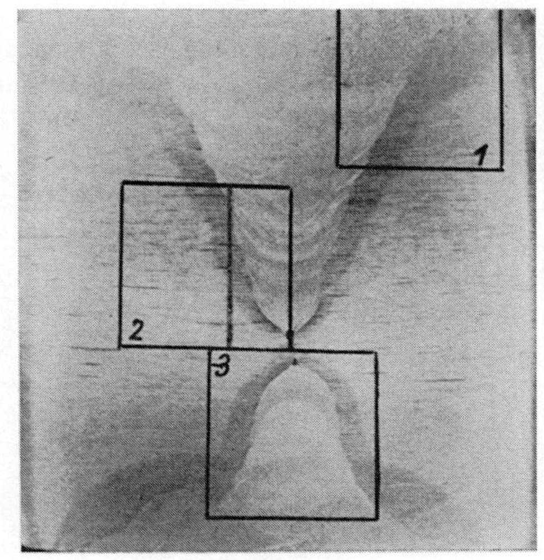

Abb. 66. Schliffbild einer Schweißprobe (14).

b) Qualitative Linienanalyse.

α) Mechanischer Probenvorschub.

Wenn die Spektrometereinrichtung(en) auf ein (oder, wenn möglich, auf mehrere) Element(e) fix eingestellt wird (werden) und die zu untersuchende Probe mit geeigneter Geschwindigkeit unter dem ebenfalls fix auf einen Punkt eingestellten Elektronenstrahl hindurchgezogen wird, so erhält man die Verteilung des oder der Elemente(s), die sich entlang dieser Linie befinden. Auch dafür gibt es bereits zahlreiche Beispiele in der Literatur.

Beispiel 2: Die Untersuchung der Verteilung von Mangan und Silicium in einer Schweißnaht wurde eingeleitet durch Auswahl der hierfür geeigneten Kristalle und Meßbedingungen. MALISSA, ARLT und KANDLER (14) haben dafür folgenden Weg eingeschlagen: Die Probe (Abb. 66), die einer Unterpulverschweißung entstammt, wurde nach dem Schleifen noch mit Diamantpulver poliert und zwecks besserer Erkennung der Schweißlagen schwach angeätzt.

Nach Tabelle 4 kommen zur Erfassung des Siliciums über die Linien der K-Serien der 1. Ordnung als Analysatorkristalle nur EDdT, ADP, Gips oder Glimmer in Frage; für Mangan hingegen eignen sich sowohl Quarz als auch LiF. Da damit gerechnet werden mußte, daß die Konzentrationsunterschiede gering

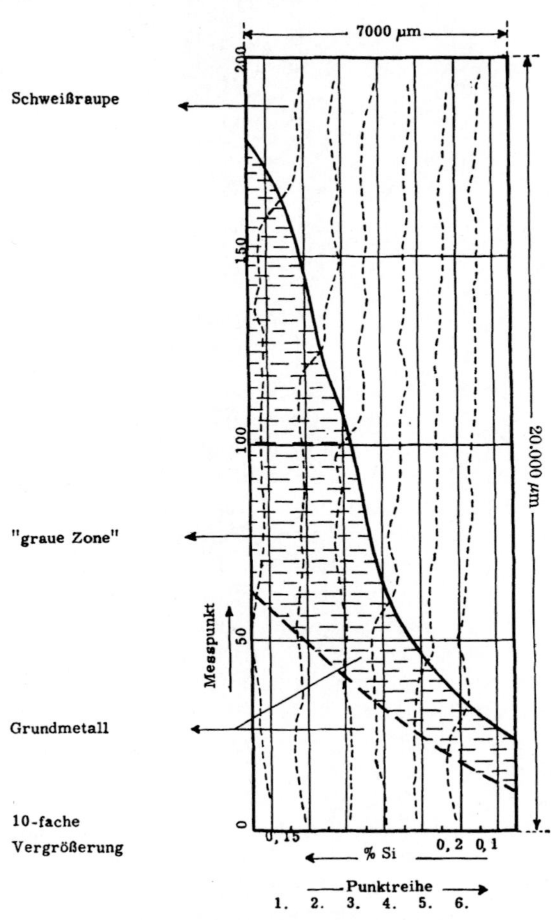

Abb. 67. Siliciumverteilung in der Schweißprobe (14).

sein würden, waren neben den günstigsten Anregungsbedingungen auch die besten Signal/Hintergrundverhältnisse zu suchen. Der Hintergrund muß immer zu beiden Seiten des Linienmaximums des betreffenden Elementes gemessen werden, denn bei $\pm X'$ vom Linienmaximum darf die Impulszahl des Hintergrundes weder durch diese noch durch die Linie eines anderen eventuell in der Probe vorhandenen Elementes beeinflußt werden.

Schon diese qualitative Untersuchung (Abb. 67) zeigt deutlich den Konzentrationsunterschied von Silicium zwischen Grundmetall und Schweißraupe; in der sogenannten „grauen Zone" hingegen konnten keine das Maß der statistischen Schwankung überschreitenden Konzentrationsunterschiede festgestellt werden.

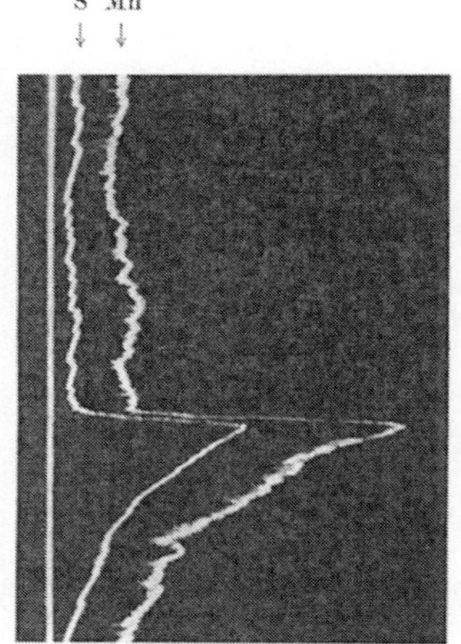

Abb. 68. Elektronisches Linescanning für Mangan und Schwefel (14).

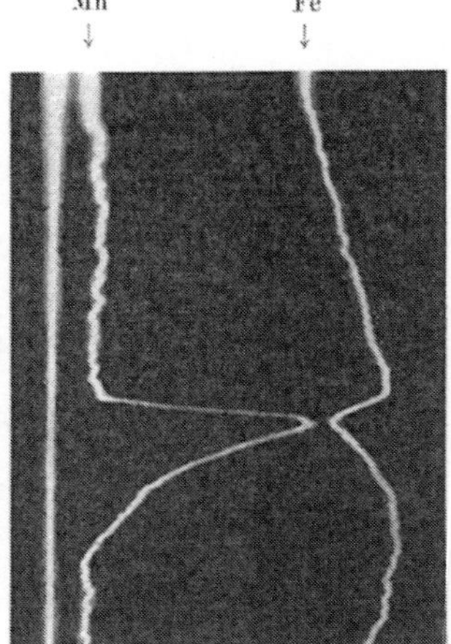

Abb. 69. Elektronisches Linescanning für Eisen und Mangan (14).

β) Elektronisches Abtasten entlang einer Geraden (Elektronisches Linescanning).

Prinzipiell anders ist die qualitative Analyse mit Hilfe des abgelenkten Elektronenstrahles. Wie auf S. 97 ff. ausgeführt, sind dabei aber Fehlerquellen möglich, da z. B. bei ungeeignet gewählten (meist zu großen) Strecken die Rowlandbedingungen nicht mehr erfüllt sind und große Intensitätsverluste auftreten können. Eine andere Gefahrenquelle liegt darin, daß die Verweil- und Anregungszeit des Strahles auf einem Punkt so gering sein kann, daß es gar nicht zur vollen möglichen Impulsbildung auf dem meist benutzten Kathodenschirm kommen und eine Überlagerung der Impulse stattfinden kann. Aber zur Auffindung größerer Einschlüsse oder Probeninhomogenität leistet dieses Verfahren hervorragende Dienste, weil innerhalb weniger Minuten eine Übersicht gewonnen werden kann. Da auch hier je nach vorhandener Spektrometeranzahl 1, 2 oder mehrere Elemente gleichzeitig und eindeutig erfaßt werden können, darf ohne Übertreibung behauptet werden, daß es zur Zeit neben der Elektronenstrahl-Mikroanalyse kein ausgereiftes Gerät gibt, das auch nur annähernd so schnell derartige Aufgaben zu lösen imstande wäre.

Beispiel 3: Zur Identifizierung von Mangansulfideinschlüssen (14) in Eisenwerkstoffen wurde bei einer Anregungsspannung von 25 kV und 0,36 μA unter Verwendung von LiF als Analysatorkristall ein Spektrometer auf die MnK$_\alpha$- und ein zweites auf die FeK$_\alpha$-Linie fix eingestellt: Mit einer Wanderungsgeschwin-

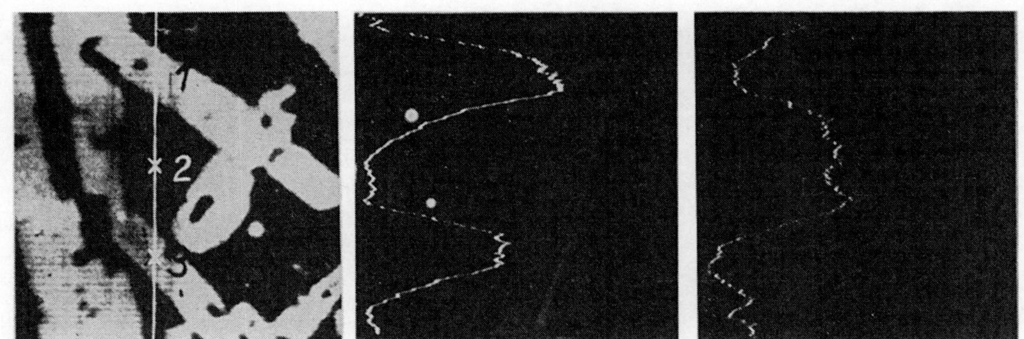
1
2
3

kristall verwendet, ohne Verschiebung der Probe das Spektrometer auf die SK_α-Linie eingestellt und die Mangannachweisstellung beibehalten. Die Abb. 68 zeigt nunmehr sowohl eine Mangan- als auch Schwefelanreicherung, wobei hier eine niedrigere Zeitkonstante gewählt wurde und somit ein deutliches — aber auch unruhiges — Kurvenbild gewonnen werden konnte, erkenntlich am steileren Kurvenanstieg.

Eine Gegenüberstellung der einmal über den Kathodenschirm und zum anderenmal über einen Schreiber erhaltenen Kurven des Linescanning zeigt die Abb. 70, die die Verteilung von Eisen und Chrom in Boriden austenitischer Stähle (2, 19) wiedergibt. Hier zeigt sich die Überlegenheit des besseren Auflösungsvermögens des Schreibers (Abb. 70 unten) gegenüber den (sekundär erzeugten) Kathodenstrahlen und läßt sofort die Behauptung zu, daß der Übergang von Borid zu Matrix nicht größer als 3 μm und äußerst scharf ist, was aus dem Oszillographenbild nicht erkannt werden kann. Im Gegenteil, man ist verleitet, eine breite Übergangszone anzunehmen.

c) Qualitative Flächenanalyse.

Wie bereits auf S. 96 ausgeführt, können Flächenanalysen der Erscheinung nach auf 3 verschiedene Arten durchgeführt werden, und zwar durch Erfassung der erzeugten Röntgenstrahlung, der absorbierten oder der rückgestreuten Elektronen, wobei die beiden letzten Möglichkeiten von der mittleren Ordnungszahl der in der Probe enthaltenen Elemente abhängig sind. Je kleiner die mittlere Ordnungszahl ist, um so mehr Elektronen werden absorbiert, um so mehr Strom kann stets zur Helligkeitsmodulierung des Kathodenstrahlbildes verwendet werden. Andererseits werden Elemente mit hoher Ordnungszahl mehr Elektronen „unverbraucht“ reflektieren und diese können mit Hilfe eines Szintillationsdetektors ebenfalls zur Bildherstellung benutzt werden, nur wird dabei das zum Absorberbild komplementäre Bild erzeugt, d. h. die schweren Elemente werden hell und die leichten dunkel erscheinen.

Die dritte Möglichkeit ist die bildmäßige Erfassung der aus den in der Probe enthaltenen Elementen erzeugten charakteristischen Röntgenstrahlung. Da aber bei den meisten Elektronenstrahl-Mikroanalysatoren die Erfassung von Elementen mit geringerer Ordnungszahl als 12 noch nicht gegeben ist, kommt dem Absorberbild, welches dazu sehr wohl in der Lage ist, erhöhte Bedeutung zu.

Das Zusammenspiel dieser eleganten Technik ist im nächsten Beispiel demonstriert.

Beispiel 4: In einer Reihe borlegierter Stähle war die Verteilung der Elemente Eisen, Chrom, Nickel und Mangan zu studieren (2, 19).

Einen guten Überblick über die Verteilung dieser Elemente vermittelt bereits Abb. 71, wobei oben das mikrophotographische Bild und das Absorberbild der aus der Schmelze bei der Erstarrung ausgeschiedenen balkenförmigen Primärboride zu sehen sind und unten die Aufnahmen der Verteilung von Chrom, Eisen und Nickel. Die Ordnungszahlen dieser Elemente sind relativ ähnlich, so daß kein Grund bestünde, im Absorberbild wesentliche Helligkeitsunterschiede festzustellen. Wenn sie trotzdem (und so kräftig) auftreten, muß dies auf das Vorhandensein eines wesentlich leichteren Elementes, also des Bors, zurückgeführt werden, da diese Stähle praktisch kohlenstofffrei waren. Die darunterliegenden Bilder der Flächenverteilung von Chrom, Eisen und Nickel zeigen sofort, daß in diesen Boriden nur Chrom angereichert ist.

Die bereits erwähnte Replica-Technik (S. 35) und vor allem die Messung der rückgestreuten oder reflektierten Elektronen können nach dem System von

KIMOTO et al. u.a. (10, 11, 17) sowohl zur Erfassung der Elementarverteilung als auch zur topographischen Untersuchung der Oberfläche verwendet werden. In Abb. 34 (S. 53) sind zwei verschiedene Probentypen dargestellt. Die linke Probe hat eine ebene Oberfläche, jedoch eine unterschiedliche chemische Zusammensetzung,

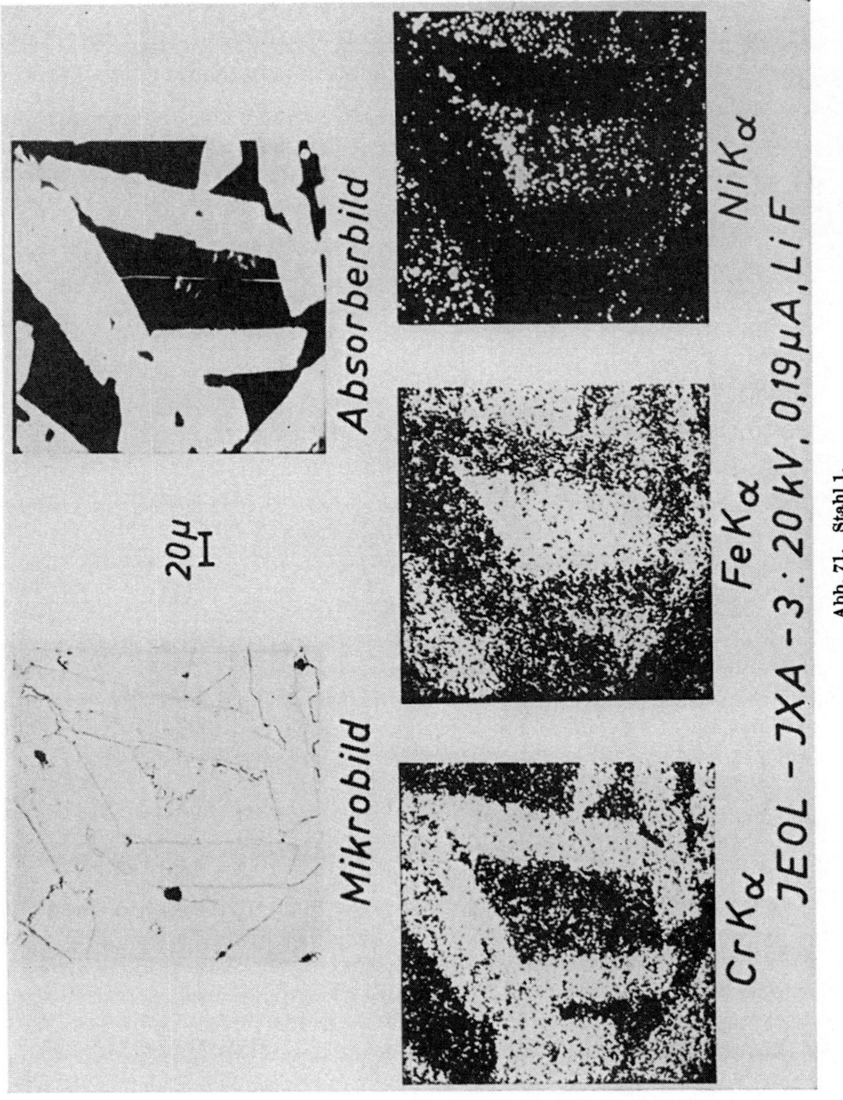

Abb. 71. Stahl 1.

die rechte Probe hat eine unregelmäßige Oberfläche, aber eine homogenere Zusammensetzung. Die Funktionsweise und das Ergebnis seien an Hand des nächsten Beispiels erläutert.

Beispiel 5 (11): Der Elektronenstrahl wird auf die Probenoberfläche fokussiert und ein Ablenksystem, wie in Abb. 55 gezeigt, sorgt für die Abrasterung. Zwei relativ große Elektronendetektoren (Silicium-*p*-*n*-Halbleiter) sind symmetrisch zum Elektronenstrahl zwischen Ablenkspulen und Probe angeordnet und liefern einen den reflektierten Elektronen proportionalen Strom. Die während des Abrasterns auf diese Weise ausgesandten Signale werden in einen Computer eingespeist, wo sie addiert oder subtrahiert werden können und so die Informationen über chemische Zusammensetzung und/oder Oberflächenbeschaffenheit liefern. Vor dem Computer-Eingang befindet sich ein Regler, der Symmetrie- und Empfindlichkeitsunterschiede zwischen den Detektoren ausgleicht. Der Computer-Ausgang kann entweder auf eine Kathodenstrahlröhre oder auf einen Schreiber gegeben werden. Im Gerät der Firma JEOL stehen beide Möglichkeiten offen, wobei die eindimensionale Registrierung (Schreiber) mehr für quantitative Aussagen, das Bild am Oszillographenschirm aber mehr für qualitative Übersichten geeignet ist.

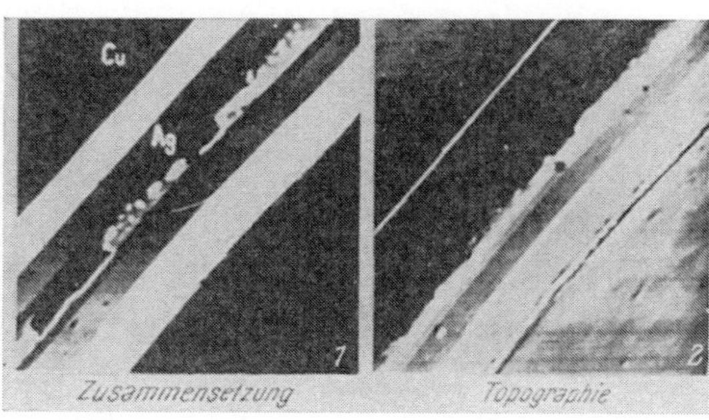

Abb. 72. Querschnitt eines mit Gold und Silber plattierten Kupferblechs (11).

Abb. 72 zeigt den Querschnitt eines mit Gold und Silber plattierten Kupferbleches. Im Bild 1, entsprechend der Detektorstellung $A + B$ (Abb. 34), erkennt man deutlich die den Ordnungszahlen und somit der Elektronenrückstrahlung der enthaltenen chemischen Elemente zuzuordnende Schwärzung. Kupfer ist am dunkelsten, Silber etwas heller und schließlich, als mittlere Schicht, das Gold sehr hell. Bei der Detektorstellung $A - B$ (Abb. 34) erhält man das Topographiebild 2. Hier sieht man im linken oberen Teil des Bildes praktisch keine unterschiedliche Schwärzung, jedoch sehr deutlich eine weiße Linie zwischen dem Kupfer und der Goldschicht und eine feine schwarze Linie zwischen der Gold- und der Silberschicht; das bedeutet, daß, obwohl die Probenoberfläche sorgfältig poliert war, doch stufenartige Unebenheiten vorhanden sind. Wenn entlang entsprechender Strecken das Profil aufgenommen wird, können sogar halbquantitative Aussagen gemacht werden.

2. Quantitative Analyse.

Die Durchführung quantitativer Analysen ist ein ziemlich komplexer Vorgang, wobei auf relativ viele Einzelfaktoren Rücksicht genommen werden muß, und es wird — besonders bei der Bestimmung mehrerer Elemente gleichzeitig — nicht möglich sein, die für jedes einzelne Element günstigsten Bedingungen anzuwenden, sondern es wird fast immer zu einem Kompromiß kommen. Wiederum soll an Hand einiger Beispiele der jeweilige Arbeitsvorgang, der oft auf andere Probleme direkt übertragen werden kann, eingehend behandelt und der Abschnitt III/2 besser beleuchtet werden.

Beispiel 6 (14): Es war eine quantitative Aussage über die Zu- bzw. Abnahme des Silicium- und Mangangehaltes in einer Schweißprobe zu machen. Zu diesem Zwecke wurden vorerst die optimalen Arbeitsbedingungen ermittelt. Die Auswahl der Analysatorkristalle und Nachweislinien wurde bereits im Beispiel Nr. 2 behandelt. Die Arbeiten wurden mit dem JEOL-Gerät durchgeführt, beziehen sich also darauf, lassen sich aber im Prinzip auch auf andere Geräte übertragen. Als Zählgeräte wurden Gasdurchfluß-Proportionalzähler unter Verwendung von

90% Argon + 10% Methan als Zählgas eingesetzt. Die Überprüfung der Zähleinheiten ergab Übereinstimmung mit den Angaben der Erzeugerfirma und die Tabelle 26 gibt eine Aufstellung der Zählbedingungen.

Tabelle 26.

	Silicium	Mangan
Analysenlinien	$SiK\alpha$ 1. Ordnung	$MnK\alpha_1$ 1. Ordnung
Wellenlänge (Å)	7,110	2,097
Kristall	Glimmer	LiF
$2\,\theta$	41° 50′	62° 54′
Hintergrundstellung	+ 30′ — 20′	± 30′
Spektrometer	links/Vakuum	rechts/Vakuum
Spektrometerfenster	offen	zu
Zähler	Proportional-Z.	Proportional-Z.
Zählgas	90% Ar, 10% CH_4	90% Ar, 10% CH_4
Anregungsspannung	25 kV	25 kV
Absorbierter Strom	0,30—0,40 μA	0,30—0,40 μA
Meßart	integral	integral
Meßzeit	Signal auf Probe und Standard je min Hintergrund auf Probe je min	
Signal am Standard (Ipm)	103000	121000
Bereich (Ipm)	$3 \cdot 10^3$	10^4
Zeitkonstanz (sec)	5	5
Probenvorschub (μm/min)	20	20
Papiervorschub (mm/min)	2,5	2,5

Da bei der quantitativen Bestimmung auf den Hintergrund besonders geachtet werden muß, ist seine genaue Erfassung und die der dazugehörigen Goniometerstellungen besonders wichtig. Ein Schreiber leistet dazu sehr gute Dienste. Würde nämlich der Hintergrund nur automatisch in der gleichen Entfernung links und rechts vom Linienmaximum gemessen werden, könnten sehr leicht Störungen durch andere Linien auftreten, wie z. B. bei —30′ die SiK_α-Linie durch eine (in dieser Probe) sehr kräftige $FeK_{\beta 1}$-Linie der 4. Ordnung gestört wird. Selbstverständlich darf nicht nur der Hintergrund auf der Probe, sondern es muß auch jener auf dem Standard bestimmt werden.

Damit können bei unveränderter Goniometerstellung die Signal-Hintergrundverhältnisse für verschiedene Beschleunigungsspannungen und Probenstromstärken sowie deren Konstanz auf Standard und Probe gemessen und die besten Analysenbedingungen herausgefunden werden. Statt mit umfangreichen Tabellen sei dies an Hand der Abb. 73 (14) dargestellt, die einwandfrei den linearen Anstieg der Impulsraten mit der Erhöhung des von der Probe absorbierten Strahlstromanteiles zeigt. Die Geraden der Impulsraten des Hintergrundes schneiden die Ordinate bei etwa 40 Ipm, was dem Eigenrauschen der Zählanordnung entspricht.

Ausführliche statistische Untersuchungen an Mangan- und Siliciumstandards sowie an der Probe zeigten, daß die relativen Standardabweichungen mit Erhöhung der Spannung und zunehmender Stromstärke (also höheren Impulsraten) kleiner werden und sich jener der Quantenstatistik nähern. Über 0,5 μA tritt aber schon eine Inkonstanz der Emission von Elektronen aus dem Wolframdraht auf. Unter Berücksichtigung der gleichzeitigen Bestimmung von Silicium und Mangan liegt in diesem Falle die beste Arbeitsbedingung bei 25 kV Beschleunigungsspannung und 0,3 bis 0,4 μA Stromstärke an der Probe. Das beim Silicium hier im Vergleich zu niedrigeren Spannungen verschlechterte Signal-Hintergrundverhältnis kann gerade noch hingenommen werden. Eine noch weitere Erhöhung der Spannung würde nicht nur das Verhältnis verschlechtern, sondern durch die Vergrößerung der Eindringtiefe der Elektronen auch den Matrixeffekt erhöhen und wäre für die SiK_{α}-Strahlung in einer Eisenmatrix nicht mehr tragbar. Eine Erhöhung des Probenstroms geht auf Kosten der Lebensdauer des Wolframdrahtes.

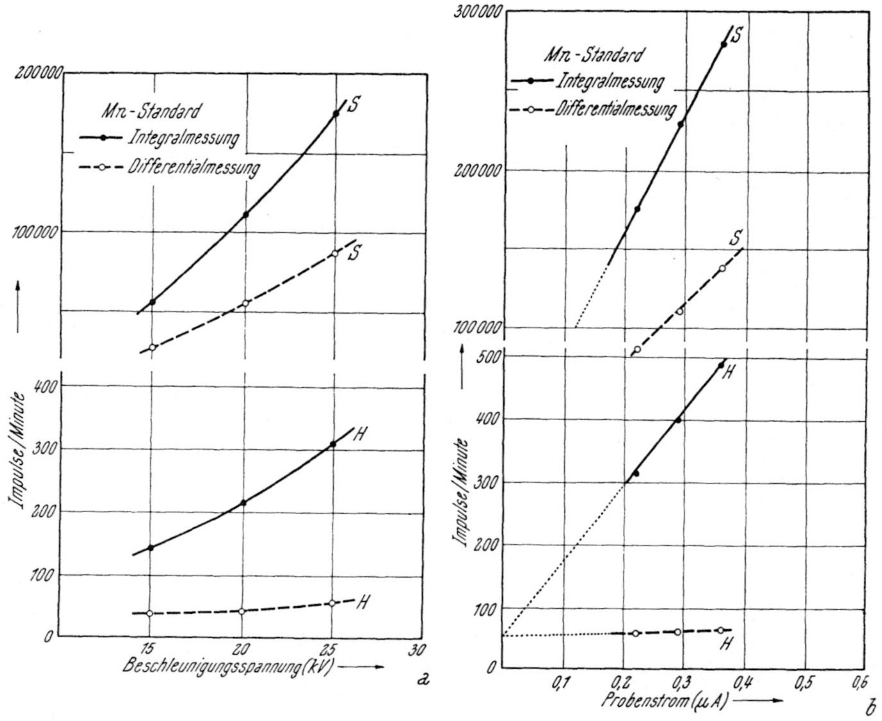

Abb. 73. *a* Abhängigkeit des Signals (*S*) bzw. Hintergrundes (*H*) von der Beschleunigungsspannung bei 0,22 μA Probenstrom, *b* Abhängigkeit des Signals (*S*) bzw. Hintergrundes (*H*) vom Probenstrom bei 25 kV Beschleunigungsspannung.

Obwohl sich beim Aufsuchen der optimalen Bedingungen gezeigt hat, daß bei Differentialmessung das S/H-Verhältnis weit günstiger, die Streuung aber nicht schlechter als bei Integralmessung liegt, ist es bei sehr langdauernden (10 Stunden) Versuchsreihen (Punktanalysen) ratsamer, integral zu messen, da unter Umständen die Zählrohrspannung schwanken kann und auch bei kleinen Schwankungen die Kanalhöhe immer mitkorrigiert werden müßte. Bei Integralmessung hingegen werden über einer eingestellten Schwelle alle Impulse gezählt, so daß sich kleine Veränderungen am Zählrohr nicht so stark auswirken. Ein Beispiel einer vollständigen Zusammenfassung ausgewählter Analysenbedingungen für Punktanalysen gibt Tabelle 26. Jede Punktreihe muß ohne Veränderung der Bedingungen und ohne Unterbrechung unter Kontrolle der Strahlstromkonstanz durchgemessen werden. Die Überprüfung der Impulsraten erfolgt nach je 25 Meßpunkten durch je 2 Messungen auf den Standards. Der Hintergrund wird auf der Probe zu Beginn und am Ende jeder Punktreihe während 10 Minuten gemessen. Werden ein Schreiber und mechanischer Probevorschub zur Registrierung der Impulsraten verwendet, so sind, wie in der Tabelle 26 (unten) gezeigt, noch weitere Daten notwendig.

Bei diesem einfachen Beispiel, wo es auf die genaue Kenntnis der absoluten Elementgehalte in der Probe nicht so sehr ankam als vielmehr auf deren relative Änderung, konnte die Bestimmung der Konzentration C_A des Elementes A für jeden einzelnen Punkt einer Punktreihe nach der einfachen alten Formel von CASTAING (6) erfolgen,

$$\frac{N_{1A}}{N_{0A}} = C_A, \tag{5.1}$$

wobei N_{1A} die Nettoimpulszahl für das Element A in der Probe und N_{0A} die Nettoimpulszahl für das Element A im Standard darstellen. Da es sich lediglich um Vergleiche handelt, wurde auch auf eine Absorptions- oder Fluoreszenzkorrektur verzichtet, doch dürften die Manganwerte ziemlich den Absolutwerten nahekommen, da für die K_α-Linien des Mangans in einer Eisenmatrix zufolge der benachbarten Ordnungszahlen kaum eine Absorption oder Fluoreszenzanregung erfolgen kann. Für Silicium hingegen gilt dies nicht, und die hier angegebenen Werte können um etwa 50% unter den tatsächlichen Werten liegen.

Insgesamt wurden aus 6 Punktreihen mit je 200 Meßpunkten für Silicium und Mangan 2400 Konzentrationswerte ermittelt und im Diagramm (Abb. 67) eingezeichnet. Durch Mittelung von je 10 Punkten entstanden Kurven der durchschnittlichen Gehalte für je 1000 μm, die den Konzentrationsverlauf über größere Bereiche deutlicher erkennen lassen, und man erhält dabei eine im Vergleich zum lichtmikroskopischen Bild anschaulichere Darstellung.

Um ein Bild über die mittlere Konzentration und deren Streuung in Grundmetall und Schweißraupe sowie über die Probenhomogenität zu erhalten, wurden von der 2., 3. und 4. Punktreihe je 50 aufeinander folgende Analysenpunkte zur Auswertung herangezogen und in Tabelle 27 zusammengefaßt.

Tabelle 27.

Punkt	Si		Mn	
	31—80	131—180	31—80	131—180
Konzentration %	0,160	0,092	1,53	1,81
s_{gem}	0,0314	0,0278	0,121	0,110
s_{ber}	0,0208	0,0184	0,026	0,027

s_{gem} ..... aus den Meßpunkten ermittelt.
s_{ber} ..... durch Fehlerabschätzung berechnet.

Die Standardabweichung der Nettoimpulsrate des Signals auf der Probe wurde nach den Regeln der Fehlerfortpflanzung aus den Standardabweichungen des Signals und des Hintergrundes auf der Probe, die sich aus der Quantenstatistik ergaben, berechnet. Dabei trat der Fehler der Hintergrundimpulsraten kaum in Erscheinung. Die relative Standardabweichung des Signals auf den Eichstandards lag für Silicium bei 1,5% und für Mangan bei 0,5% und ist im Vergleich zu der wesentlich höheren Varianz der Nettoimpulsrate des Signals auf der Probe klein.

Neben der Durchführung reihenförmiger Punktanalysen, die je nach Fragestellung zur Darstellung von Kurvenzügen gleicher Konzentration in zwei- oder dreidimensionaler Anordnung verwendet werden können, hat auch das automatische mechanische Scanning erhebliche Vorteile. Hierbei wird man zweckmäßig den Elektronenstrahl zunächst auf der ruhenden Probe, aber bei laufendem

Schreiber etwa 10 bis 20 Minuten auftreffen lassen und wie Abb. 74, rechter Bildteil, zeigt, die Statistik aufnehmen. Es kann sein, daß durch den Einfluß des „verunreinigten Fleckes" die Impulsraten leicht abnehmen, doch wird die statistische Schwankung erhalten bleiben. Derartige Schreiberaufzeichnungen können für quantitative Aussagen wertvolle Dienste leisten, da für jede beliebige Stelle die Impulsraten direkt auf der Schreiberaufnahme ausgemessen und nach entsprechender Hintergrundkorrektur durch Dividieren durch die Nettoimpuls-

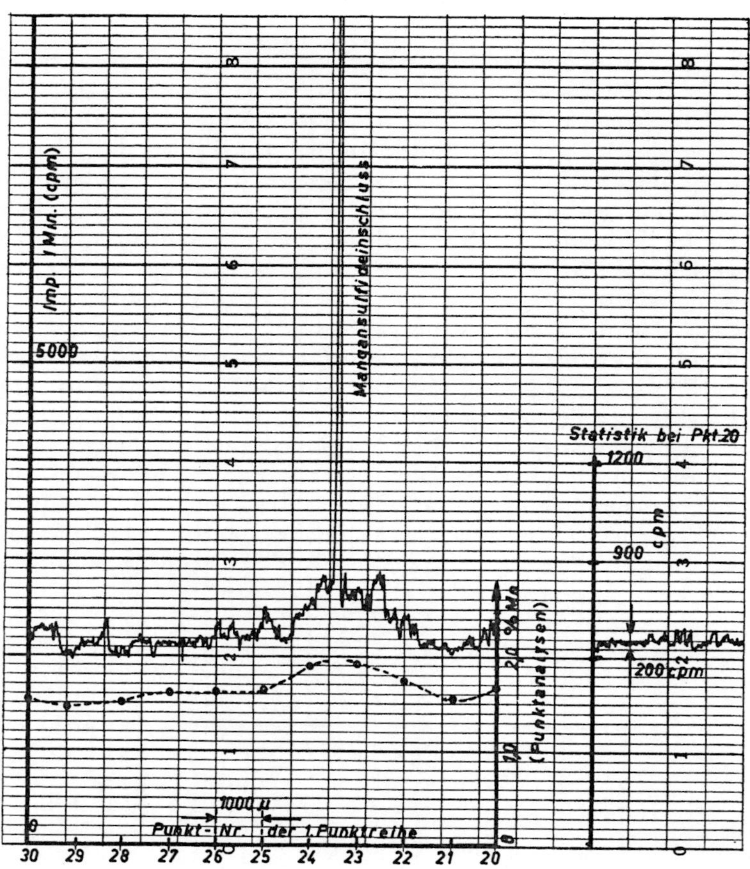

Abb. 74. Aufnahme der Statistik, mechanisches Linescanning und Punktanalysen.

raten des betreffenden Elementes am Eichstandard dessen Prozentgehalt berechnet werden kann. Da sich aber der Strahl je nach Geschwindigkeit des Probenvorschubes nur beschränkte Zeit auf einer bestimmten Stelle der Oberfläche befindet und auch zufolge einer gewissen Trägheit der Zähleinheit und des Schreibers die Impulsrate für diese Stelle nicht immer den höchsten Wert erreichen kann, ist es von Vorteil, an bestimmten Stellen Punktanalysen an der ruhenden Probe durchzuführen und mit den Schreiberaufzeichnungen in Relation zu bringen.

Der mechanische Probevorschub liegt üblicherweise zwischen 1 und 20 μm je Minute, d. h. man wird schon aus Zeitgründen keine allzu großen Strecken durchwandern können (kaum mehr als etwa 1 mm/Stunde). Man wird also nur für relativ kleine Gefügeänderungen den automatischen Vorschub verwenden bzw.

zur Kontrolle der Echtheit eines aus Punktanalysen aufgestellten Kurvenverlaufes. Allerdings können dabei, wie Abb. 74 (linker Bildteil) zeigt, große Überraschungen auftreten, da es durchaus im Bereich des Möglichen liegt, daß bei Punktanalysen bestimmte Bereiche (wie kleine Einschlüsse) nicht erfaßt werden. Hier betragen bei Konzentrationen von 1,5 bis 2% Mangan und Impulsraten von 2000 bis 3000 Ipm die statistischen Schwankungen nur etwa $\pm$ 100 Ipm, so daß Konzentrationsänderungen von 5 Rel.-% bereits sehr deutlich zum Ausdruck kommen. Der große Ausschlag zwischen Punkt 23 und 24 wurde durch einen Mangansulfideinschluß hervorgerufen.

Aus den Mittelwerten der einzelnen Punktreihen und Standardabweichungen wurden die Gesamtmittelwerte der Mangan- und Siliciumkonzentrationen im Grundmetall und in der Schweißraupe gewonnen. Tabelle 28 zeigt die aus je 150 Meßpunkten verschiedener Punktreihen gewonnenen Mittelwerte. Die daraus errechnete Überhöhung der Mangankonzentration in der Schweißraupe von 15% gegenüber dem Grundmetall sowie die in der Raupe um 50% niedrigere Siliciumkonzentration zeigen deutlich das Ausmaß des durch das basische Schweißpulver bewirkten Manganzubrandes bzw. Siliciumabbrandes in der Schweißnaht.

Tabelle 28.

	C	s	V (%)
Mangan im Grundmetall	1,55	0,111	7,2
Mangan in der Schweißnaht	1,83	0,118	6,5
Silicium im Grundmetall	0,162	0,0247	15,2
Silicium in der Schweißnaht	0,080	0,0224	28,1

C ..... Konzentration in Gewichtsprozenten.
s ..... Standardabweichung.
V ..... Varianz.

Beispiel 6: An einem goldplattierten Brillengestell sollte die Zusammensetzung des Grundmaterials und die Schichtdicke der aufgebrachten Goldschichte bestimmt werden.

Ein Stück der Brille wurde senkrecht zur Goldplattierung durchgeschnitten, in Woodmetall eingebettet, geschliffen und mit Diamantpulver poliert. Die qualitative Analyse des Grundmaterials wurde, wie auf S. 117 beschrieben, durchgeführt. Auf Grund der mit dem Schreiber registrierten Linien konnte das Grundmaterial als eine Kupfer-Nickel-Zink-Legierung identifiziert werden. Die quantitative Untersuchung mittels Punktanalyse ergab eine Zusammensetzung von

Kupfer: 63,4%
Nickel: 22,2%
Zink: 11,7% (alles unkorrigierte Werte)
Summe: 97,3%

und entspricht also einer Neusilberlegierung.

Die Zusammensetzung der Goldplattierung konnte mit 62% Gold und 37% Kupfer festgestellt werden.

Zur Bestimmung der Schichtdicke (dies gilt teilweise auch für Diffusionsmessungen) stehen mehrere Möglichkeiten zur Verfügung:

1. Ausmessen der Schichtdicke im lichtoptischen Bild,
2. Messung der Intensität der charakteristischen Strahlung der Elemente in der Plattierungsschicht und Vergleich mit Intensitäten von Eichproben bekannter Schichtdicke,

3. Messung der Intensität der charakteristischen Strahlung des Untergrundmaterials und Vergleich mit Eichproben,
4. Ausmessen der Schichtdicke im Scanningbild,
5. Bestimmung der Schichtdicke mittels Linescanning,
   a) Registrieren des absorbierten Elektronenstroms,
   b) Registrieren der charakteristischen Strahlung eines Elements in der Plattierung.

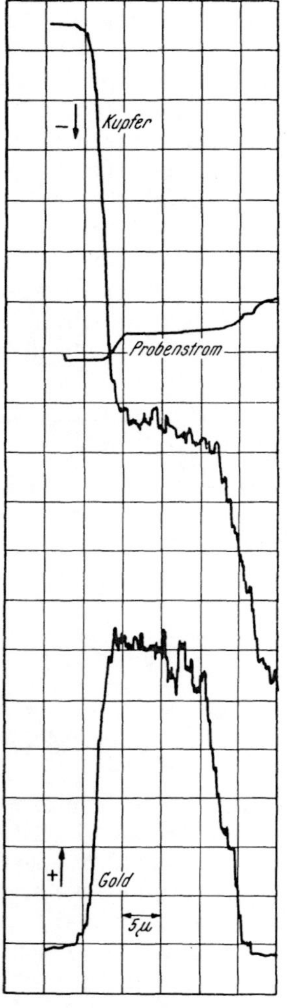

Abb. 75. Mechanisches Linienscanning zur Schichtdickenbestimmung; CuKα und AuLα; LiF, 25 kV, 0,1 μA.

Im lichtoptischen Schliffbild ist kaum ein Unterschied zwischen Plattierung und Grundmaterial sichtbar; eine Schichtdickenmessung auf diese Weise ist daher nicht möglich.

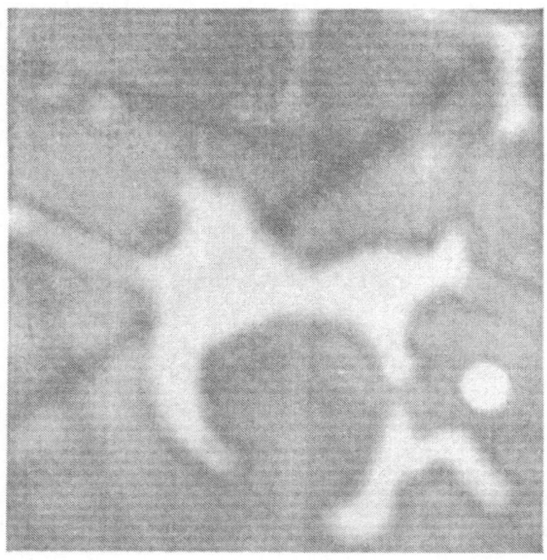
Abb. 76. Elektronenabsorptionsbild (positiv) eines austenitisch-ferritischen Chrom-Nickel-Stahls (2).

Die Schichtdickenbestimmung durch Messung der charakteristischen Strahlung eines Elementes in der Plattierung oder im Untergrundmaterial und Vergleich mit Eichproben ist nur dann möglich, wenn die untersuchten Schichten wesentlich dünner sind als die Eindringtiefe der Elektronen bei der betreffenden Beschleunigungsspannung. Die Schichtdicke wurde im vorliegenden Falle daher nach folgenden zwei Methoden ermittelt:

1. Zum Ausmessen der Schichtdicke mittels Scannings eignet sich für diesen Fall sehr gut das Elektronenabsorptionsbild. Auf Grund des großen Unterschiedes der mittleren Ordnungszahl des Grundmaterials (schwerstes Element im Neusilber ist Zink, $Z = 30$, Kupfer hat $Z = 29$ und Nickel $= 28$, die mittlere Ordnungszahl wurde daher zu 29 gewählt; Gold in der Plattierung, $Z = 79$) und der Plattierung sind die Kontraste im Bild gut genug, um das Ausmessen zu ermöglichen, und es ergab sich eine Schichtdicke der Goldauflage von 10 bis 12 μm.

2. Die Dickenbestimmung mittels mechanischen Linescannings (2) zeigt Abb. 75. Diese Methode erbrachte Werte für die Goldauflage von ungefähr

15 μm. Die Bestimmung erfolgte einmal aus der Änderung der Intensität der absorbierten Elektronen (Probenstrom) und außerdem aus der Änderung der Intensität der AuL_α- und CuK_α-Strahlung.

Die Schichtdicken aufgedampfter Metallfilme oder von Korrosionsschichten sind mitunter zu dünn, um die eindringenden Elektronen aufzufangen, und die spezifischen Röntgenstrahlen in diesen dünnen Schichten werden erheblich durch jene aus dem Grundmetall beeinflußt. BIRKS (4) hat diese Tatsache zur Messung von Schichtdicken in der Größenordnung von etwa 10 Å verwendet und durch Auftragung der relativen Röntgenintensität gegen die Filmdicke interessante Studien durchgeführt.

Beispiel 7: Auf den großen Einfluß der Matrix bei der Elektronenstrahl-Mikroanalyse wurde bereits hingewiesen. Die Matrix kann bekanntlich sowohl Röntgenstrahlen absorbieren als auch zur Fluoreszenzstrahlung angeregt werden. Wie sich dies auswirken kann, ist am nachfolgenden Beispiel dargestellt.

Abb. 76 zeigt das Elektronenabsorptionsbild des in der Austenitphase eingeschlossenen Ferrits eines Chrom-Nickel-Stahls. Mittels Punktmessungen wurde im Austenit und Ferrit der Nickel- und Chromgehalt bestimmt. In Tabelle 29 sind die bei 20 kV Anregungsspannung erhaltenen Ergebnisse unkorrigiert und korrigiert angeführt.

Tabelle 29.

Element	Ferrit		Austenit	
	unkorrigiert	korrigiert	unkorrigiert	korrigiert
Chrom %	27,5	26,0	19,5	17,0
Nickel %	3,5	4,7	8,9	12,2

Die in der Probe angeregte charakteristische Nickelstrahlung (NiK_α) besitzt eine genügend große Energie, um in der Eisenmatrix weitere Eisen-K_α-Strahlung anzuregen. Die Nickelstrahlung wird dadurch von der Eisenmatrix besonders stark absorbiert. Bei den geringen Nickelgehalten des Ferrits beträgt die Absorptionskorrektur sogar 35%, im Austenit immerhin noch 15% des gemessenen Wertes. Die Absorptionskorrektur für Nickel wurde hier nach der Formel von PHILIBERT (15) und TONG (20) durchgeführt, denn von den zahlreichen für die Absorptionskorrektur vorgeschlagenen Formeln ist diese ohne allzu großen Rechenaufwand anwendbar. Danach ergibt sich der Faktor ε, um den die Röntgenstrahlung durch Absorption und Streuung der Elektronen in der Probe geschwächt wird, aus

$$\varepsilon = \frac{1}{(1 + \chi/\sigma)\,[1 + (1 + \chi/\sigma)\,\xi]} \tag{5.2}$$

$\chi = (\mu/\varrho) \cdot \operatorname{cosec} \theta.$

μ/ϱ = Massenabsorptionskoeffizient.

θ = Austrittswinkel der Röntgenstrahlen.

$\xi = 3{,}5 \cdot A/Z^2.$

$\sigma = 1750 \cdot (30/V_k)^2$ (= Lenardsche Konstante).

V_k = Beschleunigungsspannung in kV.

Man erkennt sofort eine Ähnlichkeit mit Gleichung (4.22).

Zur Berechnung der wahren Konzentration c_0 aus der gemessenen c_1 gilt

$$\frac{c_1}{c_0} = \frac{\varepsilon_{\text{Probe}}}{\varepsilon_{\text{Standard}}}. \tag{5.3}$$

Tong berechnet näherungsweise den Schwächungsfaktor ε für eine aus n Elementen bestehende Probe

$$\log \varepsilon_{\text{Probe}} = \sum_{j=1}^{n} c_{0j} \cdot \log \varepsilon_j. \tag{5.4}$$

c_{0j} = wahre Konzentration des j-ten Elements in der Probe.

Die Abhängigkeit der Korrektur von der Anregungsspannung (Faktor σ) und auch vom Abnahmewinkel (Faktor χ) ist in der Formel mitberücksichtigt. Diese Formel gestattet mit guter Genauigkeit die Berechnung der auftretenden Absorptionseffekte, solange die Ordnungszahlen der betrachteten Elemente nicht zu weit auseinanderliegen.

Im Gegensatz zum Nickel sind die in erster Näherung aus der Beziehung $c_0 = I_P/I_S \cdot 100$ [I = gemessene Intensitäten auf Probe (P) und Standard (S)] berechneten Werte für das Element Chrom zu hoch. Der Grund dieser Erscheinung liegt darin, daß, wie bereits erwähnt, die Eisen-K_α-Strahlung in der Matrix das Chrom anregt. Chrom wird also nicht nur durch den Elektronenbeschuß der Probe, sondern auch durch die FeK_α-Strahlung der Matrix angeregt. Wiederum bestehen für die Korrektur dieser zusätzlichen Anregung durch „Sekundärfluoreszenz" zahlreiche Formeln (16). Für den vorliegenden Fall wurde die Fluoreszenzkorrektur von Castaing (5), die identisch ist mit Gleichung (4.24), verwendet:

$$\frac{I_f(A)}{I(A)} = \frac{w_k(B)}{2} \cdot C_B \cdot \frac{r-1}{r} \cdot \frac{\lambda_B}{\lambda_A} \cdot \frac{A}{B} \cdot \mu_B^A \cdot \left[\frac{\ln\left(1 + \frac{\mu^A}{\mu^B} \cdot \operatorname{cosec} \theta\right)}{\mu^A \cdot \operatorname{cosec} \theta} + \frac{\ln\left(1 + \frac{\alpha}{\mu^B}\right)}{\sigma} \right] \tag{5.5}$$

$I_f(A)$ = Intensität der durch Fluoreszenz im Element A angeregten und unter dem Winkel θ gemessenen $K\alpha_1$-Strahlung.

$I(A)$ = Intensität der im Element A durch direkte Anregung (Elektronenbeschuß) angeregten und unter dem Winkel θ gemessenen $K\alpha_1$-Strahlung.

$\omega_k(B)$ = Fluoreszenzausbeute des Elementes B.

C_B = Gewichtskonzentration des Elementes B.

r = Verhältnis der Absorptionskoeffizienten an beiden Seiten der Absorptionskante K.

λ_A, λ_B = Wellenlängen der Absorptionskanten von A und B.

A, B = Atomgewichte der Elemente A und B.

μ_B^A = Massenabsorptionskoeffizient der $K\alpha_1(B)$-Strahlung in A.

μ^A, μ^B = Massenabsorptionskoeffizient der $K\alpha_1(A)$- bzw. $K\alpha_1(B)$-Strahlung in der Legierung.

σ = Massenabsorptionskoeffizient der Elektronen nach Lenard (wie in Absorptionskorrektur).

θ = Austrittswinkel.

Im Falle der Anregung von $L\alpha$-Strahlung durch Fluoreszenzstrahlung ist diese Formel nicht mehr anwendbar und man ist auf die Erstellung von Eichkurven mittels Eichproben bekannter Zusammensetzung angewiesen. Bei der Verwendung solcher Eichproben, die meist chemisch oder mit einer anderen Makromethode (RFA, optische Spektralanalyse) untersucht wurden, ist jedoch deren Konzentrationshomogenität (siehe Abschnitt II) von größter Bedeutung; während die Makroanalysen stets nur Durchschnittswerte liefern können, ist das bei der Elektronenstrahl-Mikroanalyse erfaßte Volumen um mehrere Zehnerpotenzen geringer. Es werden hier nur die lokalen Konzentrationen gemessen. Homogene Eichproben sind daher unbedingte Voraussetzung zur Aufstellung gültiger Eichkurven.

Zahlreiche weitere Korrekturformeln für die Einflüsse verschiedenster Faktoren wie Atomnummereffekte (1, 18), Anregung charakteristischer Strahlung durch die kontinuierliche Hintergrundstrahlung (7) und andere wurden aufgestellt, keiner Formel kann man jedoch allgemeine Gültigkeit für alle auftretenden Fälle zuerkennen. Für jedes einzelne Analysenproblem muß die geeignetste Korrekturmöglichkeit gefunden werden.

Dieses Beispiel wurde sowohl an der Jeol- als auch an der Cameca-Sonde bearbeitet und ergab die in Tabelle 30 angeführten, ausgezeichnet übereinstimmenden Werte.

Tabelle 30.

Sonde	Ferrit		Austenit	
	Cr %	Ni %	Cr %	Ni %
Jeol	26,0	4,7	17,0	12,2
Cameca	26,2	4,8	17,8	10,7
	26,2	4,1	16,8	12,0

Mit diesem Ergebnis ist auch wiederum deutlich gezeigt, daß eine Durchschnittsanalyse, metallkundlich gesehen, niemals die Aussagekraft der mit der Elektronenstrahl-Mikroanalyse ermittelten Gehalte hat, da diese deutlich die unterschiedliche Zusammensetzung von Ferrit (chromreich) und Austenit (nickelreich) aufzeigen.

Einen weiteren Fall des Zusammenfließens der analytischen Möglichkeiten zeigt

Beispiel 8: Es war die Frage nach der Verteilung einiger Elemente in hochborhaltigen Eisen-Chrom-Nickel-Legierungen und die Zusammensetzung der primär ausgeschiedenen Boride zu klären (2, 19).

Als Werkstoffe, die im Reaktorbau zur Verwendung kommen, finden in steigendem Maße die austenitischen Chrom-Nickel-Stähle mit hohen Borgehalten Interesse. Das Bor ist ein Element mit hohem Absorptionsvermögen für thermische Neutronen. Der Zusatz von Bor zu Eisenlegierungen hat daher eine wesentliche Erhöhung des im Reaktorbau vor allem interessierenden Massenwirkungsquerschnittes dieser Werkstoffe zur Folge. Das Ausmaß dieser Erhöhung beträgt z. B. im Falle des Eisens bei Anwesenheit von nur 1% Bor das 15,5fache. Diese Eigenschaft des Bors in Verbindung mit der Möglichkeit, die relativ billigen Eisenwerkstoffe als Trägerwerkstoffe heranziehen zu können, macht das Interesse verständlich, das den hochborhaltigen Eisenwerkstoffen für die Herstellung von Schutzschildern, Regelstäben und Abschaltstäben entgegengebracht wird. Wenn außerdem gewisse Anforderungen an die Korrosionsbeständigkeit gestellt werden müssen, ist es naheliegend, als Trägerwerkstoffe austenitische Chrom-Nickel-Stähle zu wählen.

Untersuchungen über die Dreistoffsysteme Eisen-Chrom-Bor, Eisen-Nickel-Bor und Chrom-Nickel-Bor sind bisher nicht bekannt geworden, so daß für metallurgische Überlegungen im Zusammenhang mit der Weiterentwicklung der hochborhaltigen austenitischen Chrom-Nickel-Stähle die metallkundlichen Grundlagen weitgehend fehlen. Zur Orientierung wurde daher versucht, in den Gefügebestandteilen technischer Stähle und Legierungen die Anteile einiger Legierungselemente mit Hilfe einer Mikrosonde zu ermitteln. Für diese Untersuchung wurde ein Jeol-Gerät herangezogen. Ein weiterer Zweck der Untersuchung war, die Möglichkeiten dieses Gerätes für die Lösung solcher Aufgaben zu studieren.

Tabelle 31.

Stahl	C %	Si %	Mn %	Cr %	Ni %	B %	Fe* %
1	0,03	0,71	0,79	37,95	10,17	4,70	45,65
2	0,03	1,00	0,70	17,00	15,00	2,50	63,77
3	0,03	0,93	0,79	17,58	15,89	1,93	62,85
4	0,03	0,92	0,75	16,61	15,95	0,93	64,81
5	0,03	0,30	1,36	18,95	12,05	2,10	65,21

* Rest auf 100%.

Die Ergebnisse der chemischen Analyse der untersuchten Werkstoffe sind aus Tabelle 31 zu entnehmen. Die Stähle 1 bis 4 mit Borgehalten zwischen 4,7 und 0,93% wurden mit der Mikrosonde untersucht. Mit Stahl 5, der ähnlich wie Stahl 3 einen annähernd eutektischen Borgehalt von etwa 2% aufweist, wurden die an Stahl 5 erhaltenen Ergebnisse bezüglich der Zusammensetzung der Boride mit Hilfe der Isolierungstechnik (12) kontrolliert. Die Kohlenstoffgehalte liegen bei allen untersuchten Legierungen sehr niedrig, um Störungen durch Carbidphasen zu vermeiden. Die angegebenen Eisengehalte sind als Rest auf 100% berechnet worden.

Einen Überblick über die Verteilung der Elemente Chrom, Eisen und Nickel im übereutektischen Stahl 1 mit 4,7% Bor vermittelt die Abb. 71 (S. 123). Das Mikrobild und das Absorberbild zeigen die aus der Schmelze bei der Erstarrung ausgeschiedenen balkenförmigen Primärboride, welche die Bildfläche zu einem erheblichen Teil ausfüllen.

Die hellen Stellen in dieser Aufnahme entsprechen demnach Bereichen mit einem im Vergleich zu den dunklen Stellen höheren Anteil an leichten Elementen. Im Falle der vorliegenden Legierung mit einem Borgehalt von 4,7% wird der vergleichsweise höhere Anteil an leichten Elementen vor allem durch Anreicherungen an Bor verursacht. Das Absorberbild vermittelt damit im Vergleich zum üblichen Mikrobild eine zusätzliche Aussage, die deshalb von besonderem Interesse ist, weil derzeit mit der uns zur Verfügung stehenden Mikrosonde direkte Bestimmungen von Elementen mit Ordnungszahlen unter 11, somit also auch direkte Borbestimmungen nicht möglich sind.

Die Verteilung von Elementen mit Ordnungszahlen über 10 in einem Bereich einer Probenoberfläche kann hingegen mit Hilfe einer elektronischen Scanningeinrichtung untersucht werden. Solche Scanningaufnahmen für Chrom, Eisen und Nickel sind in der Abb. 77 wiedergegeben. Diese Aufnahmen erfolgten mit einer Beschleunigungsspannung von 20 kV und einer Stromstärke des sondierenden Elektronenstrahls von 0,18 μA. Als Monochromator wurde LiF verwendet. Die hellen Stellen in den Scanningbildern zeigen die Bereiche hoher Konzentrationen des Elementes an, auf dessen charakteristische Linie das Spektrometer jeweils eingestellt war. Die Aufnahme für das Chrom läßt deutlich

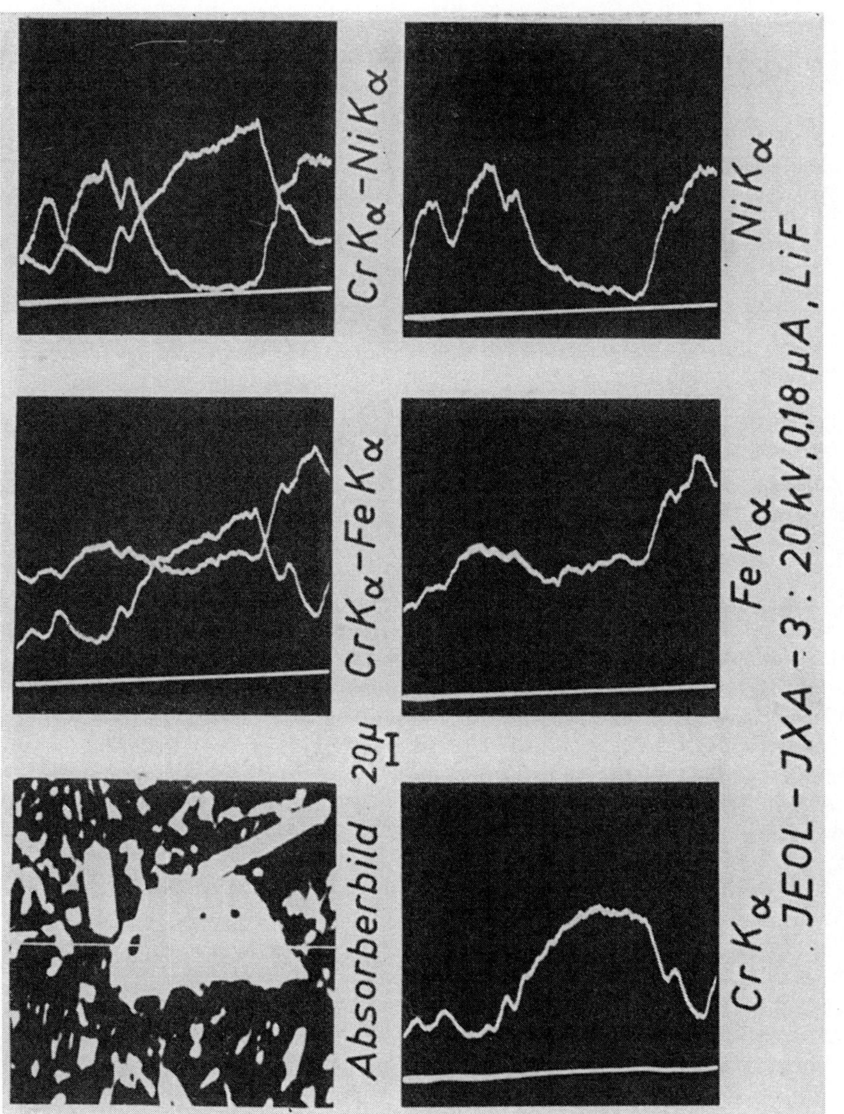

Abb. 77. Stahl 2.

die Anreicherung dieses Elementes im Primärborid im Vergleich zur Matrix erkennen, während im Gegensatz hierzu die Konzentrationen von Eisen und Nickel in der Matrix höher als im Primärborid sind.

Tabelle 32 zeigt eine Zusammenstellung der in der Matrix und im Primärborid des Stahles 1 mit 4,7% Bor erhaltenen Analysenwerte. Die angegebenen Gehalte an Chrom, Eisen, Mangan und Nickel sind immer der Mittelwert aus 10 Einzelmessungen, die an verschiedenen Stellen der beiden Phasen vorgenommen wurden. Aus diesen Messungen wurden die zugehörigen Standardabweichungen errechnet. Voraussetzung für diese Beurteilung der Reproduzierbarkeit ist, daß sowohl das Primärborid als auch die boridfreien Anteile der eutektischen Matrix vollkommen homogene Phasen sind, so daß in jeder der gewählten Meßstellen innerhalb ein und derselben Phase immer die gleiche chemische Zusammensetzung vorliegt. Da diese Voraussetzung nur innerhalb bisher nicht näher bekannter Grenzen zutreffend sein wird, ist die tatsächliche Analysengenauigkeit wahrscheinlich besser, als sie in dieser Zusammenstellung zum Ausdruck kommt.

Tabelle 32.

	Matrix		Borid	
	%	s	%	s
Cr	11,3	± 0,7	62,0	± 1,0
Fe	61,0	± 1,0	27,0	± 1,0
Ni	21,4	± 0,6	1,0	± 0,04
Mn	0,99	± 0,07	0,54	± 0,02

Jeol-JXA-3: 20 kV, 0,08 μA, LiF.

Tabelle 33 ermöglicht einen Überblick über die an den Stählen 1 bis 4 im Borid und in der Matrix mit der Elektronenstrahl-Mikroanalyse erhaltenen Ergebnisse. Bei allen 4 Stählen liegen die Chromgehalte in den Boriden erheblich höher als in der Matrix. In den Boriden des Stahles 1, dessen durchschnittlicher Chromgehalt etwa 38% beträgt, wurden 62% Chrom festgestellt. Die Boride der Stähle 2 bis 4 mit durchschnittlichen Chromgehalten von etwa 17% enthalten hingegen nur 46 bis 48% Chrom. Die übrigen Elemente sind jedoch in der Matrix in höheren Konzentrationen als im Borid vorhanden. Die Summe der ermittelten Gehalte an Chrom, Eisen, Nickel und Mangan beträgt in der Matrix 98,0 bis 100,3%, in den Boriden hingegen 90 bis 90,8%, so daß also für den Boranteil in dem Borid ungefähr 9% zur Verfügung stehen. In den aus Stahl 5 isolierten Boriden konnte tatsächlich ein Borgehalt von 9% festgestellt werden. Für die elektrochemische Boridisolierung aus diesem Stahl mit einem annähernd eutektischen Borgehalt von 2,1% wurde alkoholische Salzsäure als Elektrolyt verwendet. Die Isolatausbeute betrug 22,5%. Der Boranteil dieses Stahles ist demnach praktisch zur Gänze in den Boriden konzentriert. Die Gehalte an Chrom, Eisen, Nickel und Mangan, die in den isolierten Boriden festgestellt wurden, sind ebenfalls aus Tabelle 33 zu ersehen. Sie zeigen gute Übereinstimmung mit den Ergebnissen der Elektronenstrahl-Mikroanalyse der Boride des Stahles 3.

Bezüglich der an Stahl 2 mit einem übereutektischen Borgehalt von 2,5% erhaltenen Ergebnisse sei auf Untersuchungen (13) an einem ähnlichen Stahl mit einem höheren Kohlenstoffgehalt von 0,1%, jedoch mit ebenfalls 2,5% Bor, 17% Chrom und 15% Nickel verwiesen. In diesem Stahl wurden durch Punktanalysen, für deren Durchführung eine Cameca-Mikrosonde zur Verfügung stand, in den Primärboriden 46% Chrom, 46% Eisen und 1,5% Nickel und in der boridfreien Matrix 7% Chrom, 73% Eisen und 20% Nickel festgestellt. Diese Ergebnisse stimmen weitgehend mit den an Stahl 2 ermittelten Werten überein, wie wieder aus Tabelle 33 entnommen werden kann.

Aus den Punktanalysen der Boride der Stähle 1 bis 4 und aus der Mikroanalyse der isolierten Boride des Stahles 5 wurde ferner versucht, die zugehörigen Bruttoformeln zu berechnen. Bei allen Stählen bestehen die Boride außer Bor

Tabelle 33.

Stahl		Cr %	Fe %	Ni %	Mn %	Summe %	Bruttoformel Me_2B
1 (4,7% B)	B[1]	62,0	27,0	0,8	0,5	90,3	$(Fe_{0,6}Cr_{1,5})$ B
	M[2]	12,0	63,0	22,0	1,0	98,0	
2 (2,5% B)	B[1]	46,0	43,0	1,4	0,4	90,8	$(Fe_{1,0}Cr_{1,1})$ B
	M[2]	8,0	69,0	21,0	0,6	98,6	
3 (1,93% B)	B[1]	47,0	41,0	1,7	0,6	90,3	$(Fe_{0,9}Cr_{1,1})$ B
	M[2]	9,4	69,0	21,0	0,9	100,3	
4 (0,93% B)	B[1]	48,0	40,0	1,4	0,6	90,0	$(Fe_{0,9}Cr_{1,1})$ B
	M[2]	13,0	67,0	18,0	0,7	98,7	
5 (2,1% B)	B[3]	47,0	43,0	1,0	1,0	92,0	$(Fe_{1,0}Cr_{1,1})$ B

[1] Borid } Elektronenstrahl-Mikroanalyse Jeol-JXA-3.
[2] Matrix }
[3] Borid: Isolat-Analyse.

im wesentlichen aus Eisen und Chrom. Die Summe der Eisen- und Chromgehalte betrug 88 bis 90%, hingegen die Summe der Nickel- und Mangangehalte nur 1,3 bis 2,3%. Der Borgehalt der Boride konnte auf Grund der durchgeführten Punktanalysen mit annähernd 9% angenommen und dieser Borgehalt auf Grund der Borbestimmung in den isolierten Boriden des Stahles 5 als richtig bestätigt werden. Einem Borgehalt von 9% entspricht unter den bekannten Chrom-Boriden am besten das Cr_2B mit einem theoretischen Borgehalt von 9,42%. Die theoretischen Borgehalte der übrigen Chromboride liegen wesentlich höher und betragen für Cr_3B_2 12,18%, für CrB 17,12%, für Cr_3B_4 21,72% und für CrB_2 29,38%. Sie können daher nicht in Betracht kommen. Von den beiden bekannten Eisenboriden Fe_2B und FeB, deren theoretische Borgehalte 8,83% und 16,23% betragen, ist bei einem gefundenen Borgehalt von 9% ebenfalls nur das Fe_2B von Interesse. Demnach muß das in den untersuchten Stählen festgestellte (FeCr-)Borid, dessen 9% betragender Borgehalt zwischen dem theoretischen Borgehalt des Cr_2B von 9,42% und dem theoretischen Borgehalt des Fe_2B von 8,83% liegt, die Bruttoformel Me_2B ergeben. Die aus den Boridanalysen der untersuchten Stähle errechneten und in der Tabelle 33 vermerkten Bruttoformeln zeigen, daß die Forderung nach einer Me_2B-Form der (FeCr-) Boride bei allen Stählen mit durchaus befriedigender Genauigkeit erfüllt wird.

Die größten Schwierigkeiten der richtigen quantitativen Analyse mit einem Elektronenstrahl-Mikroanalysator liegen in der Anwendung und Durchführung der Korrekturen. Hofer (9) hat zum Studium der quantitativen Verteilung von Nickel, Chrom und Eisen im Austenit und Ferrit die Korrekturformeln von Birks (3) und Ogilvie (9) gegenübergestellt und dabei gefunden, daß die Elementsumme der nach Birks gefundenen Werte durchwegs höher lag als die nach Ogilvie.

Es scheint, daß es noch kein allgemein anwendbares Korrekturverfahren gibt, daß es also sehr oft zweckmäßig sein wird, sich geeignete Eichstandards anzuschaffen bzw. Eichkurven aufzustellen. Um die „wahren“ Elementkonzentrationen zu finden, wird also wenn möglich — besonders zur Sicherstellung der Analysenwerte — ein Vergleich der mit der Elektronenstrahl-Mikroanalyse gefundenen Werte mit den nach „konventionellen“ Methoden gefundenen Werten sicherlich wertvoll sein. Im Beispiel 9 wird der große Wert und die

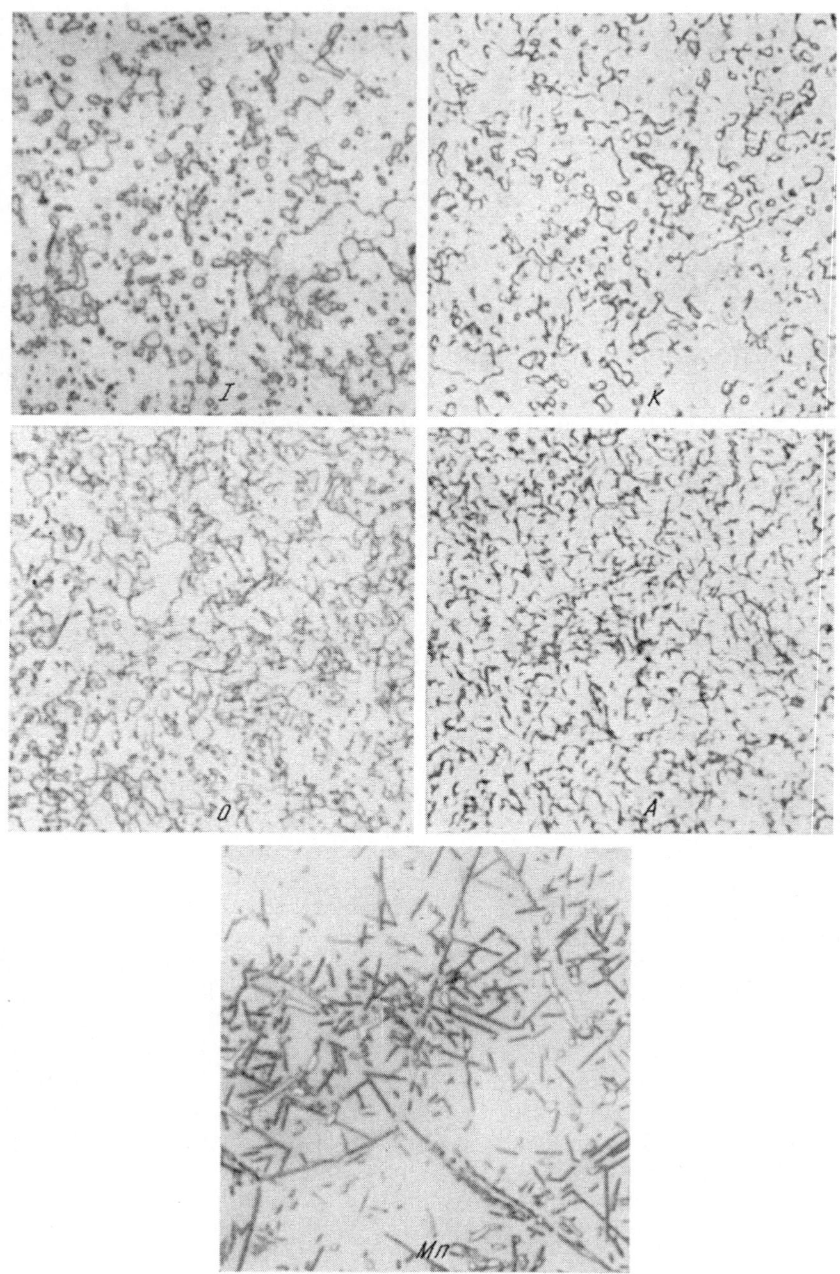

Abb. 78. Stahlproben mit Carbidausscheidungen.

Analysensicherheit, mit der auch feine Ausscheidungen untersucht werden können, dargestellt.

Beispiel 9: An 5 Stahlproben (2), deren Schliffbilder in Abb. 78 zu sehen sind und die körnige Ausscheidungen mit Korngrößen von 2 bis 6 μm aufweisen, sollten in der Matrix das Mangan und in den Ausscheidungen Eisen und Mangan bestimmt werden. Der Mangangehalt der Proben steigt von Probe *I* zu Probe *A* hin stark an (siehe Tabelle 34), wobei gleichzeitig die mittlere Größe der Carbidausscheidungen stark abnimmt. Bei der Probe „Mn" mit dem höchsten Mangangehalt treten relativ große Korngrenzencarbide auf. Alle Proben wurden diamantpoliert und mit 1%iger alkoholischer Salpetersäure schwach angeätzt. Diese Proben, speziell *O* und *A*, stellen an das Auflösungsvermögen des Elektronenstrahls höchste Anforderungen, da der Einfluß der Konzentrationshomogenität gerade bei diesen 5 Proben eine große Rolle spielt.

Tabelle 34.

Probe	Gerät	Carbid						Matrix	
		% Mangan		% Eisen				% Mangan	
						Fe + Mn			
		Isolierung	Sonde	Isolierung	Sonde	Isolierung	Sonde	Isolierung	Sonde
I	JXA-3	2,26	2,20	91,0	89,8	93,26	89,72	0,17	0,19
	Cameca		1,95		92,5		94,45		0,18
K	JXA-3	5,46	4,56	87,8	90,5	93,26	97,02	0,43	0,54
	Cameca		5,13		91,9		97,03		0,46
O	JXA-3	10,34	9,33	83,0	83,3	93,64	91,3	0,80	0,93
	Cameca		10,1		86,2		96,3		0,92
A	JXA-3	18,61	16,00	74,7	75,0	93,31	90,7	1,84	1,83
	Cameca		18,0		81,0		99,0		1,66
Mn	JXA-3	25,48	24,82	67,8	67,3	93,28	90,9	11,77	11,20
	Cameca		24,0		68,9		92,9		11,80

Bei der Untersuchung von Mehrphasensystemen bedingt die räumliche Anordnung der Phasen weitgehend die Genauigkeit der Analysenwerte. Liegen relativ große Phasengebiete vor, deren Abmessungen größer sind als die gesamte Reichweite der eindringenden Elektronen, so sind die erhaltenen Analysenergebnisse durchaus der wahren Zusammensetzung der untersuchten Phase entsprechend. Sind die zu analysierenden Phasen jedoch so klein, daß deren Abmessungen mit dem Strahldurchmesser bzw. mit der Eindringtiefe der Elektronen vergleichbar sind, muß mit Durchstrahlungs- bzw. Überstrahlungseffekten gerechnet werden. Der Elektronenstrahl dringt über die Phase bzw. den Einschluß hinaus auch in die Matrix ein und regt dort ebenfalls charakteristische Röntgenstrahlung an. Aus diesem Grund können bei der Bestimmung des Mangans in den vorliegenden Carbiden Minderbefunde auftreten, da bei zu kleinen Carbiden durch Erfassung eines Teils der manganarmen Matrix ein zu geringer Mangangehalt gemessen wird. Umgekehrt ist es bei der Messung des Eisens, wo natürlich aus diesen Gründen im Carbid zu hohe Eisenwerte gemessen werden können.

Bei der Manganbestimmung in der Matrix hingegen ist es möglich, daß sich knapp unterhalb des Punktes, der mit dem Elektronenstrahl analysiert wird, ein Carbid befindet, das oberflächlich nicht sichtbar ist. Wenn die Eindringtiefe der Elektronen groß genug ist, dieses Carbid ganz oder teilweise mitzuerfassen, sind die gemessenen Mangangehalte der Matrix natürlich zu hoch.

Um nun eine möglichst hohe Auflösung zu erreichen, genügt es nicht, nur den Elektronenstrahldurchmesser sehr klein zu halten, sondern man muß auch die Eindringtiefe der Elektronen verringern, damit keine Durchstrahlungs- und Überstrahlungseffekte auftreten. Allein nur den Strahldurchmesser zu verringern, bringt keine allzu großen Vorteile, da der Durchmesser des analysierten Gebietes, wie bereits erwähnt, gleich ist der Summe des Strahldurchmessers und der Eindringtiefe der Elektronen (siehe Gleichung 2.15). Die Eindringtiefe wiederum kann nur durch Verringern der Beschleunigungsspannung beeinflußt werden. Beide Maßnahmen, Verringern des Durchmessers und der Beschleunigungsspannung, erniedrigen die erzielbare Strahlstromstärke und damit die erreichbare Intensität der Strahlung.

Tabelle 35.

Probe	Mn %	A. Durch Isolierung	B. Mit verschiedenen Mikrosonden Mn %				
			1	2	3	4	5
I	0,36	0,17	0,19	0,2	0,18	0,28	0,19
K	0,87	0,43	0,54	0,5	0,46	0,49	0,43
O	1,60	0,80	0,93	0,9	0,92	0,95	0,82
A	3,03	1,84	1,83	1,8	1,66	1,92	1,65
Mn	13,3	11,77	11,2	13,5	11,8	11,5	11,5

Daher wurden die Proben *I*, *K*, *O* und *A* bei 15 kV Anregungsspannung und einem Strahlstrom von $0{,}7 \cdot 10^{-7}$ A gemessen. Bei der Probe Mn, die bereits wesentlich größere Carbidausscheidungen enthält, wurde eine Beschleunigungsspannung von 20 kV und eine Stromstärke von $0{,}8 \cdot 10^{-7}$ A verwendet.

Tabelle 36.

Probe	Mn % Carbidgröße	A. Durch Isolierung		B. Mit verschiedenen Mikrosonden			
		Mn	Fe	Nr.	Mn	Fe	Mn + Fe
Mn	13,3	25,48	67,8	1	23,67	68,5	92
	5 μm			2	24	68,9	93
				3	24,3	66,6	91
				4	25	65	90
I	0,36	2,26	91	1	2,27	90,8	93
	4 μm			2	1,95	92,5	94
				3	2,20	87,5	90
				4	2,3	95	97
K	0,87	5,46	87,8	1	5,26	88,8	94
	3,5 μm			2	5,13	91,9	97
				3	4,22	92,8	97
				4	7,5	85	93
O	1,60	10,34	83	1	9,52	86,2	96
	3 μm			2	10,1	86,2	96
				3	8,1	83,3	93
				4	12,5	83	95
A	3,03	18,61	74,4	1	15,8	79,7	95
	2 μm			2	18,0	81,0	99
				3	15,7	75	91
				4	17	80	97

Mikrosonde: Mittel aus 10 Einzelwerten.
Chemische Werte: Mittel aus 4 bis 6 Einzelwerten. Streuung $< 2\%$.

In den Tabellen 35 und 36 sind die Ergebnisse dieser, aus einer großen Gemeinschaftsuntersuchung (12) stammenden, Messungen angeführt. Es handelt sich um Mittelwerte aus je 10 Einzelmessungen an den jeweils größten Carbiden bzw. an fünf freiliegenden Stellen des Ferrits. Zum Vergleich ist noch die Zusammensetzung von Carbid und Matrix angegeben, die im Max-Planck-Institut für Eisenforschung in Düsseldorf durch die Isolierungstechnik (12) und nachfolgende naßchemische Analyse ermittelt wurde.

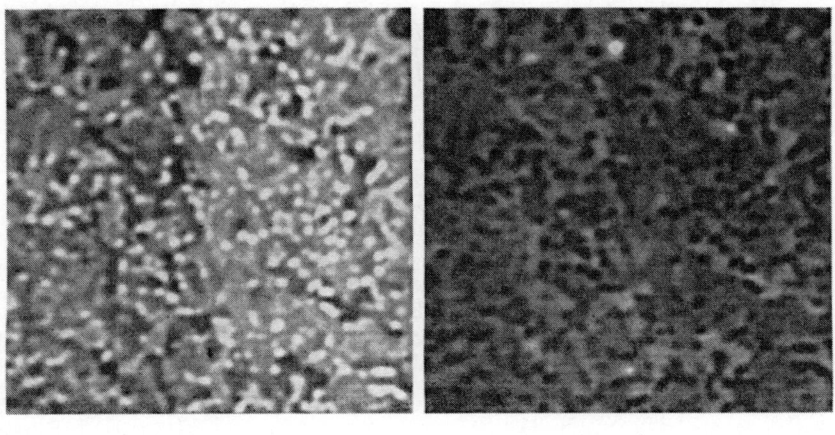

a *b*

Abb. 79 (2). Elektronenabsorptionsbild mit Jeol JXA-3, 15 kV, Scanningfläche 80 × 80 μm. *a* positiv, *b* negativ

Vergleicht man die mit dem Elektronenstrahl-Mikroanalysator erhaltenen Werte mit den naßchemischen der isolierten Carbide, so findet man sehr gute Übereinstimmung, die Summe der Eisen- und Mangangehalte im Carbid liegt stets um 90%.

Da es sich bei den untersuchten Carbiden um Verbindungen des Me_3C-Typus handelt, beträgt der Kohlenstoffgehalt der Carbide theoretisch 6,67%. Als Gesamtsumme der Eisen-, Mangan- und Kohlenstoffgehalte erhält man somit Werte zwischen 96,6 bis 103,0%. Die erreichte Analysengenauigkeit ist für diese Proben völlig zufriedenstellend und auch bei naßchemischen Bestimmungsverfahren nicht größer.

Daß es durchaus möglich ist, die für diese Analysen nötige Auflösung zu erreichen, erweisen die Abb. 79a und 79b, die Ausscheidungen von etwa 2μm Größe zeigen. Es sind dies die Elektronenabsorptionsbilder der Probe *A* bei 15 kV. Im normalen Absorptionsbild erscheinen die Carbide, da kohlenstoffreich, hell, im inversen Bild dunkel. Das Inversbild entsteht nur durch Umkehrung der Helligkeiten des normalen Absorptionsbildes mittels elektronischer Schaltung und entspricht somit dem Elektronenrückstreubild.

Literatur.

(1) Archard, G. D., u. T. Mulvey, Proc. 3rd Intern. Symp. X-Ray Optics and X-Ray Microanalysis, Stanford, USA, 1962. New York-London: Academic Press. 1963, S. 393. — (2) Arlt, H. H., Dissertation. Technische Hochschule Wien, 1964.

(3) Birks, L. S., Electron Probe Microanalysis. New York-London: Interscience Publ. 1963, S. 144. — (4) wie (3), S. 159.

(5) Castaing, R., Diss. Univ. Paris 1951; Publ. O. N. E. R. A. Nr. 55. — (6) Castaing, R., Advances in Electronics and Electron Physics 1960, Vol. **13**. New York: Academic Press. 1962, S. 317.

(7) Duncumb, P., u. P. K. Shields, Techn. Rep. 154, Nov. 1962. Tube Investm. Res. Lab., Hinxton Hall, Cambridge.

(8) Garlick, G. F., Brit. J. Appl. Physics **13**, 541 (1963).

(9) Hofer, F., Mikrochim. Acta [Wien] **1965**, 494.

(10) Kimoto, S., u. H. Hashimoto, Pittsburgh Conf. Analytical Chemistry Appl. Spectroscopy 1964, Vortrag Nr. 189. — (11) Kimoto, S., u. W. Hert, Mikrochim. Acta [Wien] **1965**, 471. — (12) Koch, W., u. E. Büchel, Mikrochim. Acta [Wien] **1965**. 429. — (13) Kulmburg, A., R. Blöch, K. Swoboda u. E. Plöckinger, Berg- u. Hüttenm. Mh. **109**, 114 (1964).

(14) Malissa, H., H. H. Arlt u. W. Kandler, Mikrochim. Acta [Wien] **1965**, 586. —

(15) Philibert, J., wie (1), S. 379. — (16) Philibert, J., Métaux **39**, 157, 216, 325 (1964). — (17) Philibert, J., u. E. Weinryb, wie (1), S. 451. — (18) Poole, D. M., u. D. M. Thomas, wie (1), S. 411.

(19) Swoboda, K., u. H. Malissa, Mikrochim. Acta [Wien] **1965**, 531.

(20) Tong, M., unveröff. Arbeit.

3. Literaturanhang.

a) Allgemeines.

(1) Banerjee, Bani R., Classified Bibliography on Electron Probe X-ray Microanalysis. ASTM Spec. Techn. Publ. Nr. **317** (1962). — (2) Birks, L. S., Electron Probe Intensity Calculations for 20—50 kV Electrons, J. Appl. Phys. **33**, 233 (1962). — (3) Birks, L. S., Calculation of X-ray Intensities from Electron Probe Specimens, J. Appl. Phys. **32**, 387 (1961). — (4) Birks, L. S., Technique for Calculating X-ray Intensities in the Electron Probe Microanalyzer, J. Appl. Phys. **31**, 1297 (1960). — (5) Birks, L. S., u. A. P. Batt, Use of a Multichannel Analyzer for Electron Probe Microanalysis, Anal. Chemistry **35**, 778 (1963). — (6) Birks, L. S., u. E. J. Brooks, Electron Probe Microanalyzer, Rev. Sci. Instr. **28**, 709 (1957). — (7) Birks, L. S., u. R. E. Seebold, Effect of Take-Off Angle on Electron Probe Calibration, Anal. Chemistry **33**, 687 (1961). — (8) Birks, L. S., u. R. E. Seebold, Use of the Electron Probe to Measure Low Average but High Local Concentrations, ASTM Special Technical Publication Nr. **308** (1961).

(9) Davidson, E., W. E. Fowler, N. Neuhaus u. W. G. Shequen, Progress in the Design of Equipment for Electron Probe Analysis. Pittsb. Conf. Anal. Chemistry and Appl. Spectroscopy, March 1964; Paper Nr. 188. — (10) Davidson, E., W. E. Fowler, H. Neuhaus u. W. G. Shequen, Programmed Analysis with an Electron-Microprobe. Electron Microprobe Symp. of Electrochem. Soc. Washington D. C. Oct. 1964. New York: John Wiley (in Druck). — (11) Duncumb, P., Electron Probe Methods of X-ray Micro-analysis, Brit. J. Appl. Phys. **11**, 169 (1960). — (12) Duncumb, P., The Design of Electron Probe Microanalysers, J. Inst. Met. **90**, 154 (1961—1962). — (13) Duncumb, P., u. D. A. Melford, Design Considerations of an X-ray Scanning Microanalyzer Used for Metallurgical Applications, X-ray Microscopy and Microanalysis. Amsterdam: Elsevier. 1960, S. 358—364.

(14) Heinrich, K. F. J., Concentration Mapping for the Scanning Electron Probe Microanalyser, Rev. Sci. Instr. **33**, 884 (1962).

(15) Long, J. V. P., Recent Advances in Microprobe Analysis, Advances in X-ray Analysis VI (1962) Plenum Press, New York, N. Y. — (16) Long, J. V. P., Metallurgical and Mineralogical Applications of X-ray Microprobes, Proc. 2nd Intern. Conf. X-ray Microscopy and X-ray Microanalysis, Stockholm 1959. Amsterdam: Elsevier 1960.

(17) Page, R. S., u. I. K. Openshaw, The Metropolitan-Vickers X-ray Microanalyser, X-ray Microscopy and Microanalysis. Amsterdam: Elsevier. 1960, S. 385 bis 390. — (18) Philibert, J., The Castaing „Microsonde“ in Metallurgical and Mineralogical Research, J. Inst. Met. **90**, 241 (1961—1962). — (19) Philibert, J., u. H. Bizouard, Quelques nouvelles applications de la microsonde électronique de Castaing et leur importance pratique, Rev. Mét. **56**, 187 (1959). — (20) Philibert, J., u. H. Bizouard, L'analyse des éléments légers avec la „Microsonde de Castaing“, ses applications métallurgiques et minéralogiques, Recherche Aéronautique **63**, 41 (1958). — (21) Philibert, J., u. C. Crussard, Applications of the electron probe microanalyzer, J. Iron Steel Inst. **183**, 42 (1956). — (22) Pinard, J., F. Thomas, E. Weinryb u. J. Philibert, Dispositif de formation de l'image électronique au moyen de la microsonde de Castaing, C. r. acad. sci., Paris **24**, 45 A (1963). — (23) Poole, D. M., u. P. M. Thomas, Quantitative Electron-Probe Microanalysis, J. Inst. Met. **90**, 228 (1961—1962).

(24) RANZETTA, G. V. I., u. V. D. SCOTT, Electron Probe Microanalysis of Low Atomic Number Elements, Brit. J. Appl. Phys. **15** (**3**), 263 (1964). — (25) ROUBEROL, J. M., M. TONG, E. WEINRYB u. J. PHILIBERT, Dispositif de balayage automatique sur la Microsonde CAMECA: Principe et exemples d'application, Mém. Sci. Rev. Mét. **49**, 305 (1962).

(26) SOLOVYEV, A. M., u. N. V. VERSNER, The Use of the Electron Microscope EM-3 for Carrying out a Local X-ray Spectral Analysis, Izvestija Akademii Nauk, SSSR, Ser. Fiz. No. 6, **23**, 750—753 (1959).

(27) THEISEN, R., Quantitative Electron Microprobe Analysis. Berlin-Heidelberg-New York: Springer-Verlag. 1965.

(28) ZIEBOLD, T. O., u. R. E. OGILVIE, Quantitative Analysis with the Electron Microanalyzer, Anal. Chemistry **35**, 621 (1963).

b) Metallurgie.

(1) ACHTER, M. R., L. S. BIRKS u. E. J. BROOKS, Grain-boundary Diffusion of Zinc in Copper Measured by the Electron Probe Microanalyzer, J. Appl. Phys. **30**, 1825 (1959). — (2) ADDA, Y., N. AZAM, G. DONZE, J. MALLEN, F. MAURICE u. M. WEISZ, Contribution á l'étude de la ségrégation des impuretés dans le béryllium de pureté commerciale, Chem. Rev. **254**, 1052 (1962). — (3) ADDA, Y., M. BEYELER u. A. KIRIANENKO, Effet de la pression sur le composé intermétallique formé par diffusion entre l' uranium et le cuivre, Chem. Rev. **250**, 115 (1960). — (4) ADDA, Y., M. BEYELER, A. KIRIANENKO u. F. MAURICE, Détermination des diagrammes d' équilibre par diffusion a l'état solide, Mem. Sci. Met. **58**, 716 (1961). — (5) ADDA, Y., M. BEYELER, A. KIRIANENKO u. B. PERNOT, Influence de la pression sur les diffusions donnant naissance a des composés intermétalliques, 4th International Symposium on the Reactivity of Solids, Amsterdam 1960. Amsterdam: Elsevier. 1960. — (6) ADDA, Y., M. BEYELER, A. KIRIANENKO u. B. PERNOT, Influence de la pression sur la diffusion dans les systèmes U-Al, U-Cu, U-Ni, Rev. Mét. **57**, 423 (1960). — (7) ADDA, Y., G. BREBEC u. V. LEVY, Etude de l'introduction et de la diffusion des gaz rares dans les métaux, Chem. Rev. **252**, 867 (1961). — (8) ADDA, Y., u. J. PHILIBERT, Etude de la diffusion uranium-zirconium en phase gamma, Chem. Rev. **242**, 3081 (1956); auch: La diffusion dans les Métaux 85—90, Bibliothèque Technique Philips 1957. — (9) ADDA, Y., u. J. PHILIBERT, Détermination des coefficients de diffusion et étude de l' effet *Kirkendall* sur le couple uranium-titane, Chem. Rev. **247**, 80 (1958). — (10) ADDA, Y., u. J. PHILIBERT, Etude de l'effet *Kirkendall* et détermination des coefficients de diffusion chimique et intrinsèque dans le couple uranium-molybdène, Chem. Rev. **246**, 113 (1957). — (11) ADDA, Y., u. J. PHILIBERT, Etude de la diffusion uranium-titane, Symposium de Métallurgie Spéciale de Saclay (1958) Paris, 103—109 (1959). — (12) ADDA, Y., u. J. PHILIBERT, Diffusion dans le système uranium-titane, Acta Metallurgica **8**, 700 (1960). — (13) ADDA, Y., J. PHILIBERT u. M. FARAGGI, Etude des phénomènes de diffusion intermétallique dans le système uranium-zirconium, Rev. Mét. **54**, 597 (1957). — (14) ADDA, Y., J. PHILIBERT u. C. MAIRY, Sur la mise en évidence d'un effet *Kirkendall* dans la diffusion uranium-zirconium en phase gamma, Chem. Rev. **243**, 1115 (1956). — (15) AGRELL, S. O., u. J. V. P. LONG, The Application of the Scanning X-ray Microanalyser to Mineralogy, X-ray Microscopy and Microanalysis. Amsterdam: Elsevier. 1960, S. 391—400. — (16) ALM, S., u. R. KIESSLING, Chromium Depletion around Grain-boundary Precipitates in Austenitic Stainless Steel, J. Inst. Metals **91**, 190 (1963). — (17) ALMASI, G. S., Graded Gap Converter. Evaluation of Graded Energy Gap Region, M. I. T. Project DSR 8848-8849, Semi-annual Technical Summary Report No. 2 (March 30, 1962), ASTIA AD 275610. 53—57. — (18) ARRHENIUS, G., O. T. H. GEBALLE u. B. T. MATTHIAS, Superconducting Scandium with Chromium, Bull. Amer. Phys. Soc., Ser. II, 8, 294 (1963). — (19) AUSTIN, A. E., u. N. A. RICHARD, Grain Boundary Diffusion, J. Appl. Phys. **32**, 1462 (1961). — (20) AUSTIN, A. E., W. A. RICHARD u. C. M. SCHWARTZ, Application of Electron-Probe Microanalysis to Interface Segregation, X-ray Microscopy and Microanalysis. Amsterdam: Elsevier. 1960, S. 401—406.

(21) BALLINGER, J., I. C. H. HUGHES u. T. MULVEY, A Technical Note on the Distribution of Cr between Carbide and Matrix in Fe-C-Cr Alloys, BCIRA Journal **8**, No. 2, 232—237 (1960). — (22) BEYELER, M., u. Y. ADDA, Influence des tensions internes sur la composition des phases formées par diffusion dans les couples uranium-cuivre et uranium-aluminium, Chem. Rev. **253**, 2967 (1961). — (23) BIRD, R. J., Electron Probe Microanalysis in a Petroleum Research Laboratory, Inst. Petroleum **48**, 297 (1962). — (24) BIRKS, L. S., u. E. J. BROOKS, Applications of the Electron Probe Microanalyzer, Advances in X-ray Analysis, Vol. I, **339**. New York: Plenum

Press. 1957. — (25) Birks, L. S., E. J. Brooks, I. Adler u. C. Milton, Electron Probe Analysis of Minute Inclusions of a Copper-Iron Mineral, American Mineralogist **44**, 974 (1959). — (26) Birks, L. S., u. R. E. Seebold, Diffusion of Nb with Cr, Fe, Ni, Mo and Stainless Steel, US. Naval Research Lab., NRL Report 5461 (1960); auch: J. Nuclear Mat. **3**, 249 (1961). — (27) Birks, L. S., J. M. Siomkajlo u. P. K. Koh, Identification of chi and sigma Phases in Stainless Steel with the Electron Probe Microanalyzer, AIME Transactions **218**, 806 (1960). — (28) Bizouard, H., u. J. Philibert, Sur l'analyse d'inclusions non métalliques dans les aciers, Rev. Mét. **56**, 123 (1959). — (29) Björn, E., Are Fine-grained Castings Homogeneous ?, Sv. Tandlekaretidskr. 73 (1962). — (30) Borovskii, I. B., Some Problems in Physical Investigations of Metals and Alloys, Trudy Inst. Metallurgii im. A. A. Baikova **4**, **3**. Moscow: SSSR Acad. Sci. Press. 1960; auch: Harry Brutcher, Technical Translations, No. 5182 (Englisch), H. Brutcher P. O. Box 157, Altadena, Calif. — (31) Borovskii, I. B., u. N. P. Il'in, A New Method of Investigation of Chemical Composition in the Microvolume of an Alloy, Doklady Akad. Nauk SSSR. **106**, 655 (1956); auch Harry Brutcher, Technical Translations, No. 5055, P. O. Box 157, Altadena, Calif. — (32) Borovskii, I. B., N. P. Il'in, L. E. Lovesa, I. D. Marchukova u. A. N. Deev, X-ray Spectral Analysis of the Chemical Composition of Microvolumes of Alloys, Izvest. Akad. Nauk SSSR, ser. fiz. **21**, No. 10, 1415 (1957). Auch: Bulletin of the Academy of Science of the USSR, Phys. Series (Englisch) (Colombia Techn. Trans) **21**, 1404 (1957). — (33) Bourrat, J., L. Colombier, J. Hochmann u. J. Philibert, Sur les structures de certains aciers au chrome-nickel, Chem. Rev. **244**, 1197 (1957). — (34) Brooks, E. J., u. L. S. Birks, Electron Probe Analysis of Segregation in Inconel, Symposium on Advances in Electron Metallography, ASTM Spec. Techn. Publ. No. 245, 100 (1958). — (35) Brammar, I. S., u. R. W. K. Honeycombe, Intergranular Brittleness of Cast Chromium-nickel Steels, J. Iron Steel Inst. **200**, 1060 (1962). — Brossa, F., R. Theisen, J. J. Huet u. D. Tytgat, Etude du nickel comme barrière de diffusion entre l'uranium et l'aluminium, Technical Report of Contracts 001/60/4/ORGB and 023/61/7/ORGB (1962) Communauté Européenne de l'Energie Atomique-Euratom. — (37) Brooks, E. J., u. L. S. Birks, Electron Probe Analysis of Segregation in Inconel, ASTM Spec. Techn. Publ. No. 245, 100 (1958).

(38) Carroll, K. C., Metallurgical Applications of the Electron Microprobe, J. Inst. Met. **91**, 66 (1962—1963). — (39) Castaing, R., Applications of the Electron Probe Microanalyzer, US. Bureau of Standards Circ. **527**, 309 (1954). — (40) Castaing, R., Recent Developments in X-ray Spectrographic Spot Analysis, Laboratories **17**, 7 (1956). — (41) Castaing, R., u. J. Descamps, The Determination of Light Elements by Electron Probe Microanalysis, La recherche aéronautique **63**, 41 (1958). — (42) Castaing, R., u. A. Guinier, Uses of Electron Probes for Metallographic Analysis, Proc. Delft Conference on Electron Microscopy (1949). The Hague: Martinus Nijhoff. 1950, S. 60—63. — (43) Castaing, R., u. A. Guinier, The Exploration and Elemental Analysis of a Specimen by an Electron Probe, First International Congress on Electron Microscopy (1950), C. N. R. S. Paris, 391—397 (1952). — (44) Castaing, R., u. A. Guinier, Application des sondes électroniques à l'analyse métallographique. Proc. Delft Conference on Electron Microscopy (1949). The Hague: Martinus Nijhoff. 1950, S. 60—63. — (45) Castaing, R., J. Philibert u. C. Crussard, Electron Probe Microanalyzer and Its Application to Ferrous Metallurgy, J. Metals **9**, 389 (1957). — (46) Charbonnier, J., u. J. C. Margerie, Etude des microségrégations dans des alliages Fe-C-Si de pureté variable, Mém. Sci. Rev. Mét. **60**, 100 (1963). — (47) Chollet, P., I. Grosse u. J. Philibert, Sur l'influence d'une déformation plastique sur la vitesse de diffusion intermétallique, Chem. Rev. **252**, 728 (1961). — (48) Clark, C. C., u. J. S. Iwanski, Phase-changes in Precipitation Hardening Nickel-chromium-iron Alloys during Prolonged Heating, Trans. Met. Soc. (AIME) **215**, 648 (1959). — (49) Clayton, D. B., The Analysis of Aluminium Intermetallic Compounds by the Electron Probe Microanalyzer, Brit. J. Appl. Physics **14**, 117 (1963). — (50) Clayton, D. B., T. B. Smith u. J. R. Brown, The Application of Electron-probe Microanalysis to the Study of Microsegregation in Low Alloy Steel, J. Inst. Met. **90**, 224 (1961 bis 1962). — (51) Cockett, G. H., u. C. D. Davis, Coating Thickness Measurements by Electron Probe Microanalysis, Brit. J. Appl. Physics **14**, 813 (1963). — (52) Colby, J. W., Electron Microprobe Examination of Phosphides in Uranium. NLCO-870, Summary Technical Report, Jan. 1 to March 31, 1963, 83—91, National Lead Company. — (53) Crussard, C., Microanalysis with the Electron Probe-Its Possible Application in Steel Technology, Schweißtechnik **12**, 43 (1958). — (54) Crussard, C., A. Kohn, C. Beaulieu u. J. Philibert, Etude de la ségrégation de l'arsenic et du cuivre par la technique autoradiographique et examen quantitatif à la microsonde Castaing, Mém. Sci. Rev. Mét. **56** (4), 395 (1959). — (55) Cuff, Jr., F. B., Research to Determine

the Composition of Dispersed Phases in Refractory Metal Alloys. Techn. Rep. ASD-TDR-62-7, Obtainable from ASTIA.

(56) DAVIN, A., V. LEROY, D. COUTSOURADIS u. L. HABRAKEN, Untersuchung der Diffusion einiger Substitutionsmischkristalle bildender Elemente in Nickel und Kobalt, Kobalt **19**, 51 (1963). — (57) DAVIN, A., V. LEROY, D. COUTSOURADIS u. L. HABRAKEN, Diffusion de quelques éléments de substitution dans le fer, le nickel et le cobalt, Mém. Sci. Rev. Mét. **40** (4), 275 (1963). — (58) DELORME, J., P. MARTIN, C. ROCQUES u. P. BASTIEN, Etude de la structure en bandes dans l'acier forgé. Rôle des impuretés. Interaction entre le soufre et le manganèse, Mém. Sci. Rev. Mét. **58** (4), 423 (1961). — (59) DILS, R. R., u. C. P. SULLIVAN, Solute Distribution Near a Grain Boundary in a High-Temperature Nickel-Base Alloy, J. Inst. Met. **92**, 186 (1963—1964). — (60) DONARCHIE, M. J., An Investigation of the Copper-Rich Portion of the Cu-Zr Phase Diagram by Electron Probe Microanalysis, J. Inst. Met. **92**, 180 (1963—1964). — (61) DONZE, G., R. LE HAZIF, F. MAURICE, D. DUTILLOY u. Y. ADDA, Diffusion et solubilité du fer dans le béryllium, Chem. Rev. **254**, 2328 (1962). — (62) DUNCUMB, P., Precipitation Studies with EMMA — A Combined Electron-Microscope and X-ray Microanalyzer, Techn. Report 182; Tube Investm. Res. Lab., Hinxton Hall, Cambridge, 1964.

(63) EMLEY, E. F., u. P. DUNCUMB, The Maximum Solid Solubility of Zirconium in Magnesium, J. Inst. Met. **90**, 360 (1962).

(64) FISHER, R. M., Electron Probe Microanalysis of Submicron Precipitates in Steels (Abstract), J. Appl. Phys. **28**, 1379 (1957). — (65) FLETWOOD, M. J., The Distribution of Chromium Around Grain Boundary Carbides in Nimonic 80 A, J. Inst. Met. **90**, 429 (1962). — (66) FLETWOOD, M. J., Electron-probe Microanalysis (Summary of a Discussion), J. Inst. Met. **91**, 72 (1962).

(67) GABROVSEK, M., J. PLATEAU, J. PHILIBERT u. C. CRUSSARD, Quelques essais en relation avec le rôle de l'étain dans les aciers, Mém. Sci. Rev. Mét. **58**, **435** (1961). — (68) GUNNARSON, S., Strukturanomalier i ytzonen av gasuppkolat sätthärdat stål, Jernkont. Annaler **146**, 383 (1962). — (69) GUY, A. G., u. J. PHILIBERT, Effect of Strain on Diffusion in Metals, Trans. AIME **221**, 1174 (1961).

(70) HEINRICH, K. F. J., Electron Probe Analysis in Metallurgical Research (Review), ASTM Special Technical Publication; 1963 (in Druck). — (71) HENRY, G., J. PHILIBERT, J. PLATEAU u. E. WEINRYB, Application du microanalysateur à sonde électronique à l'analyse des précipités extraits sur réplique, Journ. Microscopie **2** (**5**), 505 (1963). — (72) HOPKINSON, B. E., u. K. G. CARROLL, Chromium Distribution Around Grain Boundary Carbides Found in Austenic Stainless Steel, Nature (London) **184**, 1479 (1959).

(73) ICHINOKAWA, T., Measurements of Evaporated Film Thickness and Concentration by Electron Probe X-ray Microanalyzer, J. Phys. Soc. Japan **18**, 1223 (1963).

(74) JANIN-CHANGEART, F., u. S. TALBOT-BESNARD, Demonstration by Microanalysis of Ni-Segregation at the Iron-Sulphide Interface, C. r. acad. sci., Paris **258**, 3007 (1964).

(75) KIESSLING, R., u. S. BAECKSTRÖM, Electron Probe X-ray Microanalysis. I. Application to Segregation in Ballbearing Steels, Jernkont. Annaler **145**, 256 (1961). — (76) KIESSLING, R., u. N. STAHL, Electron Probe X-ray Microanalysis. II. Study of Segregation in Aluminium-zinc-magnesium Alloys, Jernkont. Annaler **145**, 261 (1961). — (77) KIESSLING, R., S. BERGH u. N. LANGE, Analysis of Slag Inclusions in Plain Carbon Steels by the Electron-probe Microanalyser, Part I: Inclusions in situ; Part II: Electrolytically Isolated Silicate Inclusions, J. Iron Steel Inst. **200**, 914 (1962) bzw. **201**, 508 (1963). — (78) KOHN, A., u. J. PHILIBERT, Contribution à l'étude de la solidification des alliages, Mém. Sci. Rev. Mét. **87**, 291 (1960). — (79) KRIEGLER, R., u. B. W. SCHUMACHER, Thickness Measurements on Platings by Means of an Electron Probe, Plating **47**, 393 (1960). — (80) KUHN, V., u. P. DETREZ, Dosage de l'azote et identification du nitrure d'aluminium nitride dans la fonte, Mém. Sci. Rev. Mét. **59**, 343 (1962).

(81) LAMB, H. J., u. M. J. WHEELER, The Identifiction of Intermetallic Layers Formed on Aluminized Steel by Means of the Electron-Probe-Microanalyzer, J. Inst. Met. **92**, 150 (1963—1964). — (82) LE THOMAS, P. J., D. ARNAUD, A. LETHUILLIER u. R. PATON, La désaluminisation des cupro-aluminiums par voie sèche, Mém. Sci. Rev. Mét. **59**, 384 (1962). — (83) LEVY, V., A. KIRIANENKO, G. BREBEC u. Y. ADDA, Contribution à l'étude de la précipitation des gaz rares dans les métaux, Chem. Rev. **252**, 876 (1961).

(84) MACRES, V. G., Application of Electron Probe Microanalysis to Cu-Zn Diffusion. Thesis (MIT), 1958. — (85) MASLENKOW, S. B., u. B. V. MOLOTILOV, An X-ray Probe Microanalyzer Study of Iron-Aluminium-Carbon-Alloys, Fizika Metallov i

Metallovedenie 14/4, 633 (1962). — (86) McCaldin, J. O., u. D. B. Wittry, Germanium Saturated with Gallium Antimonide, J. Appl. Phys. 32, 65 (1961). — (87) Melford, D. A., The Application of an Improved X-ray Scanning Microanalysis to Problems in Ferrous Metallurgy, X-ray Microscopy and Microradiography, Cavendish Lab., Cambridge 1956. New York: Academic Press. 1957. — (88) Melford, D. A., The Use of Electron-probe Microanalysis in Physical Metallurgy, J. Inst. Met. 90, 217 (1961). — (89) Melford, D. A., Metallurgical Applications of the X-ray Scanning Microanalyzer in an Industrial Laboratory, Rev. Univ. des Mines (Liège) 17, 247 (1961). — (90) Melford, D. A., Surface Hot Shortness in Mild Steel, J. Iron Steel Inst. 200, 290 (1962). — (91) Melford, D. A., The Application of X-ray Microanalysis to the Study of Microsegregation in Steel, Proc. 2nd Intern. Symp. X-ray Microscopy and X-ray Microanalysis, Stockholm 1959. Amsterdam: Elsevier Publ. 1960. — (92) Melford, D. A., u. P. Duncumb, The Metallographic Application of X-ray Scanning Microanalysis, Metallurgia 57, 159 (1958). — (93) Melford, D. A., u. P. Duncumb, The Application of X-ray Scanning Microanalysis to Some Metallurgical Problems, Metallurgia 61, 205 (1960). — (94) Merrit, J., C. E. Muller, M. Sawyer u. A. Telfer, Modification of Electron-Probe to Detect Carbon, Anal. Chemistry 35, 2209 (1963). — (95) Mitsche, R., E. Plöckinger u. A. Kulmburg, Die Verteilung der Legierungselemente in Gußeisen mit Kugelgraphit und der Einfluß verschiedener Wärmebehandlung auf die Verteilung, demnächst. — (96) Modin, S., Microstructure of Scale on Iron and Steel, Metal Treatment and Drop Forging 89—95 (March, 1962). — (97) Moreau, J., u. M. Cagnet, Etude du calaminage de billettes, Rev. Mét. 54, 383 (1957). — (98) Mulvey, T., X-ray Emission Analysis and the Determination of Gases in Metals (Review paper), I. S. I. Special Report No. 68, 255 (1960).

(99) Norton, J. F., Application of the Microemission X-ray Spectrograph. Comparison of Analyses from Small Areas, Advances in X-Ray Analysis I. New York: Plenum Press. 1957, S. 219—229.

(100) Oestberg, G., Determination of the Composition of the Second Phase in Zircaloy, J. Nucl. Materials 7, 103 (1962).

(101) Pater, M., R. Blöch u. E. Krainer, Untersuchungen der Gefügebestandteile von AlNi und AlNiCo-Dauermagnetwerkstoffen mittels Mikrosonde und Mikrohärte, Z. angew. Phys. 15 (3), 261 (1963). — (102) Paton, R., u. P.-J. Le Thomas, Analyse des phases des cupro-aluminiums, Mém. Sci. Rev. Mét. 40, 453 (1963). — (103) Peterson, N. L., u. R. E. Ogilvie, Diffusion Studies in the Uranium-niobium (columbium) System, Trans. AIME 218, 439 (1960). — (104) Philibert, J., Le microanalyseur à sonde électronique et ses applications à l'etude de la diffusion intermétallique, La Diffusion dans les Métaux, 77—84. (Diffusion in Metals) Bibl. Techn. Philips. Eindhoven, Holland 1957. — (105) Philibert, J., Recenti applicazioni di microanalizzatore a elettronica, Met. Ital. 50, 402 (1958). — (106) Philibert, J., Les applications métallurgiques de la microsonde de Castaing, Rev. Univ. Mines (Liège) 17, 252 (1961). — (107) Philibert, J., u. Y. Adda, Etablissement des diagrammes d'équilibre des alliages binaires par des expériences de diffusion intermétallique. Application au système uranium-zirconium, Chem. Rev. 245, 2507 (1957). — (108) Philibert, J., u. Y. Adda, Contribution à l'étude de la diffusion en système polyphase, Symposium de Métallurgie Spéciale de Saclay 163—175 (1958). Paris, 1959. — (109) Philibert, J., u. C. Beaulieu, Etude quantitative de l'hétérogénéité dendritique dans les alliages de fer, Rev. Mét. 56, 171 (1959). — (110) Philibert, J., u. H. Bizouard, Some Applications of Castaing's Electron Probe and Their Practical Significance, Rev. Mét. 56, 187 (1959). — (111) Philibert, J., u. C. Crussard, Applications de microanalyseur à sonde électronique à la recherche sidérurgique, Rev. Mét. 53, 461 (1956). — (112) Philibert, J., u. C. Crussard, Applications of the Electron Probe-Microanalyser, J. Iron Steel Inst. (London) 182, 42 (1956). — (113) Philibert, J., C. Crussard, X. Wache u. M. Gerber, Sur la mise en évidence directe de microhétérogénéités consécutive à la précipitation de carbures dans un austénite Fe-Ni-Cr, Chem. Rev. 251, 1280 (1960). — (114) Philibert, J., G. Henry, M. Robert u. J. Plateau, Détermination de la composition du carbure du type $M_{23}C_6$ dans diverse alliages austénitiques, Chem. Rev. 252, 1320 (1961). — (115) Philibert, J., G. Henry, M. Robert u. J. Plateau, Etude de quelques phénomènes relatifs à la précipitation de carbures dans les aciers austénitiques au Ni-Cr, Mém. Sci. Rév. Mét. 58, 557 (1961). — (116) Philibert, J., u. E. Weinryb, Quelques applications de balayage automatique sur la microsonde de Castaing, J. Microscopie 1, 13 (1962). — (117) Pietrokowsky, P., u. J. R. Maticich, The Use of the Electron Microprobe Analyzer in the Study of Binary Metal Alloy Systems, Proc. 2nd Intern. Symp. X-ray Microscopy and X-ray Microanalysis, Stockholm 1959. Amsterdam: Elsevier Publ. 1960. — (118) Pomey, G., Modifications structurales d'aciers

et d'alliages réfractaires utilisés dans les fours de cémentation gazeuse, Mém. Sci. Rev. Mét. **56**, 471 (1959).

(119) Reed, S. J. B., u. J. V. P. Long, Electron Probe Measurements near Phase Boundaries, Proc. 3rd Intern. Symp. X-ray Optics and X-ray Microanalysis, Stanford, USA, 1962. New York-London: Academic Press. 1963, S. 317. — (120) Rinderer, L., J. Wurm, W. Züllig u. Z. De Beer, Mikrobereichsuntersuchungen an supraleitenden Nb-Sn-Diffusionsproben, Z. Phys. **179**, 407 (1964). — (121) v. Rosenstiel, A. P., u. H. Bakkerus, Über den Nachweis von Kernen in Gußeisen mit Kugelgraphit, Gießerei **16**, 1 (1964).

(122) Schumacher, B. W., u. S. S. Mitra, Measuring Thickness and Composition of Thin Surface Films by Means of an Electron Probe (Presented at the 1962 Electronic Components Conf. Washington, D. C.), Electronics Reliability of Microminiaturization, 321—331, Oxford: Pergamon Press. 1962. — (123) Schumacher, B. W., u. S. S. Mitra, Problems of X-ray Spectroscopy on Thin Films, International Conf. on Spectroscopy. College Park, Maryland, 1962. — (124) Schumacher, B. W., Basic Theory of Thickness Gauging with an Electron Probe Using the Range-energy Relation, Phys. Research Rept. 6102 (August 22, 1961). — (125) Schwartz, C. S., A. E. Austin u. N. A. Richard, Application of the Electron-Probe Microanalyzer to Segregation and Diffusion (Abstract), 16th Annual Pittsburgh Diffraction Conference, Nov. 1958. — (126) Scott, V. D., Electron Beam Micro-analysis of Some Plutonium-iron Alloys, J. Nucl. Materials **3**, 184 (1961). — (127) Scott, V. D., u. G. V. T. Ranzetta, Electron-probe Microanalysis of Radioactive Samples. Quantitative Analysis of the Plutonium-iron System, J. Inst. Met. **90**, 160 (1961—1962). — (128) Seebold, R. E., Electron Probe Microanalysis of the Diffusion Systems Beta-Titanium-Vanadium, Beta-Titanium-Niobium and Chromium-Vanadium, US. Naval Res. Lab. Final Rept. 1964 (AD-605317). — (129) Seebold, R. E., u. L. S. Birks, Elevated Temperature Diffusion in the System Nb-Pt, Nb-Sc, Nb-Zn, Nb-Co, Nb-Ta and Fe-Mo, J. Nucl. Materials **3**, 260 (1961); auch: NRL Report 5520. — (130) Seebold, R. E., u. L. S. Birks, Identification of Precipitates in Diffusion Zones Using the Electron Probe Microanalyzer, Anal. Chemistry **34**, 112 (1962). — (131) Seebold, R. E., L. S. Birks u. E. D. Brooks, Selective Removal of Chromium from Type 304 Stainless Steel by Air-contaminated Lithium, Corrosion **16**, 140 (468c—470c) (1960). — (132) Smith, T. B., J. S. Thomas u. R. Goodall, Banding in an 1,5% Ni-Cr-Mo-steel, J. Iron Steel Inst. **201**, 602 (1963). — (133) Solovyev, A. M., u. V. N. Vertsner, The Use of the Electron Microscope EM-3 for Carrying Out a Local X-ray Spectral Analysis. Izvestiya Akademii Nauk, SSSR, Ser. Fizika Vol. **23**, No. 6, 750 (1959). — (134) Sweeney, W. E., R. E. Seebold u. L. S. Birks, Electron Probe Measurements of Evaporated Metal Films, J. Appl. Phys. **31**, 1061 (1960). — (135) Swindells, N., The Determination of Equilibrium Diagrams by Electron-probe Microanalysis, J. Inst. Met. **90**, 167 (1961—1962).

(136) Theisen, R., Application de la Microsonde de *Castaing* à la microanalyse élémentaire et structurale de l'aluminium fritté, Mém. Sci. Rev. Mét. **60**, 189 (1963). — (137) Theisen, R., Electron Microprobe Analysis of Nuclear Materials, Euratom 1643-e (1964).

(138) Uchiyama, I., Identifications of Nonmetallic Inclusions with X-ray Microanalyzer (Japanisch), Tetsu-to-Hagane **47**, 1516 (1961); auch: Harry Brutcher, Translation No. 5546, Harry Brutcher, Technical Translations, P. O. Box 157, Altadena, California.

(139) Weaver, C. W., Grain-boundary Precipitation in Nickel-chromium-base Alloys, J. Inst. Met. **90**, 404 (1961—1962). — (140) Weill, A. R., Sur la nature des constituants de laitons riches en zinc additionnés de fer et d'aluminium, Rev. Mét. **56** (4), 371 (1959). — (141) Weill, A. R., J. Descamps u. P. A. Jacquet, Structure cristalline et composition chimique des précipités dendritiques formés dans les laitons alliés riches en zinc, Chem. Rev. **247**, 1729 (1958). — (142) Weinryb, E., G. Henry, J. Philibert u. J. Plateau, Analyse de précipités extraits sur répliques au moyen de la microsonde de Castaing, Proc. 5th Intern. Congress for Electron Microscopy (Philadelphia 1962). New York: Academic Press. 1963. — (143) Wise, W. N., u. J. W. Colby, Gamma-phase Annealing of Uranium Containing Phosphorus, NLCO-885, Summary Technical Report, April 1 to June 30, 1963. 21—26. National Lead Co. — (144) Wittry, D. B., Metallurgical Applications of the Electron Probe Microanalyzer. Advances in X-ray Analysis III, 197—212 (1959). New York: Plenum Press. 1959. — (145) Wittry, D. B., J. M. Axelrod u. J. O. McCaldin, Use of the Electron Probe Microanalyzer in the Study of Semiconductor Alloys. Semiconductors Conf. AIME, Boston, 89—100 (1959). New York, 1960. — (146) Word, G. C., M. G. Hobby u. B. Vaszko, Electron Probe Microanalysis of a Nuclear Scale Growth on an Auste-

nitic Stainless Steel, J. Iron Steel Inst. **202**, 685 (1964). — (147) Wood, G. C., u. D. A. Melford, The Examination of Oxide Scales on Iron-chromium Alloys by X-ray Scanning Microanalysis, J. Iron Steel Inst. **198**, 142 (1961). — (148) Wulff, J., G. Pearsall, R. Rose, T. Courtney, A. Donlevy u. R. Enstrom, Microstructure Superconductivity and Mechanical Properties of Sintered Nb-Sn Compacts. Report AD 275610 (March 30, 1962) 106-136. MIT School of Engineering. Available from ASTIA. — (149) Wyman, L. L., J. R. Cuthill, G. A. Morre, J. J. Park u. H. Yakowitz, Intermediate Phases in Superconducting Niobium-tin Alloys, J. Res. Natl. Bur. Stds. **66 A**, 361 (1962).

(150) Ziebold, T. O., Diffusion Analysis of Phase Equilibria in Copper-silver-gold Ternary Alloys, M. Sc. Thesis, Dept. of Metallurgy, M. I. T. (1963).

c) Mineralogische Probleme.

(1) Arrhenius, G., Pelagic Sediments. The Sea, ed. M. Hill. New York: Interscience. 1963 (in Druck). — (2) Adler, I., Electron Probe Analysis of Minerals, ASTM Special Publication 1963 (demnächst). — (3) Adler, I., Standards in Electron Probe Analysis of Minerals, Advances in X-ray Analysis VII. New York: Plenum Press, 1963 (demnächst). — (4) Agrell, S. O., u. J. V. P. Long, The Application of the Scanning X-ray Microanalyser to Mineralogy, X-ray Microscopy and Microradiography, Cavendish Lab., Cambridge 1956. New York: Academic Press. 1959, S. 391—400. — (5) Andersen, C. A., u. K. Keil, Silicon Oxynitride; A Meteoritic Mineral. Science **146**, 256 (1964). — (6) Andronopoulos, B., Association de magnétite-chromite-pentlandite dans quelques gîtes de fer en Grèce, Bull. Soc. franç. Minér. Crist. **84**, 345 (1961).

(7) Bahezre, C., M. Capitant u. K. D. Phan, Analyse ponctuelle d'une cassiterite zonée, Bull. Soc. franç. Minér. Crist. **84**, 321 (1961). — (8) Birks, L. S., u. E. J. Brooks, Applications of the Electron Probe Microanalyzer, Advances in X-ray Analysis I. New York: Plenum Press. 1957, S. 339. — (9) Birks, L. S., E. J. Brooks, I. Adler u. C. Milton, Electron Probe Analysis of Minute Inclusions of a Copper-iron Mineral, Amer. Mineralogist **44**, 974 (1959). — (10) Bizouard, H., u. C. Roering, An Investigation of Sphalerite, Geol. Fören. Förh. **80**, 309 (1958). — (11) Bolfa, J., H. de la Roche, R. Kern, M. Capitant u. K. D. Phan, Sur la nature minéralogique exacte des solutions dans les ilménites de Vohibarika (Madagascar) déterminée à la microsonde électronique, Bull. Soc. franç. Minér. Crist. **84**, 400 (1961).

(12) Capitant, M., u. E. Weinryb, Etudes minéralogiques realisées avec la sonde électronique de Castaing, Bull. Soc. franç. Minér. Crist. **83**, Nos. 4—6, XXXVIII (1960). — (13) Castaing, R., u. K. Fredriksson, Analyses of Cosmic Spherules with an X-ray Microanalyser, Geochim. Cosmochim. Acta **14**, 114 (1958).

(14) Dörfler, G., F. Hecht u. E. Plöckinger, Elektronenstrahl-Mikroanalyse des Meteoriten von Steinbach. Tschermaks min.-petrograph. Mitt. **10**, 415 (1965).

(15) Fauquier, D., Etude de la répartition des éléments dans les niobiotantalates métamictes, à l'aide d'un procédé d'analyse ponctuelle basé sur l'emploi des sondes électroniques, Chem. Rev. **252**, 3283 (1961). — (16) Feller-Kniepmeier, M., u. H. H. Uhlig, Nickel Analysis of Metallic Meteorites by the Electron-probe Microanalyser, Geochim. Cosmochim. Acta **21**, 257 (1961). — (17) Fireman, E. L., u. G. A. Kistner, The Nature of Dust Collected at High Altitudes, Geochim. Cosmochim. Acta **24**, 10 (1961). — (18) Fredriksson, K., Origin of Black Spherules from Pacific Islands, Deep-sea Sediments and Antarctic Ice. Abstr. Symp. Papers. 10th Pacific Science Congress, S. 370—371 (1961). — (19) Fredriksson, K., Shock-induced Veins in Chondrites. COSPAR Abstracts. Third International Space Science Symposium, Washington D. C., S. 46—47 (1962). — (20) Fredriksson, K., Cosmic Spherules in Sediments. McGraw-Hill Yearbook of Science and Technology, S. 304. — (21) Fredriksson, K., Consideration of the Meteorite Parent Body. Trans. New York Acad. Science (1963) (in Druck). — (22) Fredriksson, K., u. K. Keil, The Light-dark Structure in the Pantar and Kapoeta Stone Meteorites, Geochim. Cosmochim. Acta **27**, 717 (1963). — (32) Fredriksson, K., u. K. Keil, The Fe, Mg, Ca and Ni Distribution in Coexisting Minerals in the Murray Carbonaceous Chondrite. Abstr. Meteoritical Soc. Meeting, Socorro, New Mexico (1962) (in Druck). — (24) Fredriksson, K., u. K. Keil, The Fe, Mg and Ca Distribution in Coexisting Olivines and Pyroxenes in Chondrites. Report, Gordon Res. Conf. Tilton, New Hampshire (1962).

(25) Gullemin, C., u. M. Capitant, Utilisation de la microsonde électronique de *Castaing* pour les études minéralogiques. International Geolog. Congress **21** (1960). Session Nordon, Part **21**, 202—204, Copenhagen.

(26) Keil, K., u. K. Fredriksson, Electron Microprobe Analysis of Some Rare Minerals in the Norton County Achondrite, Geochim. Cosmochim. Acta **27**, 939 (1963).

(27) LEVY, C., u. P. PICOT, Nouvelles données sur les composés iridium-osmium. Existence de l'osmium natif. Bull. Soc. franç. Minér. Crist. **84**, **312** (1961). — (28) LOVERING, J. F., u. C. A. ANDERSEN, Electron Microprobe Analysis of Oxygen in an Iron Meteorite. Science **147**, 734 (1965). — (29) LOWIS, R. L., u. R. M. FISHER, Electron Probe Microanalysis of Meteorites, 16th Annual Pittsburgh Diffraction Conf. 1958.

(30) MARINGER, R. E., N. A. RICHARD u. A. E. AUSTIN, Microbeam Analysis of Widmanstätten Structures in Meteoritic Iron, AIME Trans. Met. Soc. **215**, 56 (1959).— (31) METAIS, D., J. RAVIER u. PHAN KIEN DONG, Nature et composition chimique des micas de deux lamprophyres, Bull. Soc. franç. Minér. Crist. **85**, 321 (1962).

(32) NAGY, B., K. FREDRIKSSON, H. C. UREY, G. CLAUS, C. A. ANDERSEN u. J. PERCY, Electron Probe Microanalysis of Organized Elements in the Orgueil Meteorite, Nature (London) **198**, 121 (1963).

(33) PERMINGEAT, F., u. E. WEINRYB, Sur les inclusions cobaltifères dans la chalcopyrite d'Azegour (Maroc), Bull. Soc. franç. Minér. Crist. **83**, 65 (1960). — (34) PICOT, P., u. R. PIERROT, La roquésite, premier minéral d'indium: $CuInSn_2$, Bull. Soc. franç. Minér. Crist. **86**, 7 (1963). — (35) PHAN, K. D., u. M. CAPITANT, The Use of the Castaing Microanalyser with Electron-Probe in Mineralogical and Metallogenic Studies. Intern. Symp. Mining Research, Vol. I, 399 (1962). Oxford: Pergamon Press. — (36) PROUVOST, M. J., Variations de la composition de la chalcopyrite soumise à des apports d'étain, d'argent et de fer, Bull. Soc. franç. Minér. Crist. **84**, 40 (1961).

(37) SAHAMA, Th. G., Kalsilite in the Leaves of Mt. Nyiragongo (Belgian Congo), J. Petrology **1**, 146 (1960). — (38) SCHUR, S., Use of the Electron Beam Microanalyzer for the Identification of Stratospheric Particles, Spectrochim. Acta **18**, 888 (1962) (Abstract). — (39) SPRINGER, G., u. J. V. P. LONG, Electron Probe Analysis of Minerals in the System FeS_2-CoS_2-NiS_2. Proc. 3rd Intern. Symp. X-ray Optics and X-ray Microanalysis, Stanford, USA, 1962. New York-London: Academic Press. 1963, S. 611. — (40) STUMPEL, E. F., Some New Platinoid Rich Minerals Identified with the Electron Microanalyser, Mineral. Magazine **32**, 833 (1961).

(41) VINCIENNE, H., u. P. SALESSE, Sur la maghemite du gîte de fer sédimentaire de Gara Djebilet (Sahara Occidental), Chem. Rev. **253**, 1719 (1961).

(42) WELIN, E., Uranium Mineralization in a Skarn Iron Ore at Håkantorp, County of Örebro, Sweden, Geol. Fören. Förh. **83**, 129 (1961). — (43) WELIN, E., The Interpretation of Discordant U/Pb Age Data from Central Sweden, Geol. Fören. Förh. **85** (1963) (in Druck). — (44) WELIN, E., u. W. UITENBOGAARDT, A Davidite-thorite Paragenesis on the Island of Björkö, North of Västervik, Sweden, Arkiv Mineral. Geol. **3**, 277 (1963-13).

(45) YAVNEL, A. A., I. B. BOROVSKII, N. P. IL'IN u. I. D. MARCHUKOVA, Determination of the Composition of the Phases of Meteoritic Iron by Means of the Local X-ray Spectroscopic Analysis (russisch), Doklady Akademii Nauk USSSR **123**, 256 (1958).

d) Biologische Probleme.

(1) BOYDE, A., u. V. R. SWITSUR, Problems Associated with the Preparation of Biological Specimens for Microanalysis. Proc. 3rd Intern. Symp. X-ray Optics and X-ray Microanalysis, Stanford, USA, 1962. New York-London: Academic Press. 1963, S. 499. — (2) BOYDE, A., J. R. SWITSUR u. R. W. FEARNHEAD, Application of the Scanning Electron-probe X-ray Microanalyzer to Dental Tissues, J. Ultrastructure Research **5**, 201 (1961). — (3) BROOKS, E. J., A. J. TOUSIMIS u. L. S. BIRKS, The Distribution of Calcium in the Epiphyseal Cartilage of the Rat Tibia Measured with the Electron Probe X-ray Microanalyzer, J. Ultrastructure Research **7**, 56 (1962).

(4) COSSLETT, V. E., u. V. R. SWITSUR, Some Biological Applications of the Scanning Microanalyser. Proc. 3rd Intern. Symp. X-ray Optics and X-ray Microanalysis, Stanford, USA, 1962. New York-London: Academic Press. 1963, S. 507.

(5) LEVER, J. D., u. P. DUNCUMB, The Detection of Intracellular Iron in Rat Duodenal Epithelium, Proc. Symp. on the Ultra Structure of Cells. London, 1959, Ch. **20**, 278—286.

(6) MELLORS, R. C., u. K. G. CARROLL, A New Method for Local Chemical Analysis of Human Tissue, Nature (London) **192**, 1090 (1961).

(7) ROBERTSON, A., D. RIVERS, G. NAGELSCHMIDT u. P. DUNCUMB, Stennosis: Benign Pneumoconiosis due to Tin Dioxide, Lancet **1961**/1, 1089.

(8) SWITSUR, V. R., u. A. BOYDE, A Consideration of Some Design Features of a Scanning Microanalyser for Biological Applications. Proc. 3rd Intern. Symp. X-ray Optics and X-ray Microanalysis, Stanford, USA, 1962. New York-London: Academic Press. 1963, S. 495.

(9) Tousimis, A. J., Elemental Analysis at the Subcellular Level in Biological Tissue Sections with the Electron Probe. International Conference on Spectroscopy, College Park, Maryland, 1962. — (10) Tousimis, A. J., Electron Probe X-ray Microanalysis of Biological Specimens. Proc. 3rd Intern. Symp. X-ray Optics and X-ray Microanalysis, Stanford, USA, 1962. New York-London: Academic Press. 1963, S. 539. — (11) Tousimis, A. J., u. I. Adler, Electron Probe X-ray Microanalyzer Study of Copper within Descements Membrane of Wilsons Disease, J. Histochemistry and Cytochemistry **11**, 40 (1963). — (12) Tousimis, A. J., u. I. Adler, Electron Probe Applications to Biology. ASTM Special Publication, 1963 (demnächst).

e) Nichtmetallische Produkte.

(1) Dils, R. R., G. W. Martin u. R. A. Huggins, Observations on the Chromium Distribution in Synthetic Ruby Crystals, Applied Physics Letters **1**, 4 (1962).

(2) Bardsley, W., B. Cockayne, G. W. Green u. D. T. J. Hurle, Cellular Structure in Calcium Tungstate, Solid State Electronics **6**, Nr. 4, 389 (1963).

(3) Kodera, H., Precipitations of Antimony in Heavily Doped Silicon Identified by X-ray Microanalyzer, Japan. J. Appl. Physics **2**, 193 (1963).

Namenverzeichnis

Adler, I. 41, 44.
Archard, G. D. 19, 43, 102, 103, 110, 115, 133, 141.
Ardenne, M. v. 44, 76.
Arlt, H. H. 34, 43, 56, 57, 61, 76, 79, 80, 81, 82, 89, 90, 97, 100, 115, 116, 117, 119, 120, 121, 122, 125, 128, 130, 133, 139, 141, 142.
Auwärter, M. 88, 115.

Balmer, J. J. 5, 6.
Bethe, H. A. 101, 115.
Bildstein, H. 83, 115.
Birks, L. S. 2, 4, 21, 41, 42, 43, 44, 46, 50, 69, 70, 76, 77, 83, 84, 105, 108, 115, 116, 118, 131, 137, 141.
Bizouard, H. 27, 29, 43.
Blaha, F. 29, 43.
Blochin, M. A. 16, 43.
Blöch, R. 34, 43, 55, 76, 90, 92, 94, 115, 116.
Bohr, N. 6, 8.
Booker, G. R. 35, 43.
Borovskij, I. B. 2, 4, 46, 76.
Boyde, A. 40, 43, 44.
Bragg, W. L. 20.
Brooks, E. J. 41, 42, 43, 44, 46, 76.
Brown, I. R. 93, 116.
Büchel, E. 133, 141, 142.

Carroll, K. G. 42, 43.
Castaing, R. 2, 4, 19, 20, 21, 32, 43, 46, 70, 76, 78, 79, 81, 87, 88, 103, 104, 105, 116, 127, 132, 141.
Clayton, D. B. 93, 116.
Coakley, W. S. 38, 43.
Cosslett, V. E. 3, 4, 41, 43, 44, 46, 66, 74, 76.

Davidson, E. 3, 4, 58, 59, 68, 70, 76.
Descamps, J. 79, 81, 87, 116.
Dolby, R. M. 66, 68, 76.
Dörfler, G. 32, 43.
Dörr, F. H. 84, 116.
Duncumb, P. 3, 4, 19, 42, 43, 46, 66, 67, 69, 76, 104, 112, 116, 133, 142.

Engström, A. 45, 73, 76.
Everhart, T. E. 101, 116.

Feigl, F. 83, 116.
Feller-Kniepmeyer, M. 33, 43.
Finkelnburg, W. 16, 43.
Fowler, W. E. 3, 4, 58, 59, 68, 70, 76.
Franks, A. 80, 116.

Garlick, G. F. J. 74, 76, 119, 142.
Goudsmit, S. 12.
Green, M. 19, 43.
Gunier, A. 2, 4, 46, 76, 78, 116.

Hannemann, R. E. 70, 76.
Hashimoto, H. 52, 53, 54, 76, 102, 116, 123, 142.
Hecht, F. 43.
Heinrich, K. F. 66, 76, 108, 116.
Heisenberg, W. 6, 11.
Herglotz, H. 17.
Hert, W. 52, 76, 123, 124, 142.
Hillier, J. 2, 4, 46, 76.
Hofer, F. 137, 142.
Holliday, J. 101, 116.

Ichinokawa, T. 70, 76.

Johann, H. H. 21, 43.
Johannson, T. 21, 43.

Kaiser, H. 83, 116.
Kandler, W. 34, 43, 74, 76, 119, 120, 124, 125, 128, 142.
Kärner, H. F. 29, 44.
Kayser, H. 6.
Kikuchi, S. 70, 76.
Kimoto, S. 52, 53, 54, 76, 102, 116, 123, 124, 142.
Koch, W. 134, 141, 142.
Kopineck, H. J. 84, 116.
Kossel, W. 70, 76.
Kroneis, M. 28, 29, 43.
Kulmburg, A. 34, 43.

Langner, G. 74, 76.
Laue, M. v. 20.
Lever, J. D. 42, 43.
Liebhafsky, H. A. 86, 108, 116.
Lindström, B. 72, 73, 74, 76.
Long, J. V. P. 19, 43, 45, 70, 74, 76.
Lonsdale, K. 71, 76.

Malissa, H. 4, 26, 34, 43, 74, 76, 83, 84, 89, 116, 119, 120, 121, 122, 124, 125, 128, 133, 142.
Matouschek, F. 31, 43.
Melford, D. A. 46, 66, 68, 76.
Mellors, R. C. 42, 43.
Milleret, H. 24, 25, 43.
Mitsche, R. 27, 28, 29, 30, 43, 45, 76.
Modrzejewski, A. 70, 76.
Moore, G. A. 31, 43.
Morris, W. B. 70, 71, 76.
Moseley, H. 15, 44, 76.
Mulvey, T. 43, 46, 49, 76, 79, 110, 115, 116.

Nagelschmidt, G. 42, 43.
Neff, H. 84, 116.
Neuhaus, N. 3, 4, 58, 59, 68, 70, 76.
Nixon, W. C. 3, 4, 44, 74, 76.

Ogilvie, R. E. 17, 44, 70, 76.
Onoguchi, A. 50, 51, 76.

Pauli, W. 10, 13.
Pavelka, F. 28, 43.
Pfeiffer, H. G. 86, 108, 116.
Philibert, J. 18, 19, 27, 29, 35, 43, 96, 102, 104, 105, 106, 108, 109, 110, 112, 115, 116, 123, 131, 132, 142.
Pieruccini, R. 28, 43.
Plöckinger, E. 32, 43, 55, 76.
Poole, D. M. 84, 102, 116, 133, 142.

Reed, S. J. B. 19, 43.
Regler, F. 16, 43, 44, 76.
Reichard, T. E. 38, 43.
Robertson, A. J. 42, 43.
Rouberol, I. M. 96, 116.
Rydberg, V. 6, 7.

Sagel, K. 108, 116.
Saltykov, S. A. 31, 44.
Schenck, H. 29, 44.
Schmidtmann, E. 29, 44.
Schoorl, N. A. 83, 116.
Schrödinger, E. 6.
Shequen, W. G. 3, 4, 58, 59, 68, 70, 76.
Shields, P. K. 19, 43, 104, 112, 116, 133, 142.
Shirai, S. 50, 51, 76.
Smith, J. B. 93, 116.
Sommerfeld, A. 12.
Specker, H. 83, 116.
Sternglass, E. I. 101, 116.
Stickler, R. 35, 43.
Switsur, V. R. 40, 41, 43, 44.
Swoboda, K. 26, 34, 43, 55, 76, 121, 122, 133, 142.

Theisen, R. 108, 111, 116.
Thomas, M. 102, 116, 133, 142.
Tong, M. 96, 116, 131, 142.
Tousimis, A. J. 41, 42, 43, 44.

Uhlig, H. H. 33, 43.
Uyeda, R. 70, 76.

Voges, H. 70, 76.

Weinryb, E. 35, 43, 96, 102, 108, 116, 123, 142.
Wiesenberger, E. 46, 76.
Winslow, E. H. 108, 116.
Wittry, D. B. 19, 44, 46, 71, 76, 88, 116.
Wymann, G. G. 31, 43.

Zemany, P. D. 86, 108, 116.
Ziebold, T. O. 17, 44.

Sachverzeichnis

Abdruckverfahren 35, 36.
Abnahmewinkel 50, 51.
Abrastern s. Scanning.
Abtasten s. Scanning.
Analysatorkristalle 20, 58, 60, 64, 68, 69.
Antikathode 17, 25.
— als Probe 4, 17, 25.
— als Target 45.
Auflösungsvermögen 61.

Balmer 5.
Balmer-Formel 6, 8.
Bohrsche Atomtheorie 6.
— Frequenzbedingung 7.
— Phasenintegral 8.
— Quantenzahl 8.
Braggsches Gesetz 20.
Bremsstrahlung 17, 18.
Brennfleck s. verunreinigter Fleck.

Detektoren 22, 23.
—, Geigerzähler 22, 23.
—, Proportionalzähler 22.
—, Scintillationszähler 23.
—, Stereodetektor 53.
Dünnschichtproben 35, 36.

Eichproben (Standard) 104, 105.
Eichprobenkurven 106, 115.
Elektronen, Eindringtiefe 17, 19, 87.
—, Reichweite 17, 19, 20.
Elektronenabsorption 5, 101.
Elektronenabsorptionsbild 121, 123, 130, 135, 141.
Elektronendiffraktion 5, 69, 70.
Elektronendurchstrahlung 5.
Elektronenoptisches System 50, 51.
Elektronenrückstreuung 5, 17, 19.
Elektronenstrahl 1.
—, Konstanz des 77.
—, Defokussierung des 82.
Elektronenstrahldurchmesser 20, 77, 78, 79.
— nach Brennfleck 79, 82.
— nach Phasengrenzen 77, 82.
— nach Schneidenmethode 78.
Elektronenstrahl-Mikroanalysator 46.
—, Aufbau 47, 50, 51.
—, Geräte (verschiedene) 46, 47, 50, 51, 60ff.
—, Moseley 44.

Elektronenstrahl-Mikroanalyse 19.
—, Definition 4.
—, Entwicklung der 44, 46.
—, Grundlagen 4.
—, Informationen 3.
—, Konzeptionen 4.
—, Untersuchungsmöglichkeiten mit der 44.
Erfassungsgrenze 62, 77, 82ff., 92ff.
—, Bestimmung durch Absolutmessung 86.
—, Vergleich von 89.

Fluoreszenzausbeute 18.

Glühkathode 17, 48.
Gütezahl 62, 63, 91.

Hintergrundstrahlung 18, 19, 84.
Homogenität der Ausleuchtung 97ff.
— der Probe 26.
—, Klassen 28.

Impulshöhenanalyse 24, 25, 63, 66, 67.
—, differentiell 25.
—, integral 24.
Ionisation 11, 12, 13, 16.

Kathodenluminiszenz 5, 74, 75.
Korrekturen 20, 104, 105.
— f. Absorption 105, 106, 110.
— f. Fluoreszenz 106, 107, 108, 110.
— f. Ordnungszahl 105, 106.
—, Rechenbeispiele 111ff.
Kossellinien 70, 71.

Lichtoptisches Spektrum 11.
— —, Aufspaltung 13.
— —, Entstehung 9.
— — von Eisen 11.
Literaturanhang 142ff.
—, Allgemeines 142.
—, Biologie 149.
—, Metallurgie 143.
—, Mineralogie 148.
—, Nichtmetalle 150.

Massenabsorptionskoeffizient 16, 108, 109.
Mikrodiffraktion 69, 70.
Mikroradiographie 45, 46, 74.
Mikrotomproben 35.

Monte-Carlo-Rechnung 19, 69.
Moseleysches Gesetz 15.

Nachweisgrenze s. Erfassungsgrenze.
Nichtmetallische Proben 33, 38, 39.

Paulisches Auswahlprinzip 10.
Phasenintegrator 32, 66.
Probenhalter 54, 55, 56.
Probenkammer 56.
Probenoberfläche 32.
—, eben 33.
—, gekrümmt 34.
—, Ätzen der 33, 34.
—, Bedampfen der 42, 88.
—, Leitfähigkeit der 32, 38, 39, 42.
—, Polieren der 33.

Qualitative Analyse 95, 116.
— Flächenanalyse 122.
— Linienanalyse 119, 120, 135.
— Punktanalyse 117.
Quantitative Analyse 37, 95, 103, 124.
— Flächenanalyse 96.
— Linienanalyse 96, 128.
— Punktanalyse 96, 124, 128, 131, 133, 136, 137, 139, 140.
Quantenzahl 8, 11, 12, 13.

Ritzsches Kombinationsprinzip 6, 13.
Röntgenabsorption 5.
—, Mikro- 72, 73.
Röntgenabsorptionskante 16.
Röntgendiffraktion 5.
Röntgenfluoreszenz 17.
Röntgenfluoreszenzanalyse 17.
Röntgenmikroskopie 74, 76.
Röntgenprojektionsmikroskop (Röntgenlupe) 44, 45.
Röntgenspektrum, Entstehung 9, 10, 11.
—, relative Intensitäten 10.
— des Eisens 11.
Röntgenstrahlenemission 5.
—, Abhängigkeit von der chemischen Bindung 16.
—, Mechanismus der 5, 9, 11.
—, Messung der 22.
—, Methoden der Anregung 16.
—, optimale Anregungsspannung 19, 125.
—, Zerlegung 20, 21.
—, —, dispersiv 63, 68.
—, —, nichtdispersiv 63.
Rowlandkreis 21, 98.
Rydberg-Konstante 6, 8.

Scanning 59.
—, elektronisch 96ff.
—, halbelektronisch 96, 101.
—, mechanisch 96.
—, Linien- 9, 120ff.
—, Flächen- 96, 121ff.
Signal-Hintergrundverhältnis 61, 63, 69, 90, 91, 126.
Spektrometer 21, 57, 59, 60.
Spektrum, Entstehung 7, 8, 9.
Stereo-Monitor 51, 52.
Stereo-Detektor 53, 54, 124.

Term 6, 7.
Termschema 10.
— des Eisens 10.
— des Urans 10.

Verunreinigter Fleck 69, 79, 80, 81.

Wasserstoffähnliche Spektren 8, 9, 11.
Wellenzahl 6.

Zählerrauschen 86.

Manzsche Buchdruckerei, 1090 Wien.